ISSN 0302-7414

AKADEMIE DER WISSENSCHAFTEN DER DDR

Zentralinstitut für Physik der Erde (ZIPE)

Seismological Bulletin 1977 Station Moxa (MOX)

By

Johannes Stelzner, Dorothea Güth,
and Joachim Weyrauch

With 3 Figures

AKADEMIE-VERLAG · BERLIN
1982

Erschienen im Akademie-Verlag, DDR-1086 Berlin, Leipziger Straße 3–4

Lizenznummer: 202 · 100/446/82
P 57/82
Gesamtherstellung: Druckerei „Thomas Müntzer", 5820 Bad Langensalza
Bestellnummer: 763 108 8 (2004/B/1977) · LSV 1437
Printed in GDR
DDR 48,– M

PREFACE

The annual Seismological Bulletin 1977 for the Station Moxa (MOX) continues the series of publications about seismological records at the Station Moxa edited by the Central Earth Physics Institute of the Academy of Sciences of the German Democratic Republic.

The provisional analysis of the records of station Moxa was performed in the Seismological Service under the direction of JOHANNES STELZNER by JOACHIM WEYRAUCH and BRIGITTE HÄNSCH.

The annual Bulletin 1977 was prepared by DOROTHEA GÜTH and JOACHIM WEYRAUCH with the technical assistance of URSULA DÖRING.

Control of the instruments of the station Moxa was carried out under the direction of CHRISTIAN TEUPSER.

The Seismological Bulletin of Station Moxa is followed by an appendix. It is a further bulletin which contains the results of nearly 20 years of observation in a local network established in the Vogtland region.

H. KAUTZLEBEN
Director

TABLE OF CONTENTS

Preliminary notes for the interpretation of seismograms

In the Bulletin the international code is used:

1. Phase interpretation

Pg — direct longitudinal wave in near epicentral distances ($D < 10°$)

Pb, Pn — guided longitudinal head waves along the CONRAD- or MOHOROVIČIĆ-discontinuity ($D < 10°$)

P — direct longitudinal wave travelled through the earth mantle

P diff — direct longitudinal wave diffracted around the core boundary

PKIKP — direct longitudinal wave travelled through the inner core (travel-time branch DF)

PKHKP — direct longitudinal wave refracted in the intermediary zone between inner and outer core. Phase symbol according to BOLT [1] (travel-time branch GH)

PKP2 — direct longitudinal wave travelled through the outer core only (travel-time branch AB)

PKP — first noticeable onset of longitudinal core phase not identified

PP, PPP — waves reflected at the earth surface with permanent longitudinal character

PKKP — core phase reflected once within the core at the outer core boundary

PKPPKP — longitudinal core phase reflected at the earth surface

Sg — direct transversal wave in near epicentral distances ($D < 10°$)

Sb, Sn — guided transversal head waves along the CONRAD- or MOHOROVIČIĆ-discontinuity ($D < 10°$)

S — direct transversal wave travelled through the earth mantle

SKS — direct wave travelled transversal through the mantle and longitudinal through the core

SS, SSS — waves reflected at the earth surface with permanent transversal character

SKKS — wave travelled transversal through the mantle, longitudinal through the core and reflected within the core at the outer core boundary

PcP, ScS, PcS, ScP — longitudinal and transversal waves with steady or changing character reflected at the outer core

PS, SP, PPS — longitudinal and transversal waves with changing character reflected at the surface of the earth

pP, sP. pPP, sPP, pPKIKP, sPKP2, pS — phases of deep-focus earthquakes of longitudinal or transversal waves with steady or changing character. p;s — reflected near the epicentre

pPKP, sPKP — phases of deep focus earthquakes of longitudinal core waves not exactly to be coordinated

SKP, PKS — core phases with different character before and after the direct transit of the core

SKSP — SKS wave with longitudinal character after the reflection at the surface of the earth

P1, P2, P3,.., S1, S2,... — multiple onsets of body waves

Pn, Sn — teleseismic Pn and Sn waves in the epicentral distances $23° < D < 40°$ after Båth [2]

Pa, Sa — waves probably guided in the astenosphere channel or higher modes of surface waves

PL leaking modes, normal dispersed train of waves of periods greater than about 10 s, beginning at or near the time of initial P-wave

X, Y, Z — remarkable phases of body waves, not to be identified

LmV, LmH — maximum of the vertical and horizontal component respectively of longperiodical surface waves. If there are several maxima with comparable proportions in A/T, the numeration was carried out in a temporal sequence e.g. Lm1H, Lm2H

The phase symbol is followed by the designation of the type of seismometer from which the time of onsets is taken.

A — seismograph with amplitude characteristic of type A (short-period)

B — seismograph with amplitude characteristic of type B (middle-period)

C — seismograph with amplitude characteristic of type C (long-period)

2. Measurements of amplitudes and calculation of magnitudes

All data of amplitudes and periods printed in the column "remarks" are always taken from the records of the same instruments, from which are taken the onset-times of the corresponding phases. The symbol of phase and component is followed by the symbol of the type of instruments e.g.: PV A, PV B, LmH B, LmV C.

Data of amplitudes obtained from records of instruments of type A are given in units of length of nm (1 nm = 1 nanometre = 10^{-6} millimetre). Data of amplitudes obtained from instruments of type B and such obtained from instruments of type C are given in units of length μm (1 μm = 1 micrometre = 10^{-3} millimetre) e. g.: PVA 1.3 s 38.6 nm, SHB 10 s 3.2 μm, LmH B 22 s 15 μm.

Magnitudes are determined from all those phases, for which calibrating functions are known and internationally used, i. e.

for maxima of body waves P(PH, PV), PP(PPH, PPV), and S(SH)-Q-functions from GUTENBERG and RICHTER [3] — and

for maxima of surface waves (h < 100 km) LmH, LmV — calibrating functions from Prague σ [4] —.

The station correction S was not yet taken into consideration.

MB — magnitude of vertical component V of the first onset of P-waves given by NEIS

MS — magnitude of horizontal component H of the maximum surface wave given by NEIS

M — magnitude calculated from given data of station Moxa. Notice the wave type and the type of instruments written on the same line

3. Direction of body-wave onsets

If the direction of motion at the beginning of a wave onset is clearly to be recognized, the sign + or — is placed before the phase symbol. It means:

in the Z component	+	ground motion upwards, compression
	—	ground motion downwards, dilatation
in the N component	+	ground motion to the north
	—	ground motion to the south
in the E component	+	ground motion to the east
	—	ground motion to the west

4. Further abbreviations

i — sharp beginning of phase motion (impetus)

e — gradual beginning of phase motion (emersio)

D	–	epicentral distances in degree (°), calculated to geocentric coordinates, the maximum error of the own calculations amounts to $\pm$ 0,1°.
Az	–	azimuth: clockwise measured angle between north direction in epicentre and the connecting line from epicentre to station Moxa
h	–	depth of focus in km. In case of own depth determinations on the basis of identified depth phases the travel-time curves for deep focus earthquakes after GUTENBERG and RICHTER [5] are used.
H	–	origin time in UTC (Universal Time)
NEIS	–	National Earthquake Information Service, Boulder, Colorado, USA
CSEM	–	Centre Séismologique Europée-Méditerranéen, Strasbourg, France
ANUSSR	–	Akademia Nauk USSR, Moscow, USSR
ERDA	–	Energy Research and Development Administration, Las Vegas, Nevada, USA
ISC	–	International Seismological Centre, Newbury, UK

All source data given in the column "Remarks" which are not the result of Moxa data evaluations are followed in brackets by the abbreviations of the reporting agency or station, respectively (e. g. NEIS, ISC, PRU). For abbreviation of seismological stations and other agencies in the international three letter code see the introductions to the Regional Catalogue of Earthquakes, Newbury and the Bulletin of the International Seismological Centre, Newbury. In all other instances round brackets indicate uncertainties in interpretation of phases, time, depth of focus or epicentral distances, respectively.

[1] BOLT, A., The velocity of seismic waves near the earth's center. Bull. Seism. Soc. Am. 54 (1964) 1, 191–208.

[2] BÅTH, M., Propagation of Sn and Pn teleseismic distances. Pure and Applied Geophysics 65 (1966/II) 19–30.

[3] GUTENBERG, B. and RICHTER, C. F., Magnitude and energy of earthquakes. Annali di Geofisica 9 (1956) 1, 1–15.

[4] KÁRNÍK, V., KONDORSKAJA, N. V. u. a., Standardization of the earthquake magnitude scale. Stud. Geophys. et Geodet., Prague 6 (1962) 41–48.

[5] GUTENBERG, B. and RICHTER, C. F., Materials for the study of deep-focus earthquakes. Bull. Seism. Soc. Am. 26 (1936) 4, 341–390.

Seismological Station Moxa (MOX)
of the Central Earth Physics Institute

Elevation above mean sea level:	455 m
Bedrock:	clay slate of the lower carboniferous formation
Geographic coordinates:	$\varphi = 50°38'46''$N $\lambda = 11°36'58''$E
Address:	Central Earth Physics Institute Seismological Service DDR-6900, Jena, Burgweg 11 German Democratic Republic Telex: 058 86275 seis dd

Seismographs and their parameters 1977

T_s — seismometer free period
T_g — galvanometer free period
D_s — seismograph damping
D_g — galvanometer damping
V_0 — magnification factor
N — north-south component
E — east-west component
Z — vertical component
σ^2 — coupling coefficient

SKM — Seismograph Kirnos modified
SSJ — Seismic Station Apparatus Type Jena
VSJ — Vertical Seismograph Type Jena

Type of Seismograph		Comp.	T_s[s]	T_g[s]	D_s	D_g	V_0	σ^2
	VSJ-II	Z	0.23	0.065	0.33	1.2	300000	0.048
	VSJ-II	Z	1.0	1.0	0.5	0.5	47200	0.560
A	SKM-III	N	1.64	0.39	0.52	1.97	24000	0.047
		E	1.63	0.40	0.50	1.93	24700	0.047
		Z	1.64	0.39	0.52	1.96	23400	0.050
B	SSJ-I	N	20	1.15	0.51	8.70	1100	0.080
		N	20	1.125	0.51	8.89	110	0.080
		E	20	1.15	0.50	8.73	1060	0.082
		E	20	1.12	0.50	8.97	90	0.082
		Z	20	1.146	0.50	8.73	1020	0.091
		Z	20	1.175	0.50	8.51	130	0.091
C	SSJ-I/L (until Oct.)	N	30	85.0	1.42	0.5	1140	0.095
		E	30	75.8	1.26	0.5	1070	0.056
		Z	30	87.7	1.46	0.5	1040	0.094
C	SSJ-I/L (from Oct. 08)	N	30	85.6	1.43	0.5	1030	0.104
		E	30	75.8	1.26	0.5	1080	0.056
		Z	30	87.7	1.46	0.5	1020	0.094

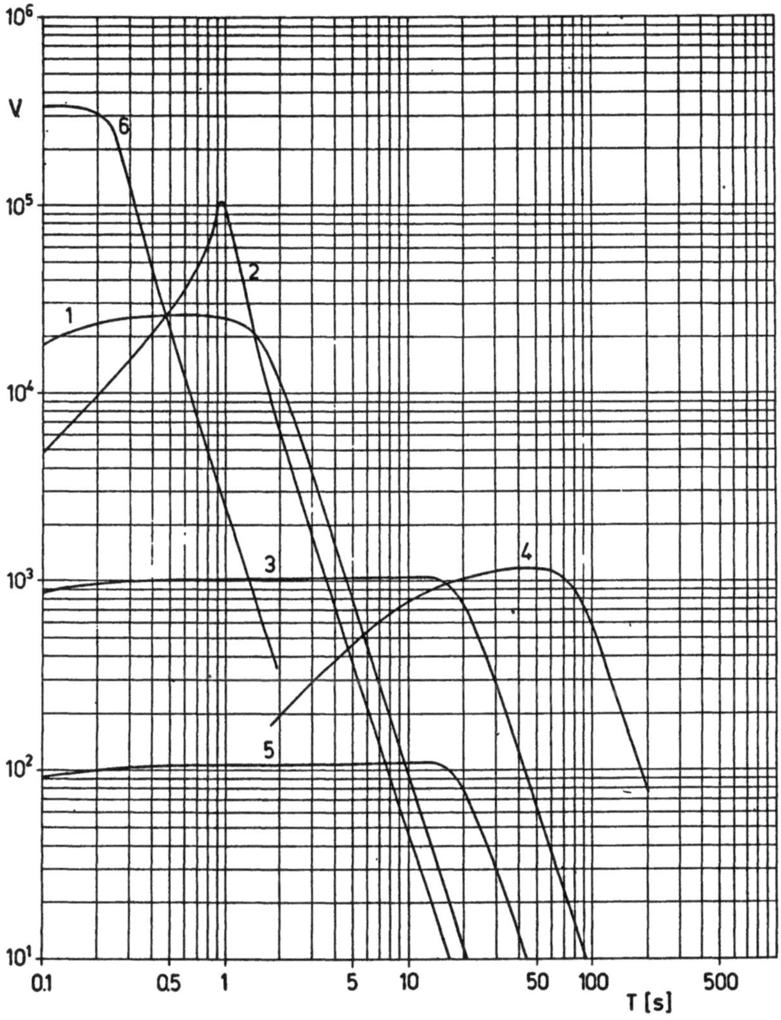

Fig. 1. Station Moxa, mean amplitude characteristics 1977

1 — Seismograph Kirnos Modified-III (SKM-III) (NS-, EW- and Z-component)

2 — Seismograph Type Jena II (Z-component)

3 — Seismic Station Apparatus Type Jena I/1000 (SSJ-1/1000) (NS-, EW- and Z-component)

4 — Seismic Station Apparatus Type Jena I/L (SSJ-I/L) (NS-, EW- and Z-component)

5 — Seismic Station Apparatus Type Jena I/100) (SSJ-I/100) (NS-, EW- and Z-component)

6 — Seismograph Type Jena II (Z-component)

Seismological Recordings at Station Moxa 1977

Day	Phase		h m s	Remarks
1.	iPn	A	17 10 13	Northern Italy 46.61 N 12.75 E
	ePg	A	10 32	H = 17 09 11.9 h = 33 km
	iSn	A	11 02.5	D = 4.11 Az = 350 (NEIS)
	eSg	A	11 26	
1.	eP	A	19 15 58	Ceram Sea 2.53 S 126.58 E
	ePP	BC	20 28	H = 19 01 39.6 h = 33 km MB=6.0 MS=6.1
	ePPP	BC	22 32	D = 107.6 Az = 323 (NEIS)
	eS	BC	28 04	LmH B 19s 4.2/um M = 6.0
	eSP	BC	29 40	LmV B 16 2.7/um 5.9
	ePPS	B	30 24	
	eSS	B	35 30	
	LmH	B	20 09.0	
	LmV	B	22.1	
1.	eP	AB	21 49 16	Tsinghai Province, China
	eS	C	57 04	38.15 N 91.01 E
	eSS	C	22 00 52	H = 21 39 41.3 h = 26.8 km MB=5.9 MS=6.3
	e	B	01 25	D = 55.48 Az = 311 (NEIS)
	eSSS	C	02 30	PV A 1.8s 298.0nm M = 6.0
	LmH	B	14.2	PV B 8 1.8/um 6.2
	LmV	B	14.2	LmH B 12.5 11.8/um 6.2
				LmV B 14 16.1/um 6.3
1.	ePKP2	AZ	23 45 10	South Pacific Cordillera
	e	A	45 20	56.15 S 142.93 W
				H = 23 24 16.6 h = 33 km MB = 5.4 (NEIS)
				D = 163.8
2.	eP	C	10 10 00	Sumba Island Region 10.17 S 118.99 E
	ePP	C	14 25	H = 09 55 28.4 h = 19.4 km MB=5.8 MS=6.3
	eSKS	C	20 35	D = 108.81 Az = 320 (NEIS)
	eS	B	22 00	LmH B 19.5s 6.4/um M = 6.2
	ePS	C	23 45	LmV B 18 5.9/um 6.2
	ePPS	C	24 35	
	LmV	B	11 06.8	
	LmH	B	06.9	

Day	Phase		h m s	Remarks
2.	eP	A	19 42 50	<u>Turkey</u> 39.24 N 43.57 E
	LmH	B	57.0	H = 19 37 25.2 h = 34.1 km MB = 4.9 (NEIS)
	LmV	B	58.0	D = 25.1
4.	eP	A	15 09 37	<u>Near Coast of Oaxaca, Mexico</u>
				15.29 N 94.35 W
				H = 14 56 46.1 h = 33 km MB = 5.2
				D = 88.10 Az = 38 (NEIS)
				PV A 1.6s 27.5nm M = 5.3
5.	LmH	C	01 50.0	LmV C 16s 0.6/um
	LmV	C	56.7	
5.	-iP	A	05 52 20	<u>Southern Iran</u> 27.46 N 56.20 E
	eS	C	58 30	H = 05 44 39.9 h = 29 km MB=5.5 MS=5.2
	LmH	B	06 09.0	D = 40.83 Az = 317 (NEIS)
	LmV	B	10.1	PV A 2.0s 111.0nm M = 5.2
				LmH B 25 1.3/um 4.7
				LmV B 21 1.1/um 4.8
5.	ePP	A	10 54 21	<u>Bonin Islands Region</u> 25.98 N 142.58 E
	LmH	B	11 38.2	H = 10 37 23.8 h = 20.5 km MB=5.1 MS=4.5
	LmV	B	39.4	D = 92.28 Az = 331 (NEIS)
				LmH B 14s 0.7/um M = 5.2
				LmV B 12 1.0/um 5.5
5.	ePKP	A	10 56 03.5	<u>Tonga Islands</u> 16.09 S 173.87 W
				H = 10 36 29.4 h = 33 km MB = 5.0
				D = 145.25 Az = 354 (NEIS)
				PKPV A 1.2s 24.4nm
5.	ePKIKP	A	13 48 28	<u>Fiji Islands Region</u> 20.81 S 178.31 W
	iPKHKP	A	48 33.2	H = 13 29 48.1 h = 575.3 km MB = 5.2
	iPKP2	A	48 40.2	D = 149.21 Az = 348 (NEIS)
				PKIKPV A 1.8s 47.4nm
				PKHKPV A 1.7 248.0nm
				PKP2V A 1.8 115.0nm

Day	Phase		h m s	Remarks
5.	eP	A	14 21 38	Burma - India Border Region
	e	A	22 00	25.43 N 95.18 E
				H = 14 10 56.5 h = 103.9 km MB=4.8 (NEIS)
				D = 66.8
				traces
5.	eP	A	22 58 20	Volcano Islands Region 23.39 N 143.71 E
	ePP	A	23 02 10	H = 22 44 59.7 h = 33 km MB = 5.7
				D = 95.03 Az = 332 (NEIS)
				PV A 1.2s 12.2nm M = 5.3
6.	eP	A	01 49 42	Greenland Sea 73.4 N 5.7 E
				H = 01 44 36 h = 33 km
				D = 23.02 Az = 170 (ISC)
6.	ePKP	A	04 28 52	Fiji Islands Region 17.95 S 178.54 W
				H = 04 10 17.8 h = 620.8 km MB = 4.6
				D = 146.38 Az = 348 (NEIS)
				PKPV A 1.4s 18.6nm
6.	ePKP	A	06 30 30	Near N. Coast of Papua New Guinea
	ePP	B	31 48	3.63 S 144.45 E
	ePP	A	31 54	H = 06 11 40.7 h = 33 km MB=6.0 MS=6.6
	ePKKP	A	40 55	D = 118.72 Az = 328 (NEIS)
	iPS	BC	41 28	PKPV A 1.5s 60.4nm
	ePPS	BC	42 40	PPV A 4.2 2271.2nm M = 7.1
	eSS	BC	48 04	PPV B 8 3.2 µm 7.0
	eSSS	BC	52 19	LmH C 20.5 91.1 µm 7.4
	LmV	C	07 22.5	LmV C 20.5 111.5 µm 7.5
	LmH	C	22.6	
6.	eP	A	08 07 41	Kurile Islands 49.27 N 155.55 E
	e	A	08 06	H = 07 55 57.5 h = 33 km MB = 5.4
				D = 75.79 Az = 337 (NEIS)
				PV A 1.9s 60.6nm M = 5.3
6.	ePg	A	14 21 15	Bleicherode, German Democr. Republic (CLL)
	eSg	A	21 29	D c. 1.0

Day	Phase		h m s	Remarks
6.	eP	A	16 14 03	Andreanof Islands, Aleutian Is.
	epP	A	14 17	51.48 N 175.48 W
	LmV	B	43.9	H = 16 02 07.6 h = 37.6 km MB=5.2 MS=5.3
	LmH	B	44.6	D = 78.07 Az = 355 (NEIS)
				h = 56 km
				PV A 1.6s 38.5nm M = 5.2
				LmH B 22.5 1.5/um 5.3
				LmV B 26 1.8/um 5.3
6.	eP	A	18 43 15	Lake Tanganyika Region 2.51 S 28.70 E
				H = 18 33 43.5 h = 21.3 km MB = 5.3
				D = 54.94 Az = 347 (NEIS)
				PV A 1.2s 24.4nm M = 5.1
6.	eP	A	22 00 03	Tibet 31.05 N 88.05 E
				H = 21 50 08.1 h = 33 km MB = 5.2
				D = 58.41 Az = 313 (NEIS)
6.	ePg	A	23 37 36	Jura, France 47.32 N 6.35 E
	e(Sg)	A	38 29	H = 23 35 47.1 (CSEM)
				D = 5.5
7.	eP	A	06 39 28	Pakistan 34.55 N 70.97 E
				H = 06 31 13.2 h = 46.3 km MB = 5.1
				D = 45.32 Az = 310 (NEIS)
7.	LmV	B	15 25.4	South Atlantic Ridge 31.28 S 13.24 W
	LmH	B	25.7	H = 14 38 22.4 h = 33 km
				MB = 5.3 MS = 5.5 (NEIS)
				D = 84.4
				LmV B 20s 0.9/um M = 5.2
7.	ePKP2	A	17 34 54	South of Fiji Islands 25.18 S 176.96 W
				H = 17 14 47.3 h = 75.9 km MB = 5.0
				D = 153.73 Az = 348 (NEIS)
7.	eP	A	19 49 21	Taiwan Region 21.17 N 120.28 E
				H = 19 36 46.9 h = 33 km MB=5.7 MS=5.1
				D = 85.02 Az = 323 (NEIS)

Day	Phase		h m s	Remarks
cont. 7.	LmH	B	20 32.8	PV A 1.6s 115.2nm M = 5.9
	LmV	B	32.8	LmH B 14 2.5/um 5.7
				LmV B 13 2.7/um 5.9
7.	e(P)	A	21 44 17	Luzon, Philippine Islands
	LmH	B	22 25.0	18.74 N 120.81 E
	LmV	B	26.8	H = 21 31 27.3 h = 51.9 km MB=4.9 MS=4.5
				D = 87.26 Az = 323 (NEIS)
				PV A 1.8s 33.8nm M = 5.3
				LmH B 16 0.7/um 5.1
				LmV B 16 0.7/um 5.2
8.	eP	A	06 54 04	Luzon, Philippine Islands
	LmH	B	07 42.7	15.32 N 121.91 E
	LmV	B	42.9	H = 06 41 04.1 h = 36.2 MB = 5.3
				D = 90.60 Az = 323 (NEIS)
				PV A 1.2s 20.3nm M = 5.3
				LmH B 16 1.2/um 5.4
				LmV B 16 1.1/um 5.4
8.	ePKIKP	A	08 00 15	Santa Cruz Islands 11.27 S 166.11 E
	LmH	B	09 01.5	H = 07 40 41.9 h = 42 km MB=5.5 MS=5.6
	LmV	B	02.0	D = 135.51 Az = 337 (NEIS)
				PKIKPV A 2.4s 82.9nm
				LmH B 20 1.6/um M = 5.7
				LmV B 21 1.9/um 5.8
8.	ePKIKP	A	12 43 38	New Britain Region 5.59 S 150.96 E
	epPKIKP	A	44 03	H = 12 24 45.4 h = 61.1 km MB = 5.3
	LmH	B	13 37.3	D = 123.74 Az = 330 (NEIS)
	LmV	B	37.8	h = 89 km
				LmH B 24s 1.1/um
				LmV B 24 1.0/um
8.	eP	A	13 32 02	Greenland Sea 73.3 N 5.8 E
				H = 13 26 53.8 h = 0 km
				D = 22.92 Az = 171 (ISC)
				PV A 1.6s 33.0nm

Day	Phase		h m s	Remarks
8.	ePKIKP	A	21 56 54.5	Loyalty Islands Region 22.24 S 170.35 E
	ePKHKP	A	56 56.5	H = 21 37 16.0 h = 57.9 km MB = 5.1
				D = 147.13 Az = 335 (NEIS)
				PKHKPV A 1.4s 41.9nm
9.	eP	AZ	09 38 10	South Atlantic Ridge 16.76 S 14.19 W
	eX	AZ	38 14.5	H = 09 26 54.3 h = 33 km MB = 5.3
				D = 70.85 Az = 17 (NEIS)
				PV A 1.6s 33.0nm M = 5.1
				XV A 1.4 41.9nm
9.	iPn	A	14 27 36.5	Austria 46.23 N 13.09 E
	ePb	A	27 48	H = 14 26 26.7 h = 2.6 km
	iPg	A	27 55	D = 4.53 Az = 348 (NEIS)
	iSn	A	28 26	
	e	A	28 40	
	iSg	A	28 50	
10.	LmH	B	09 17.5	Mindanao 8.36 N 125.29 E
				H = 08 19 02.5 h = 60 km MB = 5.1 (ISC)
				D = 98.2
				LmH B 16s 0.8/um
10.	eP	A	09 18 32	Turkey 39.58 N 27.40 E
				H = 09 14 43.6 h = 4 km MB = 4.1
				D = 15.66 Az = 320 (NEIS)
				PV A 1.4s 18.6nm M = 4.1
10.	ePKHKP	A	09 50 27	Fiji Islands Region 20.72 S 179.25 W
	ePKP2	A	50 33	H = 09 31 49.6 h = 653 km MB = 5.5
	e	A	53 02	D = 148.93 Az = 347 (NEIS)
				PKHKPV A 1.5s 35.2nm
10.	ePKP2	A	23 04 05	Kermadec Islands Region 28.66 N 176.67 W
	epPKP2	A	04 13	H = 22 43 41.3 h = 33 km
				D = 157.17 Az = 346 (ISC)

Day	Phase		h m s	Remarks
10.	ePKP	AB	23 37 46.5	Loyalty Islands 21.49 S 168.66 E
	LmV	C	24 22.3	H = 23 18 07.0 h = 16.3 km MB = 5.2
				D = 145.78 Az = 334 (NEIS)
				PKPV A 2.1s 364.2nm
				LmV C 18 0.4/um M = 5.3
11.	LmH	C	08 06.4	Near Coast of Central Chile
	LmV	C	06.6	31.68 S 71.44 W
				H = 07 02 34.8 h = 35 km MB = 5.4 (NEIS)
				D = 109.8
				LmH C 20s 0.5/um M = 5.1
				LmV C 20 0.6/um 5.2
11.	eP	A	15 00 20	Arabian Sea 12.94 N 57.45 E
				H = 14 51 05.0 h = 33 km MB = 5.1
				D = 52.85 Az = 325 (NEIS)
12.	ePKP	A	08 00 20	Loyalty Islands 21.43 S 168.63 E
				H = 07 40 41.9 h = 33 km
				D = 145.71 Az = 334 (NEIS)
				PKPV A 2.0s 59.8nm
12.	eP	A	18 51 43	Kurile Islands 44.52 N 149.13 E
				H = 18 39 54.5 h = 116.6 km MB = 4.7
				D = 78.29 Az = 334 (NEIS)
				PV A 1.2s 10.2nm M = 4.7
12.	iP	AB	23 47 49	Northern Sumatra 1.58 N 99.86 E
	ipP	AB	48 34	H = 23 35 19.1 h = 178 km MB=5.6 (NEIS)
	eSKS	B	57 52	D = 87.6 h = 178 km
	eS	B	58 12	PV A 1.4s 144.4nm M = 5.7
	eSP	B	59 10	
	esS	B	59 24	
13.	-ePn	A	09 21 03	Yugoslavia 43.55 N 17.10 E
	ePb	A	21 28	H = 09 19 06.1 h = 19.6 km MB = 5.3
	e	A	22 54	D = 8.03 Az = 334 (NEIS)
	LmH	B	23.6	PnV A 1.3s 115.7nm M = 6.0
	LmV	B	23.8	LmH B 7.5 7.8/um 4.8
				LmV B 4 2.2/um

Day	Phase		h m s	Remarks
14.	ePKIKP	A	11 07 51	New Ireland Region 4.67 S 152.97 E H = 10 48 58.5 h = 74.8 km MB = 5.3 D = 123.92 Az = 331 (NEIS) traces
14.	LmH LmV	B B	12 41.2 43.6	Tibet 34.70 N 82.71 E H = 12 09 33.1 h = 33 km MB = 4.7 (NEIS) D = 52.6 LmH B 18s 1.6 µm M = 5.1 LmV B 16 1.0 µm 5.0
14.	eP	A	15 54 07	Afghanistan - USSR Border Region 36.61 N 71.41 E H = 15 46 11.1 h = 148.6 km MB = 4.8 D = 44.30 Az = 308 (NEIS) PV A 1.2s 16.3nm M = 4.6
14.	ePKHKP ePKP2	AZ A	18 17 41 17 44.5	Fiji Islands Region 19.80 S 177.54 W H = 17 58 35.2 h = 349.5 km MB = 5.2 D = 148.38 Az = 349 (NEIS) PKHKPV A 1.3s 83.0nm
14.	LmH	B	23 26.0	Northeastern China 40.20 N 118.82 E H = 22 46 56.9 h = 33 km MB = 4.9 (NEIS) D = 69.5 LmH B 18.5s 1.5 µm M = 5.3
15.	eSn	A	00 17 34	Switzerland 46.45 N 9.58 E H = 00 15 45.5 h = 33 km D = 4.41 Az = 17 (NEIS)
15.	ePn ePg eSn eSg	A A A A	00 30 52 31 20 32 02 32(40)	Northern Italy 44.88 N 8.99 E H = 00 29 25.1 h = 10 km D = 6.03 Az = 16 (NEIS)
15.	eP LmH	A B	11 02 26 44.4	Philippine Islands Region 12.96 N 125.96 E H = 10 49 05.8 h = 33 km MB=5.6 MS=4.6

Day	Phase		h m s	Remarks
cont. 15.	LmV	B	11 48.8	D = 94.82 Az = 324 (NEIS)
				PV A 1.8s 33.8nm M = 5.5
				LmH B 14 0.8 µm 5.3
				LmV B 17 0.9 µm 5.3
15.	eP	A	11 09 07	<u>Philippine Islands Region</u>
				12.99 N 125.93 E
				H = 10 55 47.2 h = 33 km MB = 5.5
				D = 94.78 Az = 324 (NEIS)
15.	eP	A	24 03 23	<u>Morocco</u> 33.57 N 3.55 W
				H = 23 58 46.8 h = 33 km MB = 4.4
				D = 20.37 Az = 29 (NEIS)
				PV A 1.5s 25.2nm M = 4.4
16.	eP	A	09 20 25	<u>Southern Greece</u> 37.90 N 22.93 E
	LmH	B	26.7	H = 09 16 49.1 h = 52.1 km MB = 4.6
	LmV	B	26.7	D = 15.08 Az = 331 (NEIS)
				PV A 0.8s 15.4nm M = 4.3
				LmH B 12 1.2 µm 4.3
				LmV B 12 1.0 µm 4.3
16.	LmH	C	10 55.8	LmH C 18s 0.5 µm
	LmV	C	55.8	LmV C 19 0.7 µm
16.	LmV	C	18 11.5	LmH C 18s 0.35 µm
	LmH	C	13.5	LmV C 18 0.45 µm
17.	eP	A	05 24 50	<u>Turkey</u> 39.17 N 43.52 E
	LmH	B	38.5	H = 05 19 23.7 h = 33 km MB = 5.0
	LmV	B	38.5	D = 25.14 Az = 308 (NEIS)
				LmH B 21s 10.1 µm M = 5.3
				LmV B 19 5.0 µm 5.2
17.	eP	A	06 36 41	<u>Bonin Islands Region</u> 26.68 N 142.58 E
	ePP	BC	40 20	H = 06 23 36.1 h = 33 km MB=5.6 MS=5.6
	eSKS	BC	47 10	D = 91.67 Az = 331 (NEIS)
	eS	C	47 35	PV A 1.2s 36.6nm M = 5.7
	ePS	C	48 44	LmH B 16 6.8 µm 6.2

Day	Phase		h m s	Remarks
cont. 17.	eSS	C	06 53 36	LmV B 14s 7.9/um M = 6.3
	LmH	B	07 19.4	
	LmV	B	27.8	
17.	eP	A	09 54 09	South of Alaska 53.87 N 158.21 W
				H = 09 42 25.6 h = 22 km MB = 5.1
				D = 75.51 Az = 7 (NEIS)
				PV A 1.4s 23.3nm M = 5.0
17.	ePn	A	15 38 57	Poland 50.97 N 16.1 E
	eSn	A	39 28	H = 15 38 09 h = 0 km
	eSg	A	39 41	D = 2.85 Az = 265 (ISC)
17.	eP	A	19 09 23	Unimak Islands Region 54.1 N 164.3 W
				H = 18 57 41
				D = 75.56 Az = 3 (ISC)
				PV A 1.2s 12.2nm
17.	ePKP	A	19 24 11	Fiji Islands Region 14.87 S 177.23 W
	LmV	C	20 24.4	H = 19 04 37.4 h = 36 km MB=5.3 MS=5.9
	LmH	C	24.8	D = 143.61 Az = 350 (NEIS)
				PKPV A 2.0s 34.2nm
				LmH C 24 1.4/um M = 5.6
				LmV C 24 1.8/um 5.7
17.	eP	AB	21 41 14	Chile - Argentina Border Region
	e	A	41 53	24.85 S 68.67 W
	ePP	B	45 12	H = 21 27 12.6 h = 33 km MB=6.3 MS=6.1
	ePP	A	45 20	D = 102.98 Az = 40 (NEIS)
	eSKS	B	51 44	PV A 2.6s 138.7nm M = 6.2
	eS	B	52 45	PPV A 2.8 257.5nm 6.2
	ePS	B	54 15	LmH B 18.5 3.4/um 5.9
	ePPS	B	55 20	LmV B 21 5.9/um 6.1
	ePKKP	A	57 35	
	eSS	B	59 45	
	ePKPPKP	A	22 05 36	
	LmV	B	25.4	
	LmH	B	32.7	

Day	Phase		h m s	Remarks
17.	ePKHKP	A	23 02 15	South of Fiji Islands 23.77 S 179.93 E
				H = 22 43 18.5 h = 504.7 km MB = 4.9
				D = 151.67 Az = 344 (NEIS)
18.	ePKIKP	A	06 01 48	Cook Strait, New Zealand
	ePKP2	A	02 47	41.73 S 174.25 E
	LmH	B	07 22.2	H = 05 41 49.6 h = 49.8 km MB=5.9 MS=6.0
	LmV	B	27.8	D = 165.06 Az = 313 (NEIS)
				PKIKPV A 1.8s 54.0nm
				LmH B 20 3.0/um M = 6.0
				LmV B 20 1.7/um 5.9
18.	eP	A	08 55 15	Western Iran 33.16 N 47.99 E
	LmH	C	09 09.2	H = 08 48 54.1 h = 48 km MB = 5.2
	LmV	C	11.2	D = 31.82 Az = 314 (NEIS)
				LmH C 20s 0.7/um M = 4.3
				LmV C 16 0.9/um 4.6
18.	LmV	C	12 26.7	West Irian Region 4.73 S 132.66 E
	LmH	C	30.4	H = 11 17 21.8 h = 60 km MB = 5.3 (ISC)
				D = 112.9
				LmH C 20.5s 0.9/um
				LmV C 24 1.0/um
18.	ePKHKP	A	14 54 16	South of Fiji Islands 21.35 S 174.99 E
				H = 14 35 33.3 h = 538.6 km MB = 4.6
				D = 147.97 Az = 340 (NEIS)
18.	-eP	A	20 51 17.5	Eastern Mediterranean Sea
				35.78 N 29.41 E
				H = 20 46 51.9 h = 57 km MB = 4.4
				D = 19.65 Az = 325 (NEIS)
				PV A 1.2s 34.6nm M = 4.5
19.	+iP1	ABC	00 56 17	Tsinghai Province, China 37.02 N 95.70 E
	iP2	A	56 23	H = 00 46 18.3 h = 33. km MB=5.9 MS=5.8
	eS1	BC	01 04 28	D = 59.01 Az = 312 (NEIS)
	eScS1	BC	06 05	PV1 A 1.8s 264.0nm M = 6.1
	eP'P'1	A	26 00	PV2 A 1.6 280.0nm 6.1

Day	Phase		h m s	Remarks
cont. 19.	eP'P'2	A	01 26 06	LmH B 13s 10.9 µm M = 6.2
				LmV B 13 14.0 µm 6.4
19.	e	A	01 40 35.5	Loyalty Islands Region 23.42 S 171.2 E
				H = 01 20 37 h = 33 km
				D = 148.51 Az = 335 (ISC)
19.	ePP	A	03 57 16	Solomon Islands 8.87 S 160.15 E
				H = 03 34 51.2 h = 80 km MB = 5.3 (NEIS)
				D = 137.8
				PPV A 1.5s 35.2nm M = 5.3
19.	eP	A	14 07 55	Mindanao, Philippine Islands
	eSKS	C	18 30	5.04 N 126.55 E
	eS	C	19 35	H = 13 54 04.5 h = 50 km MB=5.8 MS=5.9
	ePS	C	21 10	D = 101.55 Az = 324 (NEIS)
	ePPS	C	22 00	PV A 2.0s 59.8nm M = 5.9
	eSS	C	26 35	LmH C 24 8.4 µm 6.2
	LmH	C	49.5	LmV C 22 7.8 µm 6.2
	LmV	C	59.6	
19.	ePKIKP	A	15 13 40.5	Fiji Islands Region 20.80 S 178.66 W
	ePKHKP	A	13 46	H = 14 55 05.7 h = 634.4 km MB = 5.0
	ePKP2	A	13 52	D = 149.13 Az = 347 (NEIS)
				PKIKP traces
				PKHKPV A 1.4s 27.9nm
19.	eP	A	20 50 15	Tunisia 36.59 N 8.49 E
	LmV	C	55.4	H = 20 46 53.3 h = 22 km MB = 5.1
	LmH	C	56.3	D = 14.23 Az = 8 (NEIS)
				PV A 1.5s 47.8nm M = 4.9
				LmH C 14 2.3 µm 4.4
				LmV C 20 1.4 µm
20.	eP	A	03 01 57	Iceland 65.78 N 17.32 W
	e	A	02 09	H = 02 57 13.0 h = 10 km (CSEM)
				D = 19.4

Day	Phase		h m s	Remarks
20.	eP	A	04 39 22.5	Iceland 65.74 N 16.82 W
	LmV	C	49.2	H = 04 34 37.8 h = 10 km MB = 4.3
	LmH	C	49.4	D = 21.00 Az = 122 (NEIS)
				PV A 1.3s 17.5nm M = 4.3
				LmH C 16 0.7 /um 4.1
				LmV C 17 0.6 /um 4.2
20.	ePKHKP	A	12 52 52	South of Fiji Islands 23.54 S 179.91 W
	ePKP2	A	53 02.5	H = 12 33 59.2 h = 545.9 km MB = 5.0
	e	A	53 19	D = 151.50 Az = 345 (NEIS)
	epPKP	A	55 04	PKHKPV A 1.2s 26.4nm
20.	eP	A	20 22 45	Taiwan Region 20.98 N 120.34 E
	LmH	B	21 04.3	H = 20 10 09.7 h = 30 km MB = 5.2
	LmV	B	06.7	D = 85.21 Az = 323 (NEIS)
				PV A 1.8s 54.1nm M = 5.5
				LmH B 16 0.5 /um 5.0
				LmV B 16 0.5 /um 5.1
20.	eP	A	20 27 06	Taiwan Region 20.97 N 120.23 E
				H = 20 14 31.0 h = 33 km MB = 4.6
				D = 85.16 Az = 323 (NEIS)
				PV A 1.6s 16.5nm M = 5.0
20.	eP	A	21 04 43	Mindanao, Philippine Islands
	ePP	A	08 39	8.39 N 123.03 E
	eS	C	16 00	H = 20 51 14.9 h = 37.3 km MB=5.4 MS=4.9
	LmV	B	51.6	D = 96.79 Az = 323 (NEIS)
	LmH	B	51.7	PV A 1.6s 16.5nm M = 5.3
				LmH B 16 0.8 /um 5.3
				LmV B 16 0.9 /um 5.4
21.	e	A	00 25 45	Western Poland (CLL)
	eSg	A	26 11	
21.	eP	A	02 32 34.5	Taiwan 23.76 N 121.92 E
	LmH	B	03 15.2	H = 02 20 06.3 h = 35.7 km MB=5.3 MS=5.2
	LmV	B	15.3	D = 83.89 Az = 323 (NEIS)
				LmH B 18s 1.5 /um M = 5.4
				LmV B 18 1.2 /um 5.3

Day	Phase		h m s	Remarks
21.	ePKP	A	06 29 39	Fiji Islands Region 18.01 S 178.38 W
	epPKP	A	32 00	H = 06 11 05.6 h = 604 km MB = 5.8
				D = 146.48 Az = 348 (NEIS)
				h = 650 km
				PKPV A 1.6s 181.0km
21.	ePKP	A	09 46 42	Fiji Islands Region 16.54 S 177.08 W
				H = 09 27 03.8 h = 33 km MB=5.0 MS=4.3
				D = 145.26 Az = 350 (NEIS)
				PKPV A 2.0s 34.2nm
22.	ePKP	A	05 50 04	Tonga Islands 15.75 S 173.11 W
				H = 05 30 30.9 h = 33 km MB = 5.3
				D = 144.99 Az = 355 (NEIS)
23.	ePKIKP	A	01 57 47.5	New Hebrides Islands 13.38 S 166.51 E
	ePP	AC	02 00 30	H = 01 38 23.5 h = 39.5 km MB=5.5 MS=5.6
	eSKP	AC	01 20	D = 137.59 Az = 336 (NEIS)
	LmH	C	03 00.4	PKIKPV A 1.7s 24.2nm
	LmV	C	00.8	LmH C 21 1.4 μm M = 4.0
				LmV C 21 1.5 μm 4.0
23.	iPn	A	10 59 48	Western Poland (CLL)
	eSn	A	00 19	D c. 2.6
	iSg	A	11 00 27.5	
23.	e(P)	A	15 07 37	Bonin Islands Region 26.79 N 142.95 E
	LmH	C	50.2	H = 14 54 15.5 h = 33 km MB = 4.9
	LmV	C	53.8	D = 91.73 Az = 331 (ISC)
				(P) traces
				LmH C 16s 0.4 μm M = 5.0
				LmV C 17 0.5 μm 5.1
24.	eP	A	06 23 18	Kurile Islands 45.48 N 151.05 E
				H = 06 11 21.7 h = 33 km MB = 5.1
				D = 78.02 Az = 335 (NEIS)
				PV A 0.8s 11.5nm M = 5.0

Day	Phase		h m s	Remarks
24.	ePKHKP	A	20 02 46	South of Fiji Islands 23.77 S 178.77 E
	ePKP2	A	02 57	H = 19 43 47.3 h = 463.8 km MB = 4.9
	epPKP2	A	05 00	D = 151.37 Az = 343 (NEIS)
				h = 590 km
				PKHKPV A 1.4s 16.3nm
25.	LmH	C	01 55.3	Mendoza Province, Argentina
	LmV	C	55.8	33.59 S 68.36 W
				H = 00 50 47.9 h = 17 km
				MB = 5.3 MS = 5.3 (NEIS)
				D = 109.5
				LmH C 20s 0.7/um M = 5.2
				LmV C 17 1.2/um 5.5
25.	LmH	B	03 39.2	Burma 17.33 N 94.17 E
	LmV	C	45.5	H = 02 05 52.0 h = 25 km MB = 4.8
				D = 72.12 Az = 318 (NEIS)
				LmH B 19.5s 4.3/um M = 5.7
				LmV C 20 1.6/um 5.3
25.	eP	A	06 44 57	Central Mid - Atlantic Ridge
	eS	C	53 08	7.62 N 37.19 W
	eSSS	C	59 30	H = 06 34 55.1 h = 33 km MB = 5.0
	LmV	C	07 02.8	D = 58.85 Az = 34 (NEIS)
	LmH	C	03.0	LmH C 32s 1.4/um M = 4.9
				LmV C 29 2.0/um 5.1
25.	ePP	A	10 53 08	Santa Cruz Islands Region
	LmH	C	11 43.5	10.93 S 164.66 E
	LmV	C	50.0	H = 10 31 04.9 h = 24.7 km MB=5.7 MS=5.2
				D = 134.63 Az = 336 (NEIS)
				LmH C 20s 1.0/um M = 5.5
				LmV C 20 0.8/um 5.4
26.	ePKIKP	A	03 39 11	Tonga Islands 18.71 S 173.31 W
				H = 03 19 24.9 h = 33 km MB = 4.6
				D = 147.89 Az = 354 (NEIS)

Day	Phase		h m s	Remarks
26.	eP	A	14 44 30	<u>Dodecanese Islands</u> 35.08 N 27.96 E
				H = 14 40 02.3 h = 10 km
				D = 19.57 Az = 328 (ISC)
26.	ePn	A	15 34 59	<u>Austria</u> 46.33 N 13.18 E
	ePg	A	35 17	H = 15 33 50.5 h = 10 km
	eSn	A	35 49	D = 4.44 Az = 347 (NEIS)
	eSg	A	36 11	
26.	eSn	A	21 15 11	<u>Austria</u> (TRI)
	eSg	A	15 38	
26.	LmH	C	23 45.7	<u>North Atlantic Ocean</u> 57.48 N 33.02 W
	LmV	C	45.8	H = 23 29 13.2 h = 33 km MB = 4.5 (NEIS)
				D = 26.7
				LmH C 15s 1.9 µm M = 4.8
				LmV C 15 1.3 µm 4.7
27.	e	A	00 29 18	<u>Near Coast of Pakistan</u> 24.7 N 62.6 E
	e	A	29 52	H = 00 20 42.0 h = 33 km MB = 4.8
				D = 46.75 Az = 317 (ISC)
27.	eP	A	00 31 14	<u>Crete</u> 57.46 N 32.98 W
	LmV	C	42.1	H = 00 25 30.9 h = 10 km (CSEM)
	LmH	C	42.5	D = 26.8
				LmH C 16s 0.4 µm M = 4.1
				LmV C 16 0.6 µm 4.4
27.	ePKP	A	14 18 42	<u>New Britain Region</u> 6.51 S 152.78 E
	ePP	A	20 35.5	H = 13 59 45.0 h = 57.9 km MB = 5.7
	LmH	C	15 14.8	D = 125.42 Az = 331 (NEIS)
	LmV	C	15.8	PKPV A 2.0s 51.3nm
				PPV A 2.0 42.7nm M = 5.5
				LmH C 20 0.7 µm 5.3
				LmV C 18 0.6 µm 5.3
27.	eP	A	17 04 10	<u>Kurile Islands</u> 43.37 N 147.57 E
	e	A	04 54	H = 16 52 09.8 h = 41.4 km MB = 5.0
				D = 78.82 Az = 333 (NEIS)

Day	Phase		h m s	Remarks
28.	eP	A	00 53 41	North Atlantic Ridge 50.29 N 29.32 W
	LmH	C	01 03.0	H = 00 48 12.6 h = 33 km MB = 4.7
	LmV	C	03.0	D = 25.83 Az = 73 (NEIS)
				PV A 1.8s 27.0nm M = 4.5
				LmH C 24 0.5 μm 3.9
				LmV C 24 0.6 μm 4.1
28.	eP	A	01 18 18.5	North Atlantic Ridge 50.23 N 29.27 W
	LmV	B	27.6	H = 01 12 47.9 h = 33 km MB=4.7 MS=4.6
	LmH	B	28.0	D = 25.82 Az = 73 (NEIS)
				PV A 1.4s 14.0nm M = 4.4
				LmH B 20 1.8 μm 4.6
				LmV B 22 1.9 μm 4.7
28.	ePb	A	03 07 48	Poland 50.8 N 19.1 E
	eSg	A	08 04	H = 03 05 29
				D = 4.75 Az = 271 (ISC)
28.	eP	A	14 17 08	North Atlantic Ocean 57.68 N 32.99 W
				H = 14 11 31.0 h = 33 km MB = 4.9
				D = 26.63 Az = 86 (NEIS)
				LmH B 15.5s 1.1 μm M = 4.5
				LmV B 17 1.3 μm 4.7
28.	ePKIKP	A	18 20 20	New Hebrides Islands 17.44 S 168.69 E
	LmH	B	19 26.6	H = 18 00 51.8 h = 14.4 km MB=5.4 MS=5.6
	LmV	B	27.4	D = 142.13 Az = 336 (NEIS)
				LmH B 19s 1.3 μm M = 5.7
				LmV B 18 1.3 μm 5.7
29.	ePKIKP	A	01 11 46	New Britain Region 5.22 S 151.81 E
	LmV	C	02 06.9	H = 00 52 52.7 h = 55.5 km MB=5.6 MS=5.2
	LmH	C	07.3	D = 123.83 Az = 331 (NEIS)
				LmH C 24s 0.6 μm M = 5.2
				LmV C 22 0.7 μm 5.3
29.	LmV	C	14 48.0	Atlantic - Indian Rise 33.75 S 56.33 E
	LmH	C	55.7	H = 13 56 06.0 h = 33 km MB=5.3 MS=5.3
				D = 92.84 Az = 333 (NEIS)

Day	Phase		h m s	Remarks
cont. 29.				LmH C 18s 0.4 /um M = 4.9
				LmV C 26 0.7 /um 5.0
30.	LmV	C	01 51.8	Balleny Islands Region 62.39 S 155.05 E
	LmH	C	52.0	H = 00 13 28.4 h = 33 km MB=4.8 MS=5.3
				D = 157.01 Az = 256 (NEIS)
				LmH C 20s 0.8 /um M = 5.5
				LmV C 20 0.8 /um 5.5
30.	LmH	B	04 57.0	Northeastern China 39.50 N 118.02 E
	LmV	B	57.1	H = 04 11 57.3 h = 33 km
				MB = 5.2 MS = 4.3 (NEIS)
				D = 69.4
				LmH B 14s 0.7 /um M = 5.0
				LmV B 15 0.8 /um 5.1
30.	eP	A	10 44 10	Tadzhik - Sinkiang Border Region
	LmH	B	11 03.2	39.56 N 73.36 E
	LmV	B	04.4	H = 10 36 06.4 h = 33 km
				MB = 5.0 MS = 4.8 (NEIS)
				D = 43.8
				PV A 1.5s 20.1nm M = 4.7
				LmH B 18 1.1 /um 4.8
				LmV B 20 1.1 /um 4.8
30.	iPn	A	21 19 17	Yugoslavia 44.04 N 15.98 E
	eSn	A	20 40	H = 21 17 29.6 h = 10 km
	eSg	A	21 33	D = 7.24 Az = 337 (NEIS)
				PnV A 0.5s 26.9nm M = 5.7
31.	eP	A	02 27 02	Central Mid - Atlantic Ridge
				1.25 S 23.53 W
				H = 02 16 57.3 h = 33 km MB=5.0 MS=4.3
				D = 59.75 Az = 25 (NEIS)
				PV A 1.8s 33.8nm M = 5.2
31.	ePn	A	07 12 44	Yugoslavia 44.13 N 16.0 E
	eSn	A	14 06	H = 07 10 56.8 h = 0 km

Day	Phase		h m s	Remarks
cont. 31.	eSg	A	07 14 57	D = 7.60 Az = 337 (ISC)
31.	eP	A	14 25 08	Chagos Archipelago Region 5.25 S 68.40 E H = 14 13 34.4 h = 33 km MB = 5.1 (NEIS) D = 74.0 PV A 1.6s 44.0nm M = 5.2
31.	+iP	A	14 34 05.2	Tadzhik SSR 40.04 N 70.85 E
	ePP	B	35 40	H = 14 26 14.8 h = 20 km
	eS	B	40 20	MB = 6.1 MS = 5.9 (NEIS)
	eSS	B	42 50	D = 42.0
	eSa	B	43 35	PV A 1.4s 172.1nm M = 5.6
	LmH	B	54.0	LmH B 13.5 16.8 µm 5.9
	LmV	B	54.0	LmV B 12 13.8 µm 5.7
31.	ePKP	A	20 56 56	Tonga Islands 16.48 S 175.16 W
	LmH	B	21 59.2	H = 20 37 20.4 h = 48.6 km
	LmV	B	22 02.0	MB = 5.2 MS = 5.2 (NEIS) D = 145.5 PKPV A 1.8s 27.0nm LmH B 20 0.6 µm M = 5.3 LmV B 24 1.0 µm 5.5

Day	Phase		h m s	Remarks
1.	eP	A	13 14 50	<u>Kurile Islands</u> 48.17 N 154.45 E
				H = 13 03 03.7 h = 42 km MB = 5.4 (NEIS)
				D = 76.5
				PV A 0.9s 19.5nm M = 5.1
1.	LmH	B	15 23.0	<u>Off Coast of Northern California</u>
	LmV	B	23.0	40.40 N 126.6 W
				H = 14 33 14.3 h = 2 km MB = 4.3 (ISC)
				D = 82.3
				LmH B 20s 0.7μm M = 5.0
				LmV B 20 0.7μm 5.1
1.	LmH	B	21 45.4	<u>Bismarck Sea</u> 3.30 S 148.64 E
	LmV	B	46.2	H = 20 23 11.0 h = 25 km (ISC)
				D = 120.7
				or
				<u>Bismarck Sea</u> 3.36 S 148.76 E
				H = 20 34 46.9 h = 33 km (ISC)
				D = 120.8
				LmH B 22s 1.0μm M = 5.4
				LmV B 22 1.6μm 5.7
2.	eP	A	21 08 14	<u>Kurile Islands</u> 48.11 N 154.48 E
				H = 20 56 26.0 h = 33 km MB = 4.6
				D = 76.58 Az = 337 (NEIS)
				traces
2.	e(Pg)	A	23 04 02.5	<u>Poland</u> (CLL)
	eSg	A	04 43	
2.	ePKP	A	23 08 08	<u>Fiji Islands Region</u> 18.17 S 178.34 W
				H = 22 49 38.9 h = 646.4 km MB = 4.9
				D = 146.64 Az = 348 (NEIS)
				PKPV A 1.1s 28.2nm
3.	ePKP	A	04 52 48	<u>New Hebrides Islands</u> 20.86 S 169.68 E
	epPKP	A	53 20.5	H = 04 33 23.8 h = 124.9 km MB = 4.7 (NEIS)
				D = 145.7 h = 119 km

Day	Phase		h m s	Remarks
3.	iP	A	10 50 19	Kurile Islands 45.37 N 150.44 E
	LmH	B	11 28.0	H = 10 38 23.4 h = 33 km MB = 5.5 (NEIS)
	LmV	B	28.0	D = 77.9
				PV A 1.2s 34.6nm M = 5.3
				LmH B 20 0.6 µm 4.9
				LmV B 20 0.8 µm 5.1
3.	eP	A	16 06 03	Ionian Sea 37.81 N 19.87 E
				H = 16 02 33.5 (CSEM)
				D = 14.22
3.	e	A	20 32 08	Loyalty Islands Region 21.52 S 169.50 E
				H = 20 12 19.8 h = 33 km MB = 4.7 (NEIS)
				D = 146.2
4.	+iP	AB	07 59 21.5	Salta Province, Argentina
	epP	AB	08 01 26.5	24.69 S 63.36 W
	esP	AB	02 22	H = 07 46 33.8 h = 549 MB = 6.0 (NEIS)
	iPP	AB	03 28	D = 99.8 h = 566 km
	ipPP	B	05 24	PV A 1.3s 135.5nm M = 6.2
	esPP	B	06 21	PV B 9 1.9 µm 6.5
	iSKS	B	09 08	PPV B 8 3.6 µm 6.7
	eS	B	10 09	LmH B 17 3.3 µm
	eSP	C	11 40	LmV B 23 4.4 µm
	ePS	C	13 10	
	esS	C	13 50	
	isSP'	C	15 20	
	e(PKKP)	A	16 06	
	eSS	C	17 15	
	eSKKP	A	18 11	
	esSS	C	20 35	
	eSSS	C	21 00	
	LmH	B	25.3	
	LmV	B	28.4	
4.	ePn	A	20 58 18	Austria 46.19 N 13.22 E
	ePg	A	58 40	H = 20 57 10.2 h = 33 km (NEIS)
	eSn	A	59 08.5	D = 4.6
	iSg	A	59 30.5	

Day	Phase		h m s	Remarks
4.	eSg	A	21 47 47.5	France 44.50 N 7.37 E
				H = 21 43 56.2 (CSEM)
				D = 6.80
5.	ePKIKP	AB	03 48 36	Southern Pacific Ocean 66.45 S 82.58 W
	ePP	B	51 16	H = 03 29 18.9 h = 33 km
	ePKS	C	52 08	MB = 6.2 MS = 5.2 (NEIS)
	ePS	C	04 01 55	D = 136.4
	ePPS	C	03 20	PKIKPV A 1.7s 109.0nm
	e	C	04 35	PKIKPV B 8 1.8 μm
	LmH	B	55.4	PPV B 8 1.6 μm M = 6.2
	LmV	B	57.9	LmH B 16.5 2.6 μm 6.0
				LmV B 17 2.7 μm 6.0
5.	e(PKP)	A	09 46 12	New Hebrides Islands 15.75 S 167.09 E
	LmH	B	10 51.0	H = 09 26 37.5 h = 11.2 km
	LmV	B	51.0	MB = 5.2 MS = 4.6 (NEIS)
				D = 140.1
				LmH B 20s 0.7 μm M = 5.4
5.	eP	A	15 53 54	Dominican Republic Region
	LmH	B	16 20.3	19.62 N 70.18 W
	LmV	B	20.7	H = 15 42 44.3 h = 33 km
				MB = 5.0 MS = 4.8 (NEIS)
				D = 70.0
				PV A traces
				LmH B 20s 1.2 μm M = 5.1
				LmV B 20 1.2 μm 5.2
6.	eP	A	00 40 42	North Atlantic Ocean 17.88 N 49.51 W
	e	A	40 55	H = 00 30 49.9 h = 33 km MB = 5.2 (NEIS)
				D = 58.0
				PV A 1.4s 27.9nm M = 5.2
6.	ePKIKP	A	03 28 58.5	Tonga Islands 21.82 S 175.26 W
	ePKHKP	A	29 04	H = 03 09 14.0 h = 33 km
	ePKP2	A	29 08	MB = 5.6 MS = 5.7 (NEIS)
				D = 150.7

Day	Phase		h m s	Remarks
cont. 6.	LmH	C	04 30.7	PKHKPV A 2.1s 249.0nm
	LmV	C	33.0	PKP2V A 1.3 149.0nm
				LmH C 25 1.6 /um M = 5.7
				LmV C 25 1.9 /um 5.8
6.	eP	A	05 20 03	Philippine Islands Region
	e	A	20 15	20.89 N 120.23 E
				H = 05 07 27.8 h = 33 km MB=5.2 MS=4.6
				D = 85.2
				PV A 1.5s 22.6nm M = 5.2
6.	ePg	A	16 03 44	Northern Italy 44.53 N 7.40 E
	eSn	A	04 24	H = 16 01 32.5 h = 33 km (NEIS)
				D = 6.8
6.	eP	A	17 04 44	India - Bangladesh Border Region
	epP	A	04 55	24.31 N 92.88 E
				H = 16 53 57.8 h = 41.8 km MB = 4.7 (NEIS)
				D = 66.2 h = 42 km
6.	ePn	A	21 46 24	Austria 47.84 N 16.54 E
	ePg	A	46 44	H = 21 45 19.5 (CSEM)
	eiSg	A	47 39	D = 4.3
7.	eP	A	00 20 00	Tunesia 35.68 N 10.73 E
				H = 00 16 23.9 (CSEM)
				D = 15.07
7.	LmH	C	03 26.0	Sulawesi (Celebes) 2,22 S 120.78 E
	LmV	C	26.0	H = 02 25 00 h = 39 km MB = 5.1 (ISC)
				D = 103.8
7.	ePn	A	07 04 11	Northern Italy 45.39 N 9.39 E
	ePg	A	04 49	H = 07 02 52.6 h = 33 km
	iSn	A	05 10.5	D = 5.47 Az = 15 (NEIS)

Day	Phase		h m s	Remarks
7.	eP	A	08 54 40.5	<u>Near East Coast of Honshu, Japan</u> 35.56 N 140.92 E H = 08 42 17.9 h = 47 km MB = 5.1 D = 83.25 Az = 330 km (NEIS) PV A 1.4s 18.6nm M = 4.9
7.	LmV	C	22 12.5	<u>Near Coast of Peru</u> 16.69 S 73.48 W H = 21 18 32.7 h = 39 km MB = 5.1 (ISC) D = 99.7 LmV C 22s 0.55 µm M = 5.0
7.	ePKP	A	23 47 59	<u>Tonga Islands</u> 15.29 S 174.09 W H = 23 28 38.6 h = 131.7 km MB = 5.2 D = 144.43 Az = 354 (NEIS) PKPV A 1.5s 65.3nm
8.	eP	A	03 14 19.5	<u>Off East Coast of Kamchatka</u> 52.22 N 159.13 E H = 03 02 46.5 h = 33 km MB = 4.8 D = 73.89 Az = 339 (NEIS)
9.	eSg	A	03 01 51	<u>Poland</u> (CLL)
9.	e(P)	A	13 58 35.5	<u>Tunisia</u> 36.62 N 8.37 E H = 13 55 02.0 h = 33 km MB = 4.9 D = 14.22 Az = 8 (NEIS)
10.	ePKP	A	03 46 38	<u>Loyalty Islands Region</u> 21.88 S 169.83 E H = 03 26 59.0 h = 38 km MB=4.9 MS=5.0 D = 146.60 Az = 335 (NEIS) PKPV A 1.4s 41.9nm
10.	ePn eSn eSg	A A A	06 22 33 23 43.5 24 30.5	<u>Adriatic Sea</u> 44.92 N 14.82 E H = 06 21 03.3 (CSEM) D = 6.16
10.	+eiPKP LmV	A C	08 15 35 09 24.5	<u>Loyalty Islands Region</u> 21.82 S 169.94 E H = 07 55 56.7 h = 41.5 km MB=5.2 MS=5.4

Day	Phase		h m s	Remarks
cont. 10.	LmH	C	09 33.4	D = 146.59 Az = 335 (NEIS) PKPV A 1.2s 85.4nm LmH C 19 0.9/um M = 5.5 LmV C 20 0.9/um 5.5
10.	eSg	A	10 15 47	<u>Hungary</u> 46.32 N 17.41 E H = 10 12 33.6 (CSEM) D = 5.8
10.	eSg	A	10 17 17	<u>Hungary</u> 46.43 N 17.29 E H = 10 14 18.6 (CSEM) D = 5.7
10.	e LmH LmV	A B B	22 59 56 23 46.5 52.7	<u>South Sandwich Islands Region</u> 60.93 S 23.09 W H = 22 41 06.2 h = 33 km MB=6.3 MS=6.2 D = 114.67 Az = 24 (NEIS) LmH B 16.5s 2.4/um M = 5.9 LmV B 14 2.4/um 6.0
10.	ePKP2	A	23 25 35	<u>Kermadec Islands</u> 29.32 S 177.03 W H = 23 05 11.3 h = 52.8 km MB=4.3 (NEIS) D = 157.8
10.	ePKP2	A	23 40 38	<u>Kermadec Islands</u> 29.53 S 176.99 W H = 23 20 13.6 h = 51.3 km (NEIS) D = 157.8
11.	eP iSg	A A	07 40 40.5 41 19	Poland (CLL)
11.	LmV LmH	B B	12 32.5 32.8	<u>Galapagos Islands</u> 1.20 N 90.70 W H = 11 39 06.1 h = 33 km MB = 4.8 (ISC) D = 96.9 or <u>Galapagos Islands</u> 1.56 N 90.63 W H = 11 41 30.0 h = 33 km MB = 5.1 (ISC) D = 96.4 LmV B 20s 0.8/um M = 5.2

Day	Phase		h m s	Remarks
11.	iPn	A	18 34 35.0	Svabian Jura, Fed. Rep. of Germany
	iPg	A	34 45	48.39 N 9.06 E
	eSn	A	35 11	H = 18 33 52.6 h = 33 km
	iSg	A	35 23	D = 2.81 Az = 35 (NEIS)
11.	eP	A	22 07 08.5	North Atlantic Ridge 50.65 N 30.04 W
	LmV	C	16.0	H = 22 01 36.3 h = 33 km MB = 4.8
				D = 26.17 Az = 74 (NEIS)
				LmV C 20s 0.6 µm M = 4.3
12.	ePKP	A	04 26 36	Loyalty Islands Region 21.98 S 169.82 E
				H = 04 06 55.0 h = 36.1 km MB = 4.9
				D = 146.68 Az = 335 (NEIS)
12.	eP	A	04 57 15	Afghanistan - USSR Border Region
				36.99 N 71.28 E
				H = 04 49 16.0 h = 98 km MB = 5.4
				D = 43.99 Az = 308 (NEIS)
				PV A 1.6s 33.0nm M = 4.9
13.	ePKP	A	01 48 32	Loyalty Islands Region 22.10 S 169.63 E
				H = 01 28 51.8 h = 33 km MB = 4.7
				D = 146.72 Az = 334 (NEIS)
13.	ePKP	A	01 58 57	Loyalty Islands Region 22.00 S 169.62 E
	e	A	02 00 12	H = 01 39 15.2 h = 38.9 km MB = 5.0
				D = 146.62 Az = 334 (NEIS)
13.	eP	A	04 20 05.5	Luzon, Philippine Islands
	eS	B	31 00	15.68 N 119.16 E
	eSS	C	36 55	H = 04 07 14.5 h = 33 km MB=5.7 MS=4.8
	eSSS	C	40 40	D = 88.72 Az = 323 (NEIS)
	eSSSS	C	43 45	PV A 1.6s 49.5nm M = 5.6
	LmH	B	59.0	LmH B 15.5 4.6 µm 6.0
	LmV	B	05 07.3	LmV B 12 1.7 µm 5.7
13.	eP	A	06 02 53	Kamchatka 54.06 N 158.63 E
				H = 05 51 45.3 h = 167.3 km MB = 5.0
				D = 72.06 Az = 339 (NEIS)

Day	Phase		h m s	Remarks
13.	ePKP	A	11 56 41	Loyalty Islands Region 22.01 S 169.86 E H = 11 37 00.7 h = 33 km MB = 4.5 D = 146.73 Az = 335 (NEIS)
13.	eP	A	13 20 56	Molucca Sea 0.12 S 125.06 E
	e	A	24 02	H = 13 06 51.3 h = 33 km MB=5.8 MS=5.0
	LmV	C	14 07.3	D = 104.77 Az = 323 (NEIS)
	LmH	C	07.9	PV A 1.0s 27.6nm M = 6.1 LmH C 24 1.3/um 5.4 LmV C 32 1.4/um 5.3
13.	ePKP	A	14 21 48	Loyalty Islands Region 21.96 S 169.90 E H = 14 02 08.2 h = 33 km MB = 5.2 D = 146.70 Az = 335 (NEIS)
13.	eP	A	15 13 37	Jan Mayen Islands Region 70.77 N 14.02 W H = 15 08 29.8 h = 33 km MB = 4.5 D = 23.40 Az = 136 (NEIS)
14.	eP	A	00 31 11	Pakistan 33.60 N 73.25 E
	LmV	C	55.2	H = 00 22 38.4 h = 33 km MB = 5.2
	LmH	C	55.4	D = 47.38 Az = 310 (NEIS) LmH C 12s 0.3/um M = 4.4 LmV C 13 0.3/um 4.6
14.	eP	A	09 20 42	Near East Coast of Honshu, Japan 35.70 N 140.06 E H = 09 08 26.1 h = 78.6 km MB = 4.8 D = 82.77 Az = 330 (NEIS) traces
15.	ePn	A	10 46 02.5	Austria Yugoslavia 46.62 N 14.2 E
	ePg	A	46 17.5	H = 10 44 55 h = 0 km
	eSn	A	46 51	D = 4.37 Az = 338 (ISC)
	eSg	A	47 12	
15.	ePKHKP	A	23 00 47	Tonga Islands 19.43 S 175.19 W H = 22 41 10.2 h = 89.2 km MB = 5.2 D = 148.38 Az = 352 (NEIS)

Day	Phase		h m s	Remarks
16.	+iP	A	00 56 47.5	North Atlantic Ocean 25.97 N 26.26 W
	LmH	B	01 25.6	H = 00 49 31.2 h = 33 km MB = 5.5
	LmV	B	25.8	D = 37.98 Az = 39 (NEIS)
				PV A 1.2s 182.9nm M = 5.8
				LmH B 16 0.4 µm 4.3
				LmV B 16 0.5 µm 4.5
16.	eP	A	10 54 26	Molucca Passage 0.50 N 125.98 E
	ePP	A	58 47	H = 10 40 20.9 h = 33 km MB=6.1 MS=5.6
	eSKS	C	11 05 05	D = 104.83 Az = 323 (NEIS)
	ePS	C	07 50	PV A 1.8s 33.8nm M = 6.0
	LmV	B	44.2	LmH B 22 2.5 µm 5.7
	LmH	B	44.3	LmV B 21 2.7 µm 5.8
16.	ePn	A	19 35 36	Yugoslavia 45.97 N 15.99 E
	eSn	A	36 38	H = 19 34 12.2 h = 15.5 km
	iSg	A	37 10.5	D = 5.52 Az = 330 (NEIS)
17.	eP	A	13 43 32	Kamchatka 58.92 N 163.82 E
	LmV	C	14 15.0	H = 13 32 31.7 h = 33 km MB=5.2 MS=4.1
	LmH	C	16.0	D = 68.47 Az = 341 (NEIS)
				PV A 1.2s 32.5nm M = 5.3
				LmH C 14 0.45 µm 4.9
17.	e(pPKP)	A	18 40 14.5	Tonga Islands 16.78 S 174.59 W
				H = 18 20 04.2 h = 152 km (NEIS)
				D = 145.8
18.	ePKHKP	A	02 16 43.5	South of Fiji Islands 24.68 S 175.96 W
				H = 01 56 47.3 h = 35 km MB = 5.0 (NEIS)
				D = 153.3
18.	eP	AB	04 20 17.5	Hokkaido, Japan Region 41.41 N 142.04 E
	eSKS	C	30 45	H = 04 08 13.4 h = 4.9 km MB=5.5 MS=5.6
	LmH	B	52.2	D = 78.60 Az = 330 (NEIS)
	LmV	B	58.1	PV A 1.1s 24.2nm M = 5.2
				LmH B 19.5 2.7 µm 5.6
				LmV B 18 2.7 µm 5.7

Day	Phase		h m s	Remarks
18.	ePKIKP	A	06 51 00	South of Fiji Islands 24.41 S 176.28 W
	ePKHKP	A	51 09.5	H = 06 31 23.7 h = 121.9 km MB = 5.1
	ePKP2	A	51 21	D = 153.10 Az = 349 (NEIS)
18.	ePKP	A	11 58 38	Tonga Islands 16.62 S 173.41 W
				H = 11 39 00.7 h = 37.7 km MB = 4.7
				D = 145.82 Az = 354 (NEIS)
18.	eP	A	14 24 45	Central Mid-Atlantic Ridge
	e	A	24 53	8.82 N 39.72 W
	LmV	C	47.0	H = 14 14 44.1 h = 33 km MB = 4.5
				D = 59.30 Az = 35 (NEIS)
				LmV C 19s 0.35 µm M = 4.6
18.	eP	AB	21 04 04	South of Honshu, Japan 33.07 N 140.82 E
	ePP	AB	07 20	H = 20 51 29.8 h = 42.1 km MB=6.0 MS=5.7
	eS	B	14 22	D = 85.36 Az = 330 (NEIS)
	eSS	C	20 05	PV A 1.8s 318.0nm M = 6.2
	eSSS	C	23 40	LmH B 16 4.5 µm 5.9
	LmH	B	47.5	LmV B 16.5 5.0 µm 6.0
	LmV	B	51.5	
19.	eP	A	04 14 59.5	South of Honshu, Japan 33.08 N 140.82 E
	epP	A	15 16.5	H = 04 02 24.2 h = 51.6 km MB = 5.2
	esP	A	15 25	D = 85.35 Az = 330 (NEIS)
				h = 67 km
19.	eP	A	06 24 32.5	Tibet - India Border Region
	LmV	B	48.9	31.79 N 78.42 E
	LmH	B	50.4	H = 06 15 25.0 h = 40.2 km MB = 5.4
				D = 51.84 Az = 312 (NEIS)
				PV A 1.0s 31.5nm M = 5.3
				LmH B 18 0.6 µm 4.6
				LmV B 12 1.1 µm 5.2
19.	LmH	B	09 09.2	Mid - Indian Rise 41.31 S 80.52 E
	LmV	B	11.0	H = 07 53 23.6 h = 33 km MB = 5.8 (ISC)
				D = 109.5
				LmH B 18s 1.4 µm M = 5.6
				LmV B 17 1.1 µm 5.5

Day	Phase		h m s	Remarks
19.	+iP	AB	22 45 41.5	Near Islands, Aleutian Is.
	iPP	B	48 30	53.57 N 170.03 E
	iS	B	55 15	H = 22 34 04.1 h = 33 km MB=6.2 MS=6.7
	iPS	B	55 56	D = 74.59 Az = 346 (NEIS)
	iSS	B	59 56	PV A 1.5s 512.6nm M = 6.3
	LmH	B	23 24.0	PV B 14 16.1 μm 6.8
	LmV	B	27.0	PPV B 13 10.3 μm 6.8
				SH B 15 13.1 μm 6.9
				LmH B 16 34.2 μm 6.7
				LmV B 15 31.0 μm 6.8
19.	eP	A	23 52 34	Tibet 34.70 N 81.26 E
				H = 23 43 26.4 h = 18.6 km MB = 5.1
				D = 51.72 Az = 311 (NEIS)
				PV A 1.5s 50.3nm M = 5.2
20.	eP	A	07 13 41	Kodiak Island Region 57.04 N 153.88 W
				H = 07 02 20.4 h = 51.5 km MB = 4.7
				D = 72.01 Az = 10 (NEIS)
20.	eP	A	08 12 36.5	Near Islands, Aleutian Is.
				53.27 N 170.34 E
				H = 08 00 58.4 h = 42 km MB = 4.9
				D = 74.91 Az = 346 (NEIS)
20.	eP	A	11 21 45	Adriatic Sea 43.87 N 15.79 E
				H = 11 19 58.4 h = 33 km MB = 4.3
				D = 7.35 Az = 339 (NEIS)
21.	eP	A	13 07 29.5	Turkey 39.91 N 40.03 E
				H = 13 02 31.0 h = 33 km MB = 4.6
				D = 22.56 Az = 308 (NEIS)
				PV A 1.4s 23.2nm M = 4.5
21.	eP	A	17 47 41	Ionian Sea 37.48 N 20.51 E
	e	A	47 48	H = 17 44 15.3 h = 52.9 km MB = 4.8
				D = 14.61 Az = 337 (NEIS)

Day	Phase		h m s	Remarks
21.	-eP	A	20 13 22.5	Alaska Peninsula 55.91 N 161.89 W
	epP	A	14 05	H = 20 02 06.0 h = 167.2 km MB = 5.0
				D = 73.67 Az = 4 (NEIS)
				h = 180 km
				PV A 1.3s 48.0nm M = 5.1
22.	LmH	B	15 18.0	Off Coast of Southern Chile
	LmV	B	19.3	45.39 S 75.3 W
				H = 14 10 10.3 h = 33 km MB = 5.1 (ISC)
				D = 121.5
				LmH B 23s 1.4/um M = 5.6
				LmV B 20 1.6/um 5.7
22.	eP	A	19 56 23.5	North Atlantic Ridge 32.23 N 40.37 W
	eS	C	20 02 50	H = 19 48 35.2 h = 33 km MB=5.2 MS=4.8
	LmH	B	10.3	D = 42.18 Az = 48 (NEIS)
	LmV	B	12.0	PV A 2.4s 138.0nm M = 5.3
				LmH B 20 1.7/um 4.9
				LmV B 16 1.7/um 5.1
23.	ePKP	A	00 26 53	Tonga Islands 15.29 S 173.67 W
				H = 00 07 18.2 h = 33 km MB = 4.9
				D = 144.48 Az = 354 (NEIS)
23.	iPKHKP	A	00 41 30	South of Fiji Islands 21.97 S 179.63 W
	ePKP2	A	41 38	H = 00 22 47.3 h = 643 km MB = 5.2 (NEIS)
				D = 150.0
				PKHKPV A 0.8s 34.6s
23.	eP	A	06 41 52	Azores Islands 38.38 N 30.10 W
	LmH	C	53.0	H = 06 35 27.8 h = 33 km MB = 4.5
	LmV	C	53.0	D = 31.75 Az = 54 (NEIS)
23.	LmH	B	13 32.5	Luzon 17.47 N 120.21 E
	LmV	B	36.3	H = 12 37 17.3 h = 59 km MB = 5.3 (ISC)
				D = 87.8
				LmH B 18s 0.3/um
				LmV B 18 0.45/um

Day	Phase		h m s	Remarks
23.	eP	A	20 24 52.5	Southern Greece 36.99 N 21.96 E
	LmH	C	31.9	H = 20 21 18.0 h = 79.8 km MB = 4.3
	LmV	C	31.9	D = 15.54 Az = 335 (NEIS)
				LmH C 19s 0.6 /um
				LmV C 19 0.7 /um
24.	ePKP	A	04 57 06	Tonga Islands 18.55 S 174.48 W
				H = 04 37 40.7 h = 186 km MB = 4.8 (NEIS)
				D = 147.5
24.	eP	A	09 02 02	Ascension Island Region 11.69 S 13.62 W
	Pm	A	02 10	H = 08 51 16.6 h = 33 km MB=5.1 MS=5.5
	eS	C	10 50	D = 65.86 Az = 17 (NEIS)
	eSS	C	14 50	PmV A 1.8s 40.5nm M = 5.2
	eSSS	C	17 55	LmH B 20 3.8 /um 5.6
	LmH	B	25.2	LmV B 20 3.1 /um 5.6
	LmV	B	29.7	
24.	eP	A	11 51 51	Hokkaido, Japan Region 42.39 N 142.51 E
	epP	A	52 12	H = 11 40 00.0 h = 75 km MB = 5.3
	LmH	B	25.1	D = 77.93 Az = 331 (NEIS)
	LmV	B	30.8	h = 84.8 km
				PV A 1.4s 37.2nm M = 5.1
				LmH B 17 1.0 /um
				LmV B 15 0.9 /um
24.	eP	A	16 16 35.5	Dodecanese Islands 37.89 N 26.77 E
				H = 16 12 33.8 h = 33 km MB = 4.0
				D = 16.70 Az = 325 (NEIS)
				PV A 1.4s 18.6nm M = 4.0
24.	ePKP	A	16 29 43.5	Fiji Islands Region 17.64 S 178.90 W
				H = 16 11 05.4 h = 543.4 km MB = 4.9
				D = 146.01 Az = 348 (NEIS)
				PKPV A 1.4s 23.3nm
24.	+iP	AB	20 51 14.5	Turkey 38.74 N 27.72 E
	eS	B	54 30	H = 20 47 21.3 h = 43 km MB = 5.0

Day	Phase		h m s	Remarks
cont. 24.	LmH	B	20 56.9	D = 16.48 Az = 321 (NEIS)
	LmV	B	21 00.3	PV A 2.0s 145.3nm M = 4.8
				PH A 2.1 145.7nm 4.8
				LmH B 13.5 3.1 µm 4.7
				LmV B 12 1.7 µm 4.6
24.	ePKHKP	A	22 23 37	Fiji Islands Region 20.15 S 178.16 W
				H = 22 04 54.8 h = 597.3 km MB = 4.8
				D = 148.60 Az = 348 (NEIS)
				PKHKPV A 0.8s 17.3nm
25.	ePKIKP	A	01 18 31	East Papua New Guinea Region
				6.28 S 147.56 E
				H = 00 59 38.5 h = 49.4 MB=5.4 MS=5.5
				D = 122.59 Az = 328 (NEIS)
25.	ePKIKP	A	01 37 44	East Papua New Guinea Region
	e	A	39 46	6.29 S 147.53 E
	ePP	C	40 20	H = 01 18 52.8 h = 51.9 km MB=5.9 MS=5.9
	ePS	C	49 15	D = 122.58 Az = 328 (NEIS)
	eSS	C	56 15	PKIKPV A 1.1s 22.2nm
	LmH	B	02 30.5	PPV C 20 0.8 µm M = 5.9
	LmV	B	33.8	LmH B 22 2.8 µm 5.9
				LmV B 18 2.2 µm 5.9
25.	ePKP	A	01 43 32.5	Eastern New Guinea Region 6.32 S 147.68 E
				H = 01 24 41.1 h = 49 km
				D = 122.68 Az = 328 (ISC)
25.	eP	A	04 43 47	Western Iran 32.52 N 49.43 E
				H = 04 37 15.9 h = 66.3 km MB = 4.8
				D = 33.12 Az = 314 (NEIS)
25.	ePKP	A	18 40 11.5	Fiji Islands Region 18.00 S 178.35 W
				H = 18 21 35.2 h = 605.4 km MB = 4.3
				D = 146.47 Az = 349 (NEIS)

Day	Phase		h m s	Remarks
26.	ePKHKP	A	00 40 14.5	Tonga Islands 18.96 S 174.14 W
				H = 00 20 30.6 h = 33 km MB = 5.3
				D = 148.05 Az = 353 (NEIS)
				PKHKPV A 1.5s 20.1nm
26.	epPKP	A	14 27 34	Fiji Islands Region 17.32 S 176.96 W
	ePP	A	31 47	H = 14 07 42.1 h = 74 km MB = 4.8
	LmV	C	15 27.2	D = 146.05 Az = 350 (NEIS)
	LmH	B	33.0	pPKPV A 1.2s 20.3nm
				LmH B 18 0.3/um
				LmV C 24 0.5/um
26.	LmV	C	19 39.5	LmV C 17s 0.3/um
26.	eP	A	22 50 26.5	Canary Islands Region 28.53 N 20.84 W
	LmH	B	23 03.0	H = 22 43 48.9 h = 10 km MB = 4.7
	LmV	C	03.0	D = 32.95 Az = 39 (NEIS)
				PV A 1.3s 32.8nm M = 5.1
				LmH B 14 0.3/um 4.1
				LmV C 16 0.3/um 4.2
27.	eP	A	04 09 47	Azores Islands Region 37.54 N 31.92 W
	LmV	C	21.2	H = 04 03 09.4 h = 33 km MB=4.6 MS=4.8
				D = 33.41 Az = 53 (NEIS)
				LmV C 21s 0.45/um M = 4.3
27.	ePP	A	08 47 22.5	Sunda Strait 6.34 S 104.87 E
				H = 08 30 00.6 h = 59.3 km MB = 5.4
				D = 96.92 Az = 320 (NEIS)
				PPV A 1.8s 33.8nm M = 5.6
27.	-iP	A	09 29 57.5	Tadzhik SSR 38.07 N 72.69 E
	e	A	31 02	H = 09 21 57.2 h = 111.7 km MB = 5.1
	ePP	A	31 49	D = 44.23 Az = 307 (NEIS)
				PV A 1.0s 37.4nm M = 5.1
27.	eP	A	12 39(31)	Off East Coast of Kamchatka
				53.84 N 161.53 E
				H = 12 28 00.4 h = 43.6 km MB = 4.4
				D = 72.87 Az = 340 (NEIS)

Day	Phase		h m s	Remarks
27.	ePP	A	18 51 08	Mariana Islands 18.65 N 145.29 E H = 18 34 08.5 h = 579 km MB=5.0 (NEIS) D = 100.0 PPV A 1.9s 60.6nm M ≐ 5.6
28.	eP	A	01 45 01	South of Panama 4.04 N 82.50 W
	eSKS	C	55 30	H = 01 32 02.0 h = 33 km MB=5.1 MS=5.2
	eSS	C	02 02 00	D = 89.52 Az = 39 (NEIS)
	LmV	C	17.5	LmH C 24s 1.3/um M = 5.3
	LmH	B	18.0	LmV B 24 2.3/um 5.6
28.	eP	A	02 04 02.5	Mindanao, Philippine Islands 9.22 N 126.12 E H = 01 50 31.9 h = 63.7km MB = 5.7 D = 97.93 Az = 324 (NEIS) PV A 1.0s 17.7nm M = 5.5
28.	eP	A	08 52 47.5	Arabian Sea 14.88 N 54.95 E H = 08 43 55.7 h = 33 km MB=5.1 MS=4.7 D = 49.87 Az = 325 (NEIS) PV A 2.1s 114.9nm M = 5.5
28.	eP	A	17 44 01.5	Arabian Sea 14.81 N 55.01 E
	eS	B	51 10	H = 17 35 06.5 h = 33 km MB=5.1 MS=4.6
	LmH	B	18 09.8	D = 49.96 Az = 325 (NEIS)
	LmV	C	11.3	PV A 2.0s 94.0nm M = 5.5 LmH B 16 0.9/um 4.8 LmV C 18 1.0/um 4.9
28.	eP	A	18 02 54	Kurile Islands 44.63 N 146.82 E H = 17 50 54.4 h = 9.7 km MB=5.3 MS=4.7 D = 77.45 Az = 333 (NEIS)

Day	Phase		h m s	Remarks
1.	e	A	00 49(00)	<u>Mindanao</u> 6.84 N 123.93 E
	LmV	C	01 38.0	H = 00 35 01.7 h = 45 km MB = 5.4
				D = 98.55 Az = 323 (ISC)
				LmV C 21s 0.4 μm M = 4.9
1.	eP	A	01 55(43)	<u>Mid - Indian Rise</u> 7.16 S 67.94 E
				H = 01 44 11.7 h = 33 km MB = 4.8
				D = 75.23 Az = 327 (NEIS)
				station clock out of operation
1.	eP	A	20 50 00	<u>Near West Coast of Colombia</u>
				6.26 N 77.62 W
				H = 20 37 25.1 h = 22.7 km MB = 4.9
				D = 84.72 Az = 40 (NEIS)
2.	ePKIKP	A	05 24 58.5	<u>Fiji Islands</u> 16.37 S 177.98 E
	e	A	25 05	H = 05 05 23.6 h = 33 km MB=5.5 MS=5.1
	i	A	27 14.5	D = 144.09 Az = 345 (NEIS)
2.	eP	AB	10 00 57	<u>Mindanao, Philippine Islands</u>
	eipP	A	07 12	6.77 N 123.74 E
	ePP	B	11 00	H = 09 53 23.2 h = 51.6 km MB=6.1 MS=6.1
	ePPP	B	13 32	D = 98.50 Az = 323 (NEIS)
	eS	B	18 25	h = 51 km
	LmH	B	51.6	PV A 1.6s 159.0nm M = 6.3
	LmV	B	59.5	PV B 7 1.2 μm 6.5
				LmH B 18.5 11.3 μm 6.4
				LmV B 16.5 6.7 μm 6.2
2.	eP	A	23 22 25.5	<u>Off East Coast of Kamchatka</u>
	LmH	C	54.0	54.69 N 163.66 E
	LmV	C	57.5	H = 23 11 01.8 h = 42 km MB = 5.1
				D = 72.46 Az = 342 (NEIS)
				PV A 1.4s 18.6nm M = 4.9
				LmH C 17 0.35 μm 4.7
				LmV C 18 0.35 μm 4.7

Day	Phase		h m s	Remarks
3.	ePKP	A	12 14 58.5	Fiji Islands Region 18.23 S 176.97 W
				H = 11 55 59.7 h = 384.4 km MB = 4.8
				D = 146.94 Az = 350 (NEIS)
4.	ePKP	A	05 12 59	Samoa Region 16.22 s 172.64 W
				H = 04 53 22.9
				D = 145.39 Az = 355 (ISC)
				PKPV A 1.1s 28.2nm
4.	eP	A	06 58 59	Sakhalin Island 51.31 N 143.84 E
				H = 06 47 44.3 h = 33 km MB = 4.8
				D = 70.62 Az = 330 (NEIS)
4.	-eiP	AB	19 24 32	Rumania 45.77 N 26.76 E
	eiS	B	26 56	H = 19 21 54.1 h = 94.1 km MB = 6.4
	LmH	B	30.0	D = 11.22 Az = 301 (NEIS)
	LmV	B	30.0	PV A 1.2s 1300.0nm M = 6.6
	eP'P'	A	20 01 22	SH B 15 567.0 μm 8.6
				LmH B 13 656.0 μm
				LmV B 13 397.0 μm
5.	e(P)	A	00 03 33.5	Rumania 45.48 N 27.09 E
				H = 00 00 45.9 h = 104.2 km MB = 4.9
				D = 11.56 Az = 302 (NEIS)
5.	ePn	A	13 32 43.5	Switzerland 46.54 N 7.33 E
	ePg	A	32 58	H = 13 31 25.1 h = 33 km
	eSn	A	33 46	D = 4.99 Az = 33 (NEIS)
	eSg	A	34 06	
5.	ePKHKP	A	16 33 55	South of Fiji Islands 23.30 S 178.80 E
	ePKP2	A	34 05	H = 16 15 07.3 h = 596.7 km MB = 5.1
				D = 150.93 Az = 343 (NEIS)
				PKHKPV A 1.2s 30.5nm
6.	LmH	B	14 01.7	Flores Island Region 8.30 S 123.60 E
	LmV	B	02.2	H = 12 47 18.3 h = 39.1 km
				MB = 5.2 MS = 5.7 (NEIS)
				D = 110.3

Day	Phase		h m s	Remarks
cont. 6.				LmH B 18s 0.8 μm M = 5.3
				LmV B 17 0.8 μm 5.4
7.	eP	A	00 39 53.5	<u>Northeastern China</u> 39.98 N 118.69 E
	eS	C	49 00	H = 00 28 47.4 h = 33 km MB=5.3 MS=5.0
	LmH	B	01 07.7	D = 69.52 Az = 319 (NEIS)
	LmV	B	13.9	PV A 2.0s 102.8nm M = 5.5
				LmH B 18 18.6 μm 6.4
				LmV B 14 4.8 μm 6.0
7.	iPn	AB	08 18 52.0	<u>Limburg, Fed. Rep. of Germany</u>
	eiPg	A	18 57	50.28 N 8.17 E
	eSn	A	19 16	H = 08 18 17.0 h = 33 km
	eiSg	A	19 25	D = 2.23 Az = 79 (NEIS)
7.	eP	A	09 24 28	<u>Hokkaido, Japan Region</u> 43.10 N 145.77 E
	LmV	C	55.5	H = 09 12 28.1 h = 24.1 km MB = 5.4
	LmH	C	55.9	D = 78.45 Az = 332 (NEIS)
				PV A 2.2s 76.4nm M = 5.3
				LmH C 24.5 0.9 μm 5.0
				LmV C 32 0.6 μm 4.8
7.	eP	A	10 49 15	<u>Central Mid-Atlantic Ridge</u>
	LmV	B	11 15.0	7.43 N 35.99 W
	LmH	B	17.5	H = 10 39 20.9 h = 33 km MB = 4.9
				D = 58.34 Az = 34 (NEIS)
				LmH B 16s 0.35 μm M = 4.6
				LmV B 19 0.6 μm 4.8
7.	eP	A	14 01 20	<u>Celebes Sea</u> 1.99 N 123.05 E
	LmV	C	50.0	H = 13 47 31.0 h = 58 km MB = 5.4
	LmH	C	50.2	D = 101.88 Az = 323 (NEIS)
				LmH C 21s 0.7 μm
				LmV C 20 0.6 μm
8.	eP	A	03 05 51	<u>Dodecanese Islands</u> 36.54 N 28.44 E
				H = 03 01 36.7 h = 63.4 km MB = 4.1
				D = 18.57 Az = 325 (NEIS)
				PV A 1.4s 41.9nm M = 4.5

Day	Phase		h m s	Remarks
8.	ePKP	A	03 21 11.5	Fiji Islands Region 17.84 S 178.71 W
	epPKP	A	23 18	H = 03 02 32.8 h = 570.8 km MB = 5.3
				D = 146.24 Az = 348 (NEIS)
				h = 547 km
				PKPV A 1,4s 32.6nm
				pPKP traces
8.	LmH	B	09 29.0	Solomon Islands 8.41 S 156.35 E
	LmV	B	29.3	H = 08 07 19.9 h = 33 km MB = 5.6 (ISC)
				D = 128.8
				LmH B 17s 1.1 µm M = 5.6
				LmV B 14 1.4 µm 5.8
8.	eP	A	13 22 23.5	Peru 11.96 S 74.20 W
	LmH	B	14 04.6	H = 13 08 56.3 h = 40.6 km MB=5.6 MS=5.6
	LmV	B	09.4	D = 96.51 Az = 40 (NEIS)
				PV A 2.0s 77.0nm M = 5.9
				LmH B 20 1.3 µm 5.4
				LmV B 17 1.7 µm 5.6
8.	e(PP)	A	15 38 31	Tadzhikistan 38.00 N 69.52 E
				H = 15 28 46.7 h = 10 km MB = 4.7 (ISC)
				D = 42.3
8.	ePn	A	19 20 36	Yugoslavia 43.32 N 21.00 E
	eSn	A	22 19	H = 19 18 12.8 h = 34.5 km MB = 4.8
				D = 9.73 Az = 322 (NEIS)
8.	eP	A	22 59 35	Peru 12.06 S 74.03 W
				H = 22 46 04.8 h = 14 km MB=5.6 MS=5.4
				D = 96.47 Az = 40 (NEIS)
				PV A 1.2s 16.3nm M = 5.4
8.	eP	AB	23 30 21	Northern Sumatra 0.45 N 100.02 E
	eS	C	41 05	H = 23 17 28.0 h = 21.6 km MB=5.5 MS=6.0
	eSS	C	46 40	D = 88.64 Az = 320 (NEIS)
	eSSS	C	50 24	PV A 1.6s 82.5nm M = 5.8
	LmH	B	24 25.4	LmH B 15.5 4.2 µm 6.0
	LmV	B	28.1	LmV B 16 3.7 µm 5.9

Day	Phase		h m s	Remarks
9.	ePn	A	00 11 54	Austria 46.3 N 13.2 E
	ePg	A	12 13.5	H = 00 10 44 h = 0 km
	eSn	A	12 45	D = 4.49 Az = 347 (ISC)
	eSg	A	13 07.5	
9.	eP	A	04 11 23	Kurile Islands 46.43 N 153.87 E
				H = 03 59 27.2 h = 30 km MB = 5.2
				D = 77.96 Az = 337 (NEIS)
				PV A 1.2s 30.5nm M = 5.2
9.	eP	A	04 26 55	Kurile Islands Region 46.08 N 154.06 E
				H = 04 14 58.6 h = 38 km MB = 5.0
				D = 78.32 Az = 337 (NEIS)
				PV A 1.2s 24.4nm M = 5.1
9.	e(pPKP)	A	04 55 27.5	Loyalty Islands Region 21.00 S 169.74 E
				H = 04 35 22.5 h = 103 km (ISC)
				D = 145.8
9.	eP	A	06 18 20.5	Fox Islands, Aleutian Is.
	e	A	18 32	52.76 N 167.79 W
				H = 06 06 30.4 h = 33 km MB = 4.7
				D = 76.97 Az = 0 (NEIS)
				PV A 1.2s 16.3nm M = 4.9
9.	eP	A	06 42 25	Eastern Sea of Japan 41.21 N 138.22 E
				H = 06 30 32.2 h = 33 km MB = 5.0
				D = 77.31 Az = 328 (NEIS)
9.	-iP	AB	14 38 36	North Korea 41.61 N 130.88 E
	ipP	AB	40 34	H = 14 27 53.6 h = 528 km MB = 5.9
	iPP	B	41 28	D = 73.94 Az = 325 (NEIS)
	ipPP	B	43 17	h = 588 km
	iS	B	47 20	PV A 1.6s 1153.0nm M = 6.1
	iSP	B	47 44	PV B 9 10.9/um 6.3
	i	B	47 50	pPV B 9 6.8/um
	iSS	B	51 52	PPV B 9 5.3/um 6.5
	eP'P'	A	15 05 37	SH B 13 31.9/um 6.9
	eSKPP'	A	08 38	SKPP'V A 2.2 251.0nm

Day	Phase		h m s	Remarks
cont. 9.	LmH	B	15 13.0	LmH B 15s 15.1 µm
	LmV	B	15.2	LmV B 14 16.1 µm
9.	LmH	C	24 00.0	Molucca Passage 2.59 N 127.17 E
	LmV	C	07.0	H = 23 01 15.9 h = 59.3 km MB = 5.5
				D = 103.87 Az = 324 (NEIS)
				LmV C 24s 0.5 µm
10.	ePg	A	02 03 16.5	Northern Italy 45.77 N 9.81 E
	eSn	A	03 52	H = 02 01 45.4 h = 33 km
	eSg	A	04 24	D = 5.03 Az = 13 (NEIS)
10.	eP	A	17 49 45	Caribbean Sea 17.89 N 81.95 W
				H = 17 37 44.8 h = 33 km MB = 4.9
				D = 78.59 Az = 40 (NEIS)
				PV A 1.4s 18.6nm M = 4.9
11.	eP	A	07 10 45.5	Philippine Islands Region
	LmH	C	53.3	19.14 N 121.24 E
	LmV	C	55.2	H = 06 58 02.3 h = 41.7 km MB=5.4 (NEIS)
				D = 87.2
				LmH C 19s 2.6 µm M = 5.7
				LmV C 19 2.3 µm 5.6
12.	eP	AB	03 06 51.5	North Atlantic Ridge 23.74 N 45.17 W
	eS	B	14 15	H = 02 57 50.6 h = 33 km MB=5.4 MS=5.6
	LmH	B	24.5	D = 51.08 Az = 43 (NEIS)
	LmV	B	25.2	PV A 1.7s 91.0nm M = 5.5
				SH B 16 3.2 µm 6.0
				LmH B 17.5 6.0 µm 5.7
				LmV B 18.5 7.1 µm 5.8
12.	LmH	C	08 54.0	Off Coast of Jalisco, Mexico
	LmV	C	09 01.0	18.81 N 107.13 W
				H = 08 09 11 h = 24 km MB = 4.9 (ISC)
				D = 92.5
				LmH C 33s 0.45 µm M = 4.7
				LmV C 21 0.4 µm 4.9

Day	Phase		h m s	Remarks
13.	ePKP	A	03 54 06.5	Tonga Islands 16.52 S 173.27 W
				H = 03 34 29.0 h = 33 km MB = 4.7
				D = 145.73 Az = 354 (NEIS)
13.	LmH	C	15 35.5	LmH C 23s 0.4 µm
	LmV	C	35.5	LmV C 25 0.35 µm
13.	eP	A	21 27 34	Peru - Brazil Border Region
	eSKS	C	37 55	8.04 S 74.41 W
	eS	C	38 20	H = 21 14 32.2 h = 161 km MB = 5.1
	e	C	38 50	D = 93.63 Az = 40 (NEIS)
	esS	C	39 30	PV A 2.2s 87.2nm M = 5.6
	eSS	C	44 50	
	esSS	C	45 35	
14.	ePKIKP	A	19 21 47	Fiji Islands Region 20.73 S 178.51 W
	-eiPKHKP	A	21 52	H = 19 03 07.8 h = 577.4 km MB = 5.4
	ePKP2	A	21 58.5	D = 149.10 Az = 347 (NEIS)
				PKIKPV A 0.7s 26.8nm
				PKHKPV A 1.5 241.2nm
				PKP2V A 1.2 77.2nm
14.	eP	A	20 55 01	Jan Mayen Island Region
				71.97 N 0.99 W
				H = 20 50 04.2 h = 33 km MB = 4.5
				D = 22.13 Az = 158 (NEIS)
				PV A 1.5s 33.0nm M = 4,5
14.	ePKP2	A	21 12 30	Kermadec Islands Region 31.01 S 179.94 E
				H = 20 52 38.2 h = 368 km MB = 5.0 (NEIS)
				D = 158.7
				PKP2V A 1.6s 44.0nm
15.	eP	A	01 11 38.5	Tibet 31.35 N 89.34 E
	LmH	C	37.5	H = 01 01 39.9 h = 33 km MB = 4.7 (NEIS)
	LmV	C	41.5	D = 58.9
				PV A 2.0s 42.7nm M = 5.2
				LmH C 22 1.0 µm 4.9
				LmV C 19 0.6 µm 4.8

Day	Phase		h m s	Remarks
15.	ePn	A	02 03 30	Yugoslavia 42.1 N 19.2 E
	eSg	A	05 37	H = 02 00 06 h = 10 km
				D = 10.05 Az = 331 (ISC)
15.	ePKP	A	04 31 22.5	Tonga Islands 15.18 S 173.21 W
				H = 04 11 51.2 h = 32 km MB=4.9 MS=5.3
				D = 144.41 Az = 355 (NEIS)
15.	ePKIKP	A	09 13 32	Banda Sea 4.95 S 131.01 E
	ePP	A	14 13	H = 08 54 58.8 h = 40.7 km
	eSP	C	23 35	MB = 5.8 MS = 5.6 (NEIS)
	ePSS	C	24 40	D = 112.2
	eSS	C	30 15	LmH C 24s 1.8 µm M = 5.6
	eSSS	C	34 00	LmV C 28 2.0 µm 5.5
	LmV	C	10 00.8	
	LmH	C	03.3	
15.	ePKIKP	A	20 14 45	Solomon Islands 6.73 S 154.96 E
	LmH	B	21 02.5	H = 19 55 42.6 h = 31 km
	LmV	B	17.5	MB = 5.5 MS = 5.8 (NEIS)
				D = 126.6
				LmH B 22s 1.1 µm M = 5.5
				LmV B 20 1.2 µm 5.6
16.	eP	A	06 33 52.5	Alaska Peninsula 55.49 N 157.04 W
				H = 06 22 17.7 h = 18 km
				MB = 5.1 MS = 3.9 (NEIS)
				D = 73.8
				PV A 1.0s 17.7nm M = 5.1
16.	eP	A	13 06 51.5	Tibet 31.26 N 89.41 E
				H = 12 56 52.0 h = 33 km MB = 4.8 (NEIS)
				D = 59.2
				PV A 1.8s 27.0nm M = 5.0
16.	ePKHKP	A	18 00 17	Fiji Islands Region 20.88 S 178.94 W
				H = 17 41 35.3 h = 620.9 km MB = 4.7
				D = 149.15 Az = 347 (NEIS)

Day	Phase		h m s	Remarks
16.	eP	A	24 06 08	Yunnan Province, China 25.80 N 99.51 E
				H = 23 55 01.6 h = 33 km
				MB = 5.1 MS = 4.7 (NEIS)
				D = 69.2
				PV A 1.4s 23.3nm M = 5.1
16.	eP	A	24 08 42.5	Yunnan Province, China 25.61 N 99.99 E
	LmH	B	36.9	H = 23 57 34.0 h = 33 km MB = 5.0
	LmV	B	41.6	D = 69.65 Az = 317 (NEIS)
				LmH B 20s 1.5 μm M = 5.2
17.	ePn	A	04 41 29	Poland (CLL)
	iSg	A	42 08	D = 2.5
17.	eSg	A	17 57 55	Hungary 46.99 N 18.10 E
				H = 17 54 47.7 h = 0 km (ISC)
				D = 5.6
18.	eiP	AB	21 56 48	Luzon, Philippine Islands
	iPP	B	22 00 20	16.77 N 122.33 E
	iS	B	07 40	H = 21 43 52.4 h = 37 km MB=6.2 MS=7.0
	iPS	B	08 52	D = 89.69 Az = 323 (NEIS)
	iSS	B	13 48	PV A 1.5s 462.3nm M = 6.6
	ePKKP	A	14 28	PV B 12 13.3 μm 7.1
	eP'P'	A	22 32	SH B 18 29.0 μm 7.2
	LmH	B	32.8	LmH B 25 252.0 μm 7.6
	LmV	B	43.4	LmV B 16.5 204.0 μm 7.7
18.	eP	A	24 10 35.5	Luzon, Philippine Islands
				16.76 N 122.52 E
				H = 23 57 38.1 h = 33 km MB = 5.3
				D = 89.81 Az = 324 (NEIS)
				PV A 1.7s 36.4nm M = 5.4
19.	eP	A	00 54 05	Luzon, Philippine Islands
	epP	A	54 28	16.83 N 122.45 E
				H = 00 41 08.7 h = 33 km MB = 5.2
				D = 89.71 Az = 323 (NEIS)
				h = 87 km
				PV A 1.4s 27.9nm M = 5.4

Day	Phase		h m s	Remarks
19.	eP	A	02 06 12	Luzon, Philippine Islands 17.14 N 122.43 E H = 01 53 19.2 h = 49 km MB = 5.3 (NEIS) D = 89.5 PV A 1.4s 37.2nm M = 5.5
19.	eP	A	03 15 38	Luzon, Philippine Islands 17.14 N 122.51 E H = 03 02 42.6 h = 34 km MB = 5.1 (NEIS) D = 89.5
19.	e(pP) LmH LmV	A B B	08 35 31.5 09 22.0 22.0	Luzon, Philippine Islands 16.75 N 122.39 E H = 08 22 18.8 h = 63 km MB = 5.1 D = 89.74 Az = 232 (ISC) LmH B 13s 0.3/um LmV B 13 0.35/um
19.	eP	A	08 43 29	Greenland Sea 76.1 N 4.8 E H = 08 38 01 h = 33 km MB = 4.4 D = 25.74 Az = 170 (ISC) PV A 1.6s 22.0nm M = 4.5
19.	ePKP	A	09 42 05	Tonga Islands 17.72 S 174.68 W H = 09 22 42.4 h = 176 km MB = 5.1 (NEIS) D = 146.7 PKPV A 2.0s 59.8nm
19.	+iP LmV LmH	AB B B	11 08 18.3 47.2 47.3	Kurile Islands 44.20 N 148.20 E H = 10 56 25.1 h = 70 km MB = 6.0 D = 78.28 Az = 333 (NEIS) PV A 1.5s 754.0nm M = 6.4 PV B 4 1.8/um 6.3 LmH B 18 1.5/um LmV B 19 1.9/um

Day	Phase		h m s	Remarks
19.	eP	A	12 30 01	Luzon, Philippine Islands
	LmH	B	13 15.0	16.61 N 122.42 E
	LmV	B	16.3	H = 12 17 03.6 h = 33 km MB=5.4 MS=4.5
				D = 89.87 Az = 323 (NEIS)
				PV A 1.4s 18.6nm M = 5.2
				LmH B 16 0.8/um 5.3
				LmV B 17 1.5/um 5.5
19.	eP	A	13 09 02	Luzon, Philippine Islands
	LmH	B	47.3	16.65 N 122.46 E
	LmV	B	55.9	H = 12 56 03.7 h = 33 km MB=5.3 MS=5.1
				D = 89.86 Az = 323 (NEIS)
				PV A 1.3s 26.2nm M = 5.3
				LmH B 17.5 1.6/um 5.5
				LmV B 16 1.7/um 5.6
19.	eP	A	13 40 07	Luzon, Philippine Islands
				16.70 N 122.49 E
				H = 13 27 09.4 h = 42 km MB = 5.2
				D = 89.84 Az = 323 (ISC)
				PV A 1.6s 22.0nm M = 5.3
19.	ePKHKP	A	16 30 57	Fiji Region 20.39 S 177.79 W
				H = 16 12 09.7 h = 550 km
				D = 148.91 Az = 348 (ISC)
19.	ePKP	A	19 22 06.5	New Hebrides Islands 19.02 S 169.25 E
				H = 19 02 54.1 h = 182 km MB = 4.4 (NEIS)
				D = 143.8
				PKPV A 1.4s 23.2nm
19.	eP	AB	19 48 03	Luzon, Philippine Islands
	ePP	C	51 30	16.81 N 122.35 E
	eS	C	58 45	H = 19 35 08.0 h = 39 km MB=5.6 MS=5.8
	LmH	B	20 34.4	D = 89.67 Az = 323 (NEIS)
	LmV	B	34.4	PV A 2.0s 128.0nm M = 5.9
				PV B 8 1.2/um 6.3
				LmH B 16 8.4/um 6.3
				LmV B 16 10.4/um 6.4

Day	Phase		h m s	Remarks
19.	ePKP	A	23 20 32.5	Tuamotu Archipelago Region 21.93 S 138.96 W H = 23 00 58.2 h = 0 km MB=5.9 MS=5.5 D = 143.25 Az = 32 (NEIS) PKPV A 1.1s 48.4nm
20.	e eSn	A A	07 44 05.5 45 21	Yugoslavia 43.36 N 18.65 E H = 07 41 38.1 h = 33 km MB = 4.7 D = 8.73 Az = 329 (NEIS)
20.	LmV LmH	B B	12 01.3 01.8	Luzon, Philippine Islands 16.65 N 122.52 E H = 11 01 59 h = 35 km MB = 4.9 (ISC) D = 89.8 LmH B 15s 0.2/um M = 4.6 LmV B 16 0.3/um 4.8
20.	eP	A	23 04 10	Greenland Sea 79.09 N 3.11 E H = 22 58 10.7 h = 10 km MB = 4.5 (NEIS) D = 28.7
21.	ePn ePg e(Sg)	A A A	01 27 27 27 42 28 37	Austria 46.4 N 13.2 E H = 01 26 25 h = 33 km D = 4.41 Az = 346 (ISC)
21.	ePP LmH LmV	A C C	04 54 26 05 31.6 35.5	Mariana Islands 13.16 N 145.31 E H = 04 36 00.6 h = 56 km MB = 5.4 (NEIS) D = 104.7 LmH C 24s 0.8/um LmV C 24 0.5/um
21.	eP LmH LmV	A B B	07 43 29 08 03.8 03.8	Afghanistan - USSR Border Region 36.47 N 71.37 E H = 07 35 28.0 h = 123 km MB = 4.9 (NEIS) D = 44.5 PV A 1.6s 22.0nm M = 4.6 LmH B 17 1.9/um 5.1 LmV B 18.5 2.9/um 5.4

Day	Phase		h m s	Remarks
21.	eSb	A	19 39 50	Central Italy 43.0 N 14.0 E
	eSg	A	40 14	H = 19 35 52 h = 33 km (ISC)
				D = 7.85
21.	+iP	ABC	21 26 35.2	Southern Iran 27.61 N 56.39 E
	ePP	BC	28 10	H = 21 18 54.2 h = 29.2 km MB=6.2 MS=6.9
	eS	BC	32 40	D = 40.84 Az = 317 (NEIS)
	eSS	BC	35 20	PV A 2.2s 840.0nm M = 6.1
	LmH	C	39.0	LmH C 20.5 370.0 µm 7.2
	LmV	C	46.5	LmV C 18 64.0 µm 6.5
21.	eP	A	21 40 58.5	Southern Iran 27.50 N 56.36 E
				H = 21 33 18.2 h = 33 km MB = 5.1
				D = 40.90 Az = 317 (NEIS)
21.	eP	A	21 49 08	Southern Iran 27.24 N 56.77 E
				H = 21 41 23.8 h = 33 km MB = 4.7
				D = 41.34 Az = 317 (NEIS)
21.	eP	A	21 59 25	Southern Iran 27.62 N 56.36 E
				H = 21 51 39.3 h = 33 km MB = 4.9
				D = 40.81 Az = 317 (NEIS)
21.	+eP	A	22 49 46.5	Southern Iran 27.60 N 56.52 E
				H = 22 42 06.5 h = 36.5 km MB = 5.8
				D = 40.92 Az = 317 (NEIS)
				PV A 1.5s 90.5nm M = 5.3
22.	eP	A	01 44 46.5	Southern Iran 27.51 N 56.25 E
				H = 01 37 09.1 h = 55.8 km MB = 4.7
				D = 40.82 Az = 317 (NEIS)
				traces
22.	eP	A	02 33 38	Southern Iran 27.53 N 56.32 E
				H = 02 25 58.8 h = 43 km MB = 5.2 (NEIS)
				D = 40.8
				PV A 1.2s 20.3nm M = 4.7

Day	Phase		h m s	Remarks
22.	ePKIKP	A	02 42 38	<u>South of Kermadec Islands</u>
	ePKP2	A	43 22	33.60 S 179.10 E
	e(pPKP)	A	44 05	H = 02 23 17.8 h = 336 km MB = 5.6
				D = 160.65 Az = 335 (NEIS)
				PKIKPV A 2.3s 146.0nm
				PKP2V A 1.8 135.0nm
22.	LmH	B	03 27.5	<u>Southern Iran</u> 27.54 N 56.47 E
	LmV	B	31.0	H = 03 18 26.1 h = 33 km MB = 4.4 (NEIS)
				D = 41.6
				LmH B 17s 1.1 µm M = 4.8
				LmV B 17 2.3 µm 5.2
22.	eP	A	04 22 29	<u>South Atlantic Ridge</u> 12.52 S 14.72 W
	epP	A	22 36	H = 04 11 37.7 h = 33 km MB=5.1 MS=4.7
				D = 66.98 Az = 18 (NEIS)
				h = 27 km
				PV A 2.0s 59.8nm M = 5.3
22.	e(PP)	A	06 42 18	<u>Crete</u> 34.48 N 26.18 E
				H = 06 37 47.9 h = 33 km (NEIS)
				D = 19.2
22.	eP	A	09 22 21	<u>Southern Iran</u> 27.59 N 56.55 E
	LmH	B	40.0	H = 09 14 39.7 h = 33 km MB=5.0 MS=5.2
	LmV	B	48.2	D = 40.95 Az = 317 (NEIS)
				LmH B 23s 5.2 µm M = 4.6
				LmV B 14 1.7 µm 5.2
22.	eP	A	12 05 11	<u>Southern Iran</u> 27.58 N 56.47 E
	ePP	B	06 44	H = 11 57 30.9 h = 39.1 km MB=5.7 MS=5.9
	eS	B	11 10	D = 40.91 Az = 317 (NEIS)
	eSS	B	14 00	PV A 1.2s 4.0nm M = 5.7
	eSSS	B	14 45	LmH B 20 14.1 µm 5.8
	LmH	B	22.6	LmV B 13.5 9.4 µm 5.9
	LmV	B	28.4	

Day	Phase		h m s	Remarks
22.	eP	A	12 40 35.5	Southern Iran 27.58 N 56.59 E H = 12 32 57.3 h = 61.5 km MB = 4.8 D = 40.98 Az = 317 (NEIS) PV A 1.4s 11.6nm M = 4.4
22.	eP	A	21 38 42	Southern Iran 27.71 N 56.37 E H = 21 31 02.6 h = 33 km MB = 4.8 D = 40.75 Az = 317 (NEIS)
22.	ePKHKP	A	24 05 48	Fiji Islands Region 20.22 S 178.01 W H = 23 47 02.4 h = 567.4 km MB = 4.7 D = 148.70 Az = 348 (NEIS) PKHKPV A 1.4s 18.6nm
23.	e	A	00 25 38	Southern Iran 27.56 N 56.38 E H = 00 17 50.8 h = 33 km MB = 4.9 (NEIS) D = 40.8 traces
23.	eP	A	02 23 14.5	Northern Colombia 6.79 N 73.05 W
	eS	C	33 30	H = 02 11 14.6 h = 164.0 km MB = 5.5
	LmH	C	42.5	D = 81.41 Az = 40 (NEIS)
23.	eP	A	03 58 01	Kurile Islands 43.36 N 146.89 E
	epP	A	58 11	H = 03 46 01.3 h = 36 km MB=5.3 MS=4.6 D = 78.60 Az = 333 (NEIS) h = 37 km PV A 1.0s 27.6nm M = 5.2
23.	e	A	05 20 26	Fiji Islands Region 14.80 S 178.16 W H = 05 00 41.0 h = 33 km MB=5.0 MS=5.1 D = 143.38 Az = 350 (NEIS)
23.	ePKP	A	07 38 44	Fiji Islands 14.47 S 177.95 W
	eX	A	38 50	H = 07 19 11.1 h = 33 km
	ePS	BC	52 40	MB = 5.5 MS = 6.3 (NEIS)
	ePPS	BC	54 35	D = 143.1
	eSS	B	08 00 35	eXV A 2.0s 68.4nm
	eSSS	B	05 50	LmH B 22 5.2/um M = 6.2

Day	Phase		h m s	Remarks
cont. 23.	LmH	B	08 39.5	LmV B 19s 5.3/um M = 6.3
	LmV	B	48.6	
23.	eP	A	07 54 37	Southern Iran 27.65 N 56.45 E H = 07 46 59.4 h = 54.3 MB = 5.0 MS = 5.5 (NEIS) D = 40.8
23.	ePKP	ABC	17 29 56.5	Fiji Islands Region 14.43 S 177.96 W
	eSS	BC	51 40	H = 17 10 19.50 h = 1.5 km
	eSSP	BC	52 25	MB = 5.6 MS = 6.0 (NEIS)
	LmH	B	18 33.2	D = 143.0
	LmV	B	39.6	PKPV A 1.9s 37.9nm LmH B 18 2.1/um M = 5.9 LmV B 19.5 3.5/um 6.1
23.	ePcP	A	18 05 39	Off Coast of Hókkaido, Japan 42.11 N 147.76 E H = 17 53 22.4 h = 33 km MB = 4.6 (NEIS) D = 80.0
23.	ePKP	A	19 17 08	Tonga Islands 15.01 S 173.25 W H = 18 57 36.6 h = 33 km MB = 5.1 (NEIS) D = 144.2
23.	eP	A	20 48 37.5	Southern Iran 27.52 N 56.48 E H = 20 40 57.9 h = 41.7 km MB = 4.9 (NEIS) D = 41.0 PV A 1.3s 13.1nm M = 4.5
23.	+iP	ABC	23 58 57.0	Southern Iran 27.62 N 56.59 E
	ePP	B	00 30	H = 23 51 15.8 h = 34.8 km
	eS	BC	24 05 00	MB = 5.8 MS = 5.4 (NEIS)
	eSS	B	07 45	D = 41.0
	eSSS	B	08 15	PV A 1.6s 104.3nm M = 5.3
	eSSSS	BC	09 04	LmH B 20.5 3.1/um 5.2
	LmH	B	16.4	LmV B 12 1.8/um 5.2
	LmV	B	24.3	

Day	Phase		h m s	Remarks
24.	eP	A	00 12 31	Southern Iran 27.84 N 56.57 E H = 00 04 50.7 h = 33 km MB = 4.8 (NEIS) D = 40.8 traces
24.	eP	A	00 21 32	Southern Iran 27.58 N 56.46 E H = 00 13 52.3 h = 44.7 km MB=5.1 (NEIS) D = 40.8 PV A 1.6s 27.5nm M = 4.8
24.	eP	A	04 50 05	Southern Iran 27.62 N 56.63 E H = 04 42 24.3 h = 32.3 km MB=5.3 (NEIS) D = 41.0 PV A 1.3s 30.6nm M = 4.9 LmH C 24 0.7/um 4.4 LmV C 24 0.5/um 4.4
	eS	C	56 10	
	LmH	C	05 07.1	
	LmV	C	10.9	
24.	ePn	ABC	07 33 13.5	Poland 51.32 N 15.77 E H = 07 32 30.5 h = 33 km MB=5.0 MS=3.5 D = 2.71 Az = 257 (NEIS) PV A 1.1s 109.0nm
	ePg	A	33 22	
	e	A	33 35	
	iSn	A	33 45	
	iSg	A	33 56	
24.	eP	A	07 40 04	South of Panama 3.16 N 78.48 W H = 07 27 17.2 h = 24.0 km MB = 5.2 (NEIS) D = 87.6 PV A 1.6s 60.5nm M = 5.7
24.	eP	A	09 30 17.5	Iceland 63.57 N 19.17 W H = 09 25 33.9 h = 10 km MB = 4.6 (NEIS) D = 20.9 PV A 1.4s 18.6nm M = 4.3
24.	eP	A	19 46 39	Luzon, Philippine Islands 16.73 N 122.56 E H = 19 33 33.0 h = 33 km MB = 5.1 (NEIS) D = 89.8 PV A traces LmH C 16s 0.4/um M = 5.0 LmV C 16 0.4/um 5.0
	LmH	C	20 32.7	
	LmV	C	32.7	

Day	Phase		h m s	Remarks
25.	eP	A	02 45 08	Turkey 38.56 N 40.02 E
	eX	A	45 13	H = 02 39 58.2 h = 21.5 km
	eS	BC	49 20	MB = 5.2 MS = 4.9 (NEIS)
	eSS	BC	49 50	D = 23.4
	LmV	B	56.8	PV A 1.0s 19.7nm M = 4.6
	LmH	B	56.9	XV A 1.7 66.7nm
				SH B 12 2.6 µm 5.5
				LmH B 16 3.3 µm 4.9
				LmV B 15.5 2.6 µm 4.9
25.	eP	A	13 50 39	Kenai Peninsula, Alaska 60.84 N 148.14 W
				H = 13 39 45.2 h = 55.5 km MB = 4.6 (NEIS)
				D = 67.5
				PV A 1.2s 16.3nm M = 5.0
25.	eP	A	17 51 22	Iran - USSR Border Region
				37.20 N 59.37 E
				H = 17 44 19.6 h = 22 km (NEIS)
				D = 36.3
25.	eP	A	23 03 02	Southern Iran 27.77 N 56.63 E
				H = 22 55 23.7 h = 55.7 km MB = 4.9 (NEIS)
				D = 40.8
26.	e(P)	A	00 37 37.5	North Atlantic Ridge 52.04 N 30.24 W
				H = 00 32 04.6 h = 33 km MB = 4.5 (NEIS)
				D = 26.0
26.	+iP	ABC	04 48 08	Fox Islands, Aleutian Is.
	ipP	A	48 19	52.30 N 168.26 W
	e	B	48 36	H = 04 36 14.7 h = 38 km
	eS	BC	58 00	MB = 5.7 MS = 6.0 (NEIS)
	LmH	B	05 33.1	D = 77.4 h = 41 km
	LmV	B	33.4	PV A 1.2s 289.0nm M = 6.2
				PV B 8 2.5 µm 6.3
				SH B 15 2.2 µm 6.0
				LmH B 16 6.3 µm 6.0
				LmV B 16 5.0 µm 6.0

Day	Phase		h m s	Remarks
26.	eP	A	05 09 57	Turkey 39.33 N 43.42 E
				H = 05 04 35.2 h = 21 km MB = 5.0 (NEIS)
				D = 25.0
26.	eP	A	05 52 23	Southern Greece 37.81 N 23.24 E
				H = 05 48 44.0 h = 37 km MB = 4.7 (NEIS)
				D = 15.3
26.	ePKIKP	A	08 38 51.5	Tonga Islands 18.59 S 174.15 W
	iPKHKP	A	38 54	H = 08 19 18.5 h = 93 km MB = 5.6 (NEIS)
	ePKP2	A	38 59	D = 147.8
	epPKP	A	39 18	PKHKPV A 1.5s 211.0nm
26.	ePKHKP	A	19 16 23.5	South of Fiji Islands 24.09 S 179.24 W
	ePKP2	A	16 34	H = 18 57 11.7 h = 396.5 km MB = 4.6 (NEIS)
				D = 152.2
				PKHKPV A 1.4s 18.5nm
				PKP2V A 1.4 16.3nm
26.	eP	AB	22 36 29	North of Ascension Island 0.98 S 13.48 W
	epP	A	36 34	H = 22 26 54.7 h = 33 km
	ePa	B	39 48	MB = 5.3 MS = 5.3 (NEIS)
	eS	BC	44 20	D = 55.7 h = 25 km
	eSa	BC	49 40	PV A 1.4s 65.1nm M = 5.5
	LmV	B	23 01.5	Pa, Sa traces
	LmH	B	01.8	LmH B 16s 2.6 μm 5.4
				LmV B 18 3.2 μm 5.5
27.	eP	A	05 45 53	Kashmir - Tibet Border Region
				32.71 N 78.55 E
				H = 05 36 49.2 h = 25.9 km MB = 5.0 (NEIS)
				D = 51.3
27.	ePKHKP	A	07 44 36	South of Fiji Islands 23.78 S 179.83 W
	ePKP2	A	44 47.5	H = 07 25 33.2 h = 441 km MB = 4.5 (NEIS)
				D = 152.0

Day	Phase		h m s	Remarks
28.	ePKIKP	A	01 34 58	New Hebrides Islands 14.68 S 167.10 E
	epPP	B	38 16	H = 01 15 41.8 h = 109 km MB = 5.7 (NEIS)
	eSKP	A	38 22	D = 139.0
	e	A	38 33	PKIKPV A 1.6s 41.3nm
	epPKS	A	38 53	LmH C 28 0.6/um
	LmH	C	02 32.4	LmV C 24 0.8/um
	LmV	C	37.9	
28.	eSn	A	08 21 18	Albania 41.79 N 20.14 E
				H = 08 16 43.0 h = 10 km
				D = 10.64 Az = 329 (NEIS)
28.	ePKP2	A	08 23 48	South of Fiji 23.88 S 179.76 W
				H = 08 04 41.3 h = 533 km MB = 5.1
				D = 151.85 Az = 345 (ISC)
				PKP2V A 1.6s 27.5nm
28.	eP	A	10 54 29	Dodecanese Islands 36.80 N 27.51 E
	eS	C	57 50	H = 10 50 18.0 h = 23.9 km MB = 4.8 (NEIS)
	LmH	B	11 02.0	D = 17.9
	LmV	B	02.0	PV A 1.6s 60.4nm M = 4.5
				LmH B 12 1.2/um 4.4
				LmV B 12 1.3/um 4.6
28.	e(P)	A	13 07 39.5	North Atlantic Ridge 34.63 N 36.69 W
	LmH	B	21.5	H = 13 00 15.9 h = 33 km MB=4.8 MS=4.5
	LmV	B	21.5	D = 38.24 Az = 50 (NEIS)
				LmH B 16s 0.6/um M = 4.5
				LmV B 16 0.8/um 4.7
29.	+eP	A	04 04 46.0	Eastern Kazakh SSR 49.79 N 78.15 E
	ePn	A	06 18	H = 03 56 57.7 h = 0 km MB = 5.4 (NEIS)
				D = 41.2
				Underground explosion (UPP)
				PV A 0.8s 38.4nm M = 5.2
29.	ePKHKP	A	18 02 10.5	Fiji Islands Region 20.33 S 178.28 W
	ePKP2	A	02 16	H = 17 43 23.5 h = 543 km MB = 5.0 (NEIS)
				D = 148.7
				PKHKPV A 1.6s 55.0nm

Day	Phase		h m s	Remarks
29.	eP	A	22 36 57	Southern Iran 27.60 N 56.41 E
	LmH	C	54.2	H = 22 29 16.8 h = 35 km
	LmV	C	56.8	MB = 5.2 MS = 4.9 (NEIS)
				D = 41.0
				PV A 1.6s 27.5nm M = 4.7
				LmH C 20 0.5 µm 4.4
				LmV C 20 0.4 µm 4.4
30.	eP	ABC	11 33 18	South of Honshu, Japan 31.46 N 140.19 E
	ePP	AB	36 39.5	H = 11 20 35.7 h = 32.8 km MB=5.3 MS=5.3
	eS	BC	44 00	D = 86.49 Az = 330 (NEIS)
	ePS	BC	44 40	PV A 1.6s 55.0nm M = 5.5
	LmH	B	12 17.5	PPV A 2.2 87.2nm 5.8
	LmV	B	18.8	LmH B 12.5 1.6 µm 5.6
				LmV B 13 2.1 µm 5.8
30.	ePn	A	17 44 56	Austria 46.37 N 13.07 E
	ePg	A	45 18	H = 17 43 48.3 h = 10 km (NEIS)
	eSn	A	45 48	D = 4.5
	eSg	A	46 10	
30.	eP	A	17 53 23	Near Islands, Aleutian Is.
	epP	A	53 33	52.55 N 172.52 E
	LmV	C	18 24.2	H = 17 41 38.0 h = 31.3 km MB = 5.0
				D = 75.92 Az = 348 (NEIS)
				h = 37 km
				LmV C 24s 0.4 µm M = 4.7
30.	eP	A	21 33 27	North Atlantic Ridge 23.47 N 45.04 W
				H = 21 24 24.3 h = 33 km MB = 4.7 (NEIS)
				D = 51.3
30.	eP	A	21 45 15	North Atlantic Ridge 23.36 N 45.05 W
	LmH	B	22 03.2	H = 21 36 12.5 h = 33 km MB=4.6 MS=4.9
	LmV	B	03.9	D = 51.28 Az = 43 (NEIS)
				PV A 1.4s 23.3nm M = 5.0
				LmH B 18 1.0 µm 4.9
				LmV B 18 1.3 µm 5.1

Day	Phase		h m s	Remarks
30.	eP	A	21 51 30	North Atlantic Ridge 23.33 N 44.95 W H = 21 42 28.0 h = 33 km MB = 4.8 D = 51.24 Az = 43 (NEIS)
31.	ePKP2	A	02 00 35	Kermadec Islands Region 31.69 S 179.03 W H = 01 40 04.7 h = 66 km MB = 5.3 (NEIS) D = 159.7
31.	ePKP2	A	05 28 14	Kermadec Islands 29.23 S 177.09 W H = 05 07 48.2 h = 43 km MB = 4.5 (NEIS) D = 158.2
31.	ePn	A	15 20 47	Schwäbische Alb, Fed. Rep. of Germany
	ePg	A	20 56	48.33 N 9.18 E
	eSn	A	21 20	H = 15 20 02.6 (CSEM)
	eSg	A	21 33	D = 2.8
31.	eP	A	19 19 00	Southern Iran 27.59 N 56.30 E H = 19 11 21.4 h = 52 km MB = 4.7 D = 40.80 Az = 317 (NEIS)

Day	Phase		h m s	Remarks
1.	ePg	A	06 30 36	Czechoslovakia 50.54 N 14.65 E
	eSg	A	31 05	Explosion of 9.8 t
				H = 06 30.0
				D = 1.94 Az = 274 (ISC)
1.	eP	ABC	13 44 05	Southern Iran 27.55 N 56.33 E
	ePP	BC	45 40	H = 13 36 24.7 h = 29 km
	eS	BC	50 10	MB = 6.2 MS = 6.0 (NEIS)
	eSS	BC	53 20	D = 41.0
	LmH	B	14 01.6	PV A 1.1s 161.4nm M = 5.7
	LmV	B	07.5	PV B 10 3.4 µm 6.2
				PPV B 11 2.8 µm 6.0
				LmH B 19 17.6 µm 5.9
				LmV B 12.5 10.0 µm 6.0
1.	eP	A	16 08 13.5	Southern Iran 27.59 N 56.25 E
				H = 16 00 25.2 h = 33 km MB=4.9 MS=4.9
				D = 40.76 Az = 317 (NEIS)
1.	eP	A	16 28 21	Costa Rica 9.61 N 84.62 W
				H = 16 15 33.5 h = 48.1 km MB = 4.6
				D = 86.58 Az = 39 (NEIS)
				PV A 2.2s 54.5nm M = 5.5
1.	ePg	A	22 19 59	West Poland (CLL)
	eSn	A	20 23	D = 3.0
	iSg	A	20 37	
2.	eP	A	00 14 19	Afghanistan - USSR Border Region
				36.53 N 71.40 E
				H = 00 06 29.8 h = 222 km MB=5.3 (NEIS)
				D = 44.4
2.	eP	A	01 48 31	South of Alaska 52.82 N 161.61 W
				H = 01 36 41.2 h = 33 km MB = 4.6
				D = 76.75 Az = 4 (NEIS)

Day	Phase		h m s	Remarks
2.	eP diff	B	07 32 35	Samoa Islands Region 16.70 S 172.10 W
	+iPKP	ABC	35 00.0	H = 07 15 22.7 h = 33 km MB=6.8 MS=7.6
	iPP	BC	38 35	D = 146.00 Az = 356 (NEIS)
	eSS	B	57 20	PKPV B 12.5s 170.0/um
	LmH	B	08 48.8	PPV B 16 32.2/um M = 7.3
	LmV	B	48.9	LmH B 18.5 94.0/um 7.5
				LmV B 17 121.0/um 7.7
2.	ePKIKP	A	08 05 44	Samoa Region 16.49 S 172.5 W
	e	A	05 55	H = 07 46 18 h = 116 km
	e	A	06 03	D = 145.77 Az = 355 (ISC)
				PV A 1.3s 78.6nm
2.	ePKP	A	11 13 39	Samoa Islands Region 16.43 S 172.64 W
				H = 10 54 00.6 h = 33 km MB = 5.1
				D = 145.70 Az = 355 (NEIS)
				PKPV A 1.0s 35.4nm
2.	ePKP	A	14 56 26	Samoa Region 16.43 S 172.62 W
				H = 14 36 46.9 h = 33 km
				D = 145.69 Az = 145.69 (ISC)
2.	eP	A	16 09 45	North Atlantic Ocean 36.18 N 10.53 W
				H = 16 04 54.3 h = 33 km MB = 4.8
				D = 21.52 Az = 41 (NEIS)
2.	ePKP	A	20 14 09.5	Samoa Islands Region 16.92 S 171.92 W
	epPKP	A	14 17.5	H = 19 54 30.8 h = 33 km MB = 4.8
				D = 146.23 Az = 356 (NEIS)
				h = 29 km
				PKPV A 1.0s 23.6nm
2.	eP	A	20 51 20	Chiapas, Mexico 16.86 N 92.86 W
	e	A	51 29	H = 20 39 05.2 h = 237 km M = 4.9
				D = 85.99 Az = 38 (ISC)
3.	ePn	A	00 25 32	D = 3.6
	ePg	A	25 45	
	eSn	A	26 13	
	eSg	A	26 35	

Day	Phase		h m s	Remarks
3.	iPn	A	03 19 23	Austria 46.24 N 13.15 E
	iPg	A	19 42	H = 03 18 15.7 h = 33 km
	iSn	A	20 12	D = 4.53 Az = 348 (NEIS)
	iSg	A	20 36	PnV A 0.4s 287.0nm
	LmH	B	21.3	LmH B 6.5 3.8 μm M = 4.1
	LmV	B	21.5	LmV B 8 4.6 μm
3.	ePn	A	06 21 14.5	Austria 46.28 N 13.29 E
	eSn	A	22 05	H = 06 20 05.0 h = 0 km
	eSg	A	22 28.5	D = 4.51 Az = 346 (ISC)
3.	ePn	A	19 57 02	Poland 50.4 N 18.5 E
	eSg	A	58 03	H = 19 55 37 h = 0 km (ISC)
				D = 4.35
4.	ePKP	A	04 49 44	New Hebrides 14.35 S 167.62 E
	ePP	A	52 40	H = 04 30 23 h = 30 km MB = 5.2
				D = 138.91 Az = 337 (ISC)
4.	ePKP	A	08 38 55	Tonga Islands Region 17.30 S 172.44 W
	e(pPKP)	A	39 23	H = 08 19 20.4 h = 67.7 km MB = 4.9
				D = 146.57 Az = 355 (NEIS)
				PKPV A 1.7s 48.5nm
4.	eP	ABC	18 02 09	Central Mid-Atlantic Ridge
	ePP	A	04 21	7.30 N 34.86 W
	iS	BC	10 10	H = 17 52 19.7 h = 33 km
	eScS	BC	12 00	MB = 5.5 MS = 6.0 (NEIS)
	eSS	BC	13 40	D = 57.8
	eSSS	BC	16 30	PV A 2.8s 559.0nm M = 6.2
	LmH	B	22.7	SH B 14.5 4.7 μm 6.1
	LmV	B	22.8	LmH B 18 5.4 μm 5.7
				LmV B 14 5.9 μm 5.9
4.	eP	A	19 19 31	Southern Sumatra 2.77 S 102.28 E
				H = 19 06 35.5 h = 133 km MB = 5.1
				D = 92.54 Az = 320 (NEIS)

Day	Phase		h m s	Remarks
5.	eP	A	07 51 10	Near East Coast of Kamchatka 54.39 N 161.77 E H = 07 39 47.6 h = 53.2 km MB = 4.6 D = 72.39 Az = 341 (NEIS)
5.	eP	A	11 00 59.5	South of Mariana Islands
	eSS	BC	20 00	12.01 N 144.19 E
	LmH	B	40.0	H = 10 42 35.0 h = 16.8 km MB=5.6 MS=5.5
	LmV	B	48.0	D = 105.19 Az = 331 (NEIS)
				LmH B 18s 1.5/um M = 5.6 LmV B 16 1.2/um 5.5
5.	eP	A	15 12 18	Southern Nevada 37.12 N 116.06 W H = 15 00 00.2 h = 0 km MB=5.6 MS=5.3 D = 81.24 Az = 31 (NEIS) PV A 1.6s 77.0nm M = 5.5
5.	eP	A	19 55 12	Crete 35.03 N 26.32 E H = 19 50 48.2 h = 53.7 km MB = 4.2 D = 18.92 Az = 330 (NEIS)
6.	ePn	A	07 55 54	D ca. 4.6
	ePg	A	56 12	
	eSn	A	56 42	
	eSg	A	57 08	
6.	eP	ABC	13 43 21	Iran 31.98 N 50.68 E
	eS	BC	48 45	H = 13 36 37.1 h = 41.1 km MB=5.5 MS=5.9
	eScP	A	49 50	D = 34.26 Az = 315 (NEIS)
	LmH	B	57.1	PV A 1.4s 62.9nm M = 5.4
	LmV	B	14 01.0	LmH B 23 19.3/um 5.8
				LmV B 19 8.2/um 5.6
6.	eP	A	19 34 40	Norwegian Sea 61.61 N 2.47 E H = 19 31 47.5 h = 33 km MB = 5.0 D = 12.10 Az = 151 (NEIS)

Day	Phase	h m s	Remarks
7.	eP A	03 42 20	Southern Iran 27.90 N 57.06 E
	epP A	42 28	H = 03 34 38.1 h = 33 km MB = 4.9
			D = 41.03 Az = 316 (NEIS)
			h = 36 km
			PV A traces
7.	ePKHKP A	09 52 49.5	Fiji Islands Region 19.61 S 177.83 W
			H = 09 34 09.8 h = 617.5 km MB = 4.7
			D = 148.14 Az = 349 (NEIS)
			PKHKPV A 1.4s 32.6nm
7.	ePKP A	11 21 40	Tonga Islands Region 17.68 S 172.63 W
			H = 11 01 56.0 h = 33 km MB = 5.1
			D = 146.94 Az = 355 (NEIS)
7.	eP A	12 06 40	Republic of South Africa
			26.93 S 26.66 E
			H = 11 54 37.1 h = 11.3 km MB = 5.5
			D = 78.38 Az = 350 (NEIS)
			traces
7.	eP A	17 40 12	Costa Rica 10.06 N 84.35 W
			H = 17 27 32.6 h = 33 km MB=4.9 MS=4.3
			D = 86.06 Az = 39 (NEIS)
8.	ePKP A	01 04 20	Samoa Region 16.30 S 172.69 W
			H = 00 44 42.1 h = 33 km
			D = 145.57 Az = 355 (ISC)
8.	eP A	04 53 48	Afghanistan - USSR Border Region
			36.60 N 71.00 E
			H = 04 46 02.6 h = 243 km MB = 4.8 (NEIS)
			D = 44.0
			PV A 1.4s 14.0nm M = 4.1
9.	ePKP A	01 02 55	Tonga Islands Region 17.43 S 172.47 W
			H = 00 43 19.0 h = 35.3 km MB = 4.9
			D = 146.70 Az = 355 (NEIS)
			traces

Day	Phase		h m s	Remarks
9.	ePg	A	03 06 35	D = 2.2
	eSg	A	07 06	
9.	eP	ABC	04 16 28	<u>Peru - Brazil Border Region</u>
	e	AB	18 35	10.02 S 71.18 W
	eSKS	BC	26 10	H = 04 04 12.5 h = 563.7 km MB = 5.5 (NEIS)
	eS	BC	26 30	D = 93.1
	eSP	BC	28 00	PV A 2.2s 163.8nm M = 5.8
	eSSP	BC	28 44	
	esSP	BC	31 25	
	esSS	BC	36 10	
9.	eP	A	04 54 29	<u>Ascension Island Region</u> 5.17 S 11.49 W
	LmV	C	05 18.4	H = 04 44 29.6 h = 33 km MB=5.0 MS=4.8
	LmH	C	21.8	D = 59.05 Az = 17 (NEIS)
				PV A 1.6s 38.5nm M = 5.3
				LmH C 20 0.4/um 4.5
				LmV C 24 0.4/um 4.5
9.	ePn	A	10 59 19	<u>Northern Italy</u> 44.16 N 10.12 E
	ePb	A	59 42	H = 10 57 41.0 h = 33 km
	ePg	A	59 52	D = 6.57 Az = 8 (NEIS)
	eSn	A	11 00 30	
	eSg	A	01 12	
9.	ePKP	ABC	21 35 48	<u>New Hebrides Islands</u> 19.09 S 169.59 E
	epPKP	A	35 54.5	H = 21 16 14.6 h = 24.8
	LmH	C	22 43.7	MB = 5.4 MS = 5.4 (NEIS)
	LmV	C	43.7	D = 144.0 h = 23 km
				PKPV A 1.5s 65.4nm
				LmH C 18 0.4/um M = 5.2
				LmV C 20 0.5/um 5.3
9.	ePn	A	21 47 16	<u>Odenwald, Fed. Rep. of Germany</u>
	iPg	A	47 22	49.47 N 8.44 E
	eSn	A	47 42.5	H = 21 46 42.2 h = 33 km (NEIS)
	iSg	A	47 49	D = 2.4

Day	Phase		h m s	Remarks
9.	ePKP	A	22 10 41.5	New Hebrides Islands 19.09 S 169.65 E
	epPKP	A	10 47.5	H = 21 51 08.1 h = 15.3 km MB = 5.0
				D = 144.01 Az = 336 (NEIS)
				h = 21 km
10.	ePKP	ABC	01 13 50	New Hebrides Islands 19.00 S 169.59 E
	epPKP	A	13 55	H = 00 54 16.5 h = 18 km
	LmH	C	02 08.7	MB = 4.9 MS = 5.0 (NEIS)
	LmV	C	12.2	D = 144.0 h = 18 km
				PKPV A 1.5s 30.2nm
				LmH C 26 0.3/um M = 4.9
				LmV C 26 0.4/um 5.0
10.	ePKHKP	A	04 30 17	Fiji Islands Region 19.27 S 178.10 W
				H = 04 11 29.1 h = 504.7 km MB = 4.8
				D = 147.76 Az = 348 (NEIS)
10.	-eiP	A	08 43 22.5	Kurile Islands 44.47 N 147.55 E
	LmH	C	09 15.5	H = 08 31 33.4 h = 84 km MB = 5.4 (NEIS)
				D = 77.7
				PV A 1.3s 91.7nm M = 5.5
				LmH C 20 0.5/um
10.	ePKHKP	A	18 28 37	Fiji Islands Region 20.97 S 179.29 W
				H = 18 09 58.9 h = 647.1 km MB = 4.8
				D = 149.16 Az = 346 (NEIS)
				PKHKPV A 1.5s 25.1nm
10.	ePKP	A	23 04 15	Samoa Islands Region 16.62 S 172.32 W
	e	A	04 24	H = 22 44 36.7 h = 33 km MB = 4.7
				D = 145.91 Az = 356 (NEIS)
11.	ePKIKP	A	02 34 34	South of Australia 52.29 S 114.59 E
	LmV	C	03 27.5	H = 02 15 18.1 h = 33 km MB=5.6 MS=5.4
	LmH	C	33.5	D = 134.13 Az = 300 (NEIS)
				PKIKPV A 2.0s 51.3nm
				LmH C 21 0.45/um M = 5.1
				LmV C 26 0.5/um 5.1

Day	Phase		h m s	Remarks
11.	ePKP	A	08 37 00	New Hebrides Islands 19.22 S 169.72 E
	e	A	37 06	H = 08 17 27.8 h = 29.1 km MB = 4.9
				D = 144.15 Az = 336 (NEIS)
11.	eP	A	10 14 06	El Salvador 13.15 N 88.13 W
				H = 10 01 23.6 h = 10.3 km MB=5.2 MS=4.3
				D = 86.02 Az = 39 (NEIS)
				traces
11.	eP1	A	16 22 24.5	Lake Tonganyika Region 7.45 S 30.50 E
	eP2	A	22 34	H = 16 12 19.4 h = 33 km MB = 4.8
				D = 60.12 Az = 346 (NEIS)
				P2V A 1.9s 60.6nm M = 5.4
11.	+iP1	A	16 27 23.5	Turkey 36.93 N 30.69 E
	+eP2	A	27 27	H = 16 23 01.9 h = 92.7 km MB = 4.6
				D = 19.35 Az = 321 (NEIS)
				P1V A 1.3s 52.4nm M = 4.7
11.	eP	A	18 09 51.5	North Atlantic Ocean 59.10 N 30.48 W
	LmV	B	20.5	H = 18 04 27.2 h = 33 km MB=4.3 MS=4.3
	LmH	B	21.0	D = 25 27 Az = 91 (NEIS)
				PV A 1.4s 14.0nm M = 4.3
				LmH B 14 0.5/um 4.2
				LmV B 18 0.8/um 4.4
11.	eP	A	18 58 11	Kurile Islands 47.28 N 153.99 E
				H = 18 46 18.4 h = 34 km MB = 4.8
				D = 77.21 Az = 337 (NEIS)
11.	eP	A	22 31 52	North Atlantic Ocean 59.57 N 30.16 W
	LmH	B	43.1	H = 22 26 29.6 h = 33 km MB=4.5 MS=4.7
	LmV	B	43.1	D = 25.12 Az = 92 (NEIS)
				PV A 1.4s 32.6nm M = 4.7
				LmH B 14.5 2.0/um 4.8
				LmV B 16 2.5/um 4.9

Day	Phase		h m s	Remarks
11.	eP	A	22 32 54	North Atlantic Ocean 59.56 N 30.13 W
				H = 22 27 30.2 h = 33 km MB = 4.7 (NEIS)
				D = 25.2
				PV A 1.2s 28.5nm M = 4.7
11.	eP1	A	22 50 05	North Atlantic Ocean 59.49 N 30.25 W
	eP2	A	50 08	H = 22 44 42.3 h = 33 km MB=4.6 MS=4.7
	e	A	50 19.5	D = 25.16 Az = 92 (NEIS)
	LmH	B	23 00.5	PV A 1.4s 39.6nm M = 4.8
	LmV	B	00.7	LmH B 16.5 1.1 µm 4.4
				LmV B 16 1.4 µm 4.7
11.	eP	A	23 08 25	North Atlantic Ocean 59.71 N 30.27 W
	e	A	10 07	H = 23 03 00.4 h = 33 km MB = 4.2
	LmV	B	19.0	D = 25.18 Az = 92 (NEIS)
	LmH	B	19.2	PV A 1.3s 17.5nm M = 4.5
				LmH B 15 0.8 µm 4.3
				LmV B 16 0.9 µm 4.5
11.	eiP	A	23 26 06	North Atlantic Ocean 59.37 N 30.32 W
	LmV	B	36.7	H = 23 20 42.4 h = 33 km MB=4.5 MS=4.8
	LmH	B	36.8	D = 25.19 Az = 92 (NEIS)
				PV A 1.6s 38.5nm M = 4.7
				LmH B 15 0.8 µm 4.3
				LmV B 15 1.0 µm 4.6
11.	LmV	B	23 56.4	Volcano Islands Region 23.09 N 142.35 E
	LmH	B	58.2	H = 22 56 44 h = 25 km MB = 5.0 (ISC)
				D = 99.4
				LmH B 14s 0.6 µm M = 5.3
				LmV B 18 0.8 µm 5.3
12.	eP	A	04 06 08.5	Komandorsky Islands Region
	epP	A	06 23	55.75 N 164.48 E
				H = 03 54 45.3 h = 42.1 km MB=5.0 MS=4.1
				D = 71.59 Az = 342 (NEIS)
				h = 52 km

Day	Phase		h m s	Remarks
12.	eP	A	10 51 08	Kyushu, Japan 31.82 N 131.55 E
	epP	A	51 20	H = 10 38 49.8 h = 43.6 km MB = 5.1
	LmH	B	11 31.8	D = 82.29 Az = 326 (NEIS)
	LmV	B	31.9	h = 43 km
				PV A 1.6s 22.0nm M = 4.9
				LmH B 17.5 1.7/um 5.5
				LmV B 16.5 2.5/um 5.7
13.	e	A	05 42 47.5	Mindanao, Philippine Islands
	LmH	B	06 35.9	7.28 N 126.79 E
	LmV	B	35.9	H = 05 28 58.7 h = 58.3 km MB = 5.4
				D = 99.88 Az = 324 (NEIS)
				LmV B 18s 0.5/um
13.	eiP	AB	11 41 41.5	Hindu Kush Region 36.47 N 70.91 E
	esP	C	42 40	H = 11 33 51.8 h = 196.4 km MB = 5.3
	e	A	42 50	D = 44.07 Az = 308 (NEIS)
	epPP	C	43 55	h = 180 km
	esPP	C	44 35	PV A 1.5s 120.6nm M = 5.2
	eS	C	48 00	
	esS	C	49 20	
	eSS	C	51 30	
13.	eP	A	12 59 37	Talaud Islands 3.78 N 126.76 E
	LmV	B	13 49.4	H = 12 45 42.0 h = 42.6 km MB=5.7 MS=5.2
	LmH	B	49.6	D = 102.67 Az = 324 (NEIS)
				PV A 1.6s 33.0nm M = 5.8
				LmH B 18 0.6/um 5.1
				LmV B 18 0.8/um 5.3
13.	ePn	A	14 05 06	Yugoslavia 43.26 N 18.78 E
	eSn	A	06 39	H = 14 02 51.3 h = 10 km
				D = 8.86 Az = 329 (NEIS)
13.	eP	A	18 32 40	Andreanof Islands, Aleutian Is.
				5.70 N 179.61 W
				H = 18 20 43.3 h = 46.3 km MB = 5.1
				D = 77.59 Az = 353 (NEIS)

Day	Phase		h m s	Remarks
13.	ePKHKP	A	19 30 51	South of Fiji Islands 22.17 S 179.54 E H = 19 12 02.8 h = 555 km MB = 5.0 D = 150.04 Az = 345 (NEIS)
14.	ePKP	A	04 24 10.5	Fiji Islands Region 17.67 S 178.65 W H = 04 05 31.2 h = 535 km MB = 5.2 D = 146.09 Az = 348 (NEIS) PKPV A 1.4s 186.0nm
14.	eP	A	07 20 44	Algeria 36.26 N 5.74 E H = 07 17 09.0 h = 18.1 km MB=4.7 MS=4.3 D = 14.99 Az = 15 (NEIS) PV A 1.5s 22.6nm M = 4.3 LmH B 16 1.0 μm 4.1 LmV B 15 1.0 μm 4.3
	LmH	B	26.2	
	LmV	B	26.7	
16.	eP	A	04 14(18)	Fox Islands, Aleutian Is. 52.02 N 170.47 W H = 04 02 17.1 h = 14.9 km MB = 4.9 (NEIS) D = 77.9
16.	ePKIKP	A	06 49 52	Fiji Islands 21.49 S 179.21 W H = 06 31 13.7 h = 600 km MB = 5.2 D = 149.68 Az = 346 (NEIS) PKHKPV A 1.4s 65.1nm PKP2V A 1.4 27.9nm
	eiPKHKP	A	49 57.5	
	ePKP2	A	50 05.5	
17.	ePKHKP	A	02 54 32	Tonga Islands 21.01 S 173.92 W H = 02 34 43.0 h = 32.7 km MB = 5.0 (NEIS) D = 150.2
18.	+iP	AB	00 20 52	Hindu Kush Region 36.45 N 70.78 E H = 00 13 04.6 h = 216.8 km MB = 5.4 D = 44.00 Az = 308 (NEIS) h = 215 km PV A 1.5s 136.0nm M = 5.2
	esP	B	22 00	
	esPP	B	23 48	
18.	eP	A	11 09 02	Jan Mayen Island Region 70.49 N 15.40 W H = 11 03 50.5 h = 10 km MB = 4.3 D = 23.52 Az = 134 (NEIS)

Day	Phase		h m s	Remarks
18.	eP	A	13 15 43	Nicaragua 11.38 N 85.62 W H = 13 03 24.8 h = 201.2 km MB = 4.8 D = 85.84 Az = 39 (NEIS)
18.	eP	A	16 18 15	Mid - Indian Rise 10.57 S 66.80 E H = 16 06 20.4 h = 33 km MB=5.0 MS=4.3 D = 77.47 Az = 328 (NEIS)
18.	eP LmV	A C	19 09 45 42.5	Guerrero, Mexico 18.61 N 101.40 W H = 18 56 55.2 h = 90.9 km MB = 5.0 D = 89.51 Az = 36 (NEIS) PV A 2.0s 42.7nm M = 5.3 LmV C 40 0.6 µm
19.	ePn eSg	A A	02 25 47 28 33	Yugoslavia 43.16 N 17.75 E H = 02 23 42.9 h = 33 km D = 8.58 Az = 333 (NEIS)
19.	LmH LmV	C C	06 05.0 10.3	Philippine Islands Region 15.07 N 122.70 E H = 05 09 14.2 h = 50 km MB = 4.5 (ISC) D = 91.3
19.	+eP	A	06 27 15.5	Near East Coast of Honshu, Japan 36.46 N 140.56 E H = 06 14 59.6 h = 65 km MB = 5.3 D = 82.32 Az = 330 (NEIS) PV A 1.2s 32.6nm M = 5.2
19.	ePKP	A	22 04 48	Banda Sea 5.54 S 125.37 E H = 21 46 33.7 h = 526.5 km MB = 5.7 (NEIS) D = 109.3 PKPV A 2.0s 34.2nm
20.	eP	A	00 31 11	Andreanof Islands, Aleutian Is. 51.12 N 179.03 W H = 00 19 13.5 h = 33 km MB = 4.7 D = 78.21 Az = 353 (NEIS)

Day	Phase		h m s	Remarks
20.	iPn	A	00 33 35	Yugoslavia 44.92 N 17.39 E
	i	A	33 40	H = 00 31 53.8 h = 33 km MB=4.6 MS=3.7
	iPg	A	33 57	D = 6.92 Az = 328 (NEIS)
	iSn	A	34 51	PnV A 1.0s 98.5nm M = 5.7
	e	A	35 07	LmH B 12 5.9/um 4.4
	eSb	A	35 16	LmV B 12 2.1/um
	eSg	A	35(25)	
	LmH	B	35.8	
	LmV	B	36.5	
20.	ePKP2	A	03 34 22	Kermadec Islands 29.90 S 178.30 W
				H = 03 14 07.7. h = 138 km MB = 5.3 (NEIS)
				D = 158.0
20.	eP	A	04 30 05	Southern Iran 26.94 N 55.47 E
	LmV	B	49.2	H = 04 22 24.8 h = 33 km
	LmH	B	50.2	MB = 5.1 MS = 4.4 (NEIS)
				D = 40.8
				PV A 1.8s 40.6nm M = 4.9
				LmH B 15 0.6/um 4.6
				LmV B 16 0.5/um 4.6
20.	-eP	AB	20 16 17	South of Honshu, Japan 30.60 N 137.48 E
	ePP	B	18 55	H = 20 04 29.4 h = 493.3 km MB = 5.5
	eS	B	26 06	D = 86.05 Az = 329 (NEIS)
	ePS	B	27 05	PV A 1.5s 115.8nm M = 5.4
	LmH	B	58.5	LmH B 15 0.4/um
	LmV	B	21 01.8	LmV B 14 0.5/um
20.	ePKIKP	AB	23 32 22	Solomon Islands 9.83 S 160.32 E
	e	A	34 30.5	H = 23 13 10.4 h = 33 km MB=6.4 MS=6.7
	ePP	C	34 40	D = 131.83 Az = 334 (NEIS)
	ePKS	B	35 48	PKIKPV A 2.8s 322.0nm
	eSKS	B	36 35	PKIKPV B 8 2.0/um
	eSS	B	52 15	LmH B 22.5 98.5/um M = 7.4
	LmH	B	58.3	LmV B 20 110.0/um 7.6
	LmV	B	24 02.4	

Day	Phase	h m s	Remarks
20.	ePKIKP1 A	24 02 03	Solomon Islands 9.89 S 160.35 E
	ePKIKP2 AB	02 21	H = 23 42 50.5 h = 19.2 km MB=6.3 MS=7.5
	ePP2 B	04 50	D = 131.90 Az = 334 (NEIS)
	LmH B	25 01.3	PKIKP2V A 1.8s 236.1nm
	LmV B	02.2	LmH B 21 85.3/um M = 7.4
			LmV B 20.5 97.2/um 7.5
20.	e(PP) A	24 10 38	Solomon Islands 9.76 S 160.69 E
			H = 23 49 13.4 h = 33 km MB = 6.7 (ISC)
			D = 131.9
			(PP)V A 2.2s 173.0nm M = 6.0
21.	ePKIKP A	00 24 20	Solomon Islands 9.80 S 160.21 E
			H = 00 05 27.7 h = 33 km MB = 5.5
			D = 131.76 Az = 334 (NEIS)
			PKIKPV A 2.0s 77.0nm
21.	eP A	01 58 54.5	Bonin Islands Region 26.86 N 142.44 E
	ePP A	02 40	H = 01 45 50.2 h = 33 km MB=5.8 MS=6.2
			D = 91.45 Az = 331 (NEIS) .
			PV A 1.5s 45.2nm M = 5.6
			PPV A 2.0 179.5nm 6.2
21.	eP A	04 05 08	Jan Mayen Island Region 70.89 N 14.21 W
			H = 03 59 56.2 h = 10 km MB = 4.9
			D = 23.53 Az = 136 (NEIS)
			PV A 2.8s 236.0nm M = 5.3
21.	e(SKP) AB	04 30 25	Solomon Islands 9.85 S 159.93 E
			H = 04 07 44.5 h = 27.2 km MB = 5.1
			D = 131.68 Az = 333 (NEIS)
			SKPV A 4.0s 621.1nm
			SKPV B 6 3.0/um
21.	+iPKIKP B	04 43 20	Solomon Islands 9.97 S 160.73 E
	ePP B	45 24	H = 04 24 09.6 h = 33 km MB=6.6 MS=7.5
	ePKS B	46 50	D = 132.13 Az = 334 (NEIS)
	e B	47 56	PKIKPV B 11s 4.6/um
	e B	49 04	LmH B 19.5 83.5/um M = 7.4

Day	Phase		h m s	Remarks
cont. 21.	eSS	B	05 03 12	LmV B 19.5s 103.0/um M = 7.5
	LmH	B	44.3	The short-period seismographs (type A)
	LmV	B	44.9	had been out of operation.
21.	ePKIKP	A	05 25 40	Solomon Islands 10.15 S 160.70 E
	eX	A	27 57	H = 05 06 28.5 h = 33 km MB = 5.8
				D = 132.28 Az = 334 (NEIS)
				PKIKPV A 1.6s 22.0nm
				XV A 1.8 33.8nm
21.	ePP	A	07 40 27	Solomon Islands 10.25 S 160.73 E
				H = 07 18 51.1 h = 33 km MB=5.6 MS=6.0
				D = 132.38 Az = 334 (NEIS)
				traces
21.	eX	A	10 07 24	Solomon Islands 10.28 S 160.75 E
				H = 09 45 38.2 h = 33 km MB=5.6 MS=5.6 (NEIS)
				D = 132.4
				XV A 2.0s 34.2nm
21.	eP	A	10 11 43	Tadzhik SSR 40.08 N 70.84 E
	e	A	11 47.5	H = 10 03 55.8 h = 47.3 km MB = 5.1
	e	A	11 50	D = 41.88 Az = 305 (NEIS)
				PV A 1.1s 20.2nm M = 4.8
21.	eP	A	13 45 58.5	Uzbek SSR 40.49 N 63.78 E
				H = 13 38 49.2 h = 33 km MB = 4.9
				D = 37.20 Az = 304 (NEIS)
21.	eP	A	17 33 51	Bonin Islands Region 26.70 N 142.39 E
	ePP	A	37 33.5	H = 17 20 44.7 h = 27 km MB=5.2 MS=4.7
	LmH	B	18 16.2	D = 91.57 Az = 331 (NEIS)
	LmV	B	25.0	PV A 1.4s 23.3nm M = 5.3
				LmH B 18 0.9/um 5.3
				LmV B 15 0.7/um 5.3

Day	Phase		h m s	Remarks
22.	eP	A	01 02 49	Northwest of Kurile Islands 52.26 N 153.82 E H = 00 52 01.6 h = 390.1 km MB = 4.8 D = 72.60 Az = 336 (NEIS) PV A 1.2s 32.5nm M = 4.9
22.	ePKS eSS LmH LmV	B B B B	03 33 38 50 05 04 29.5 29.6	Solomon Islands 10.17 S 160.66 E H = 03 11 00.2 h = 50.6 km MB = 5.6 MS = 6.0 (NEIS) D = 132.3 LmH B 21s 3.7 μm M = 6.1 LmV B 22 3.0 μm 6.0
22.	eP	A	06 34 41	Off Coast of Oregon 44.23 N 129.38 W H = 06 22 31.5 h = 15 km MB=5.0 MS=4.7 D = 79.61 Az = 24 (NEIS) PV A 2.0s 51.3nm M = 5.2
22.	eP eX LmH LmV	A A B B	08 28 12 28 18 09 05.5 06.1	Off Coast of Oregon 44.25 N 129.28 W H = 08 16 04.5 h = 15 km MB=5.2 MS=4.7 D = 79.56 Az = 24 (NEIS) XV A 1.7s 36.4nm LmH B 18 0.7 μm M = 5.0 LmV B 16 0.6 μm 5.1
22.	ePn eSn eSg	A A A	13 07 54 08 04 08 57	Corsica 43.95 N 8.67 E H = 13 06 06.3 h = 41.4 km MB = 4.8 D = 6.99 Az = 16 (NEIS)
22.	LmH LmV	B B	14 54.0 15 02.5	East China Sea 27.37 N 126.67 E H = 14 07 27.8 h = 33 km MB = 5.0 (NEIS) D = 83.5 LmH B 19.5s 1.8 μm M = 5.5 LmV B 16 2.0 μm 5.6
22.	LmH LmV	C C	19 43.8 43.8	Solomon Islands 10.03 S 160.66 E H = 18 25 11.0 h = 25 km MB = 5.3 MS = 5.2 (NEIS) D = 132.2

Day	Phase		h m s	Remarks
cont. 22.				LmH C 20s 0.8 /um M = 5.4
				LmV C 20 0.8 /um 5.4
22.	eP	A	21 05 42	Samoa Islands Region 16.56 S 172.52 W
				H = 20 46 02.5 h = 33 km MB = 5.1
				D = 84.27 Az = 325 (NEIS)
				PV A 1.0s 15.7nm M = 5.2
22.	eP	A	22 27 32	Eastern Sea of Japan 42.99 N 139.51 E
				H = 22 15 44.0 h = 32.8 km MB = 5.0
				D = 76.29 Az = 329 (NEIS)
22.	ePKP	A	23 30 30	Fiji Islands Region 17.75 S 178.28 W
				H = 23 11 47.9 h = 538.5 km MB = 5.5
				D = 146.24 Az = 349 (NEIS)
				PKPV A 1.4s 46.5nm
22.	eP	A	24 00 17	Greece 38.93 N 21.16 E
				H = 23 57 07.2 h = 69.6 km MB = 4.3
				D = 13.52 Az = 333 (NEIS)
23.	eP	A	01 45 09	Ryukyu Islands 26.61 N 126.93 E
	LmH	C	02 22.0	H = 01 32 38.3 h = 33 km MB = 5.2
	LmV	C	26.0	D = 84.27 Az = 325 (NEIS)
				PV traces
				LmH C 16s 0.4 /um M = 4.9
				LmV C 18 0.45 /um 4.9
23.	ePKHKP	A	09 47 29	Fiji Islands Region 20.95 S 178.86 W
				H = 09 28 41.8 h = 559.4 km MB = 4.5
				D = 149.23 Az = 347 (NEIS)
23.	eP	A	14 57 54	Laptev Sea 75.23 N 134.38 E
	e	A	58 04.5	H = 14 49 09.1 h = 37.5 km MB=5.0 MS=4.2
	LmH	C	15 20.5	D = 48.93 Az = 315 (NEIS)
	LmV	C	20.5	PV A 1.4s 27.9nm M = 5.1
				LmH C 20 0.3 /um 4.3
				LmV C 20 0.3 /um 4.4

Day	Phase		h m s	Remarks
23.	ePn	A	15 26 28.5	Poland (CLL)
	ePg	A	26 35.5	D = 2.5
	eSg	A	27 11	
24.	ePKP	A	03 43 41.5	Samoa Islands Region 16.56 S 172.79 W
				H = 03 24 01.4 h = 33 km MB = 4.7 (NEIS)
				D = 145.8
24.	LmH	C	07 46.7	Solomon Islands 9.87 S 160.07 E
	LmV	C	47.3	H = 06 28 52.3 h = 29 km
				MB = 5.4 MS = 5.0 (NEIS)
				D = 131.8
				LmH C 22s 0.9 µm M = 5.4
				LmV C 21 0.9 µm 5.4
24.	LmV	C	19 12.8	Mariana Islands 13.0 N 145.2 E
				H = 18 03 43.9 h = 59 km MB = 4.8 (NEIS)
				D = 104.9
				LmV C 17s 0.3 µm
24.	eP	A	20 54 50	Near East Coast of Honshu, Japan
	LmV	C	21 30.5	40.05 N 142.72 E
				H = 20 42 43.2 h = 43.9 km MB=5.0 MS=4.1
				D = 80.04 Az = 331 (NEIS)
				LmV C 24s 0.35 µm M = 4.7
25.	+iP	A	04 14 47.2	Eastern Kazakh SSR 49.84 N 78.16 E
	ePn	A	16 18.5	H = 04 06 57.8 h = 0 km MB = 5.1
				D = 41.26 Az = 298 (NEIS)
				Underground explosion (UPP)
				PV A 0.7s 42.2nm M = 5.3
25.	LmH	B	05 47.8	Turkey 39.35 N 27.69 E
	LmV	B	49.1	H = 05 34 28.2 h = 33 km (NEIS)
				D = 16.0
				LmH B 16s 0.7 µm M = 3.9
				LmV B 13.5 0.4 µm 3.9

Day	Phase		h m s	Remarks
25.	ePKP	A	17 29 03	<u>Samoa Islands Region</u> 16.25 S 172.64 W H = 17 09 26.5 h = 33 km MB = 4.9 (NEIS) D = 145.06
26.	LmV	B	12 01.8	<u>Southern Pacific Ocean</u> 41.32 S 89.27 W
	LmH	B	03.0	H = 10 48 00.2 h = 33 km MB = 4.9 MS = 5.0 (NEIS) D = 126.6 LmH B 17s 0.7/um M = 5.4 LmV B 18 0.7/um 5.4
26.	eP	A	16 31 58	<u>Western Iran</u> 32.66 N 48.92 E
	eS	BC	37 10	H = 16 25 29.0 h = 47.3 km
	eSa	B	39 20	MB = 5.4 MS = 4.8 (NEIS)
	LmH	B	47.3	D = 32.6
	LmV	B	48.7	PV A 1.7s 48.5nm M = 5.2 LmH B 16 2.1/um 4.9 LmV B 15 2.3/um 5.1
26.	eP	A	23 18 40	<u>Kurile Islands Region</u> 43.39 N 148.02 E
	epP	A	18 55	H = 23 06 40.4 h = 33.6 km
	LmH	B	54.0	MB = 5.0 MS = 5.0 (NEIS)
	LmV	B	58.5	D = 79.0 h = 40.5 km LmH B 18s 0.9/um M = 5.2 LmV B 15 0.7/um 5.2
27.	ePKIKP	A	04 13 49.5	<u>South Pacific Cordillera</u> 55.20 S 127.24 W H = 03 53 57.5 h = 33 km MB = 5.1 MS = 5.0 (NEIS) D = 155.0
27.	eP	A	12 11 47.5	<u>South of Honshu, Japan</u> 29.38 N 142.02 E
	ePP	A	15 19.5	H = 11 58 54.1 h = 25.5 km MB=5.3 MS=4.2 D = 89.07 Az = 331 (NEIS)
27.	LmH	C	14 32.6	<u>Solomon Islands</u> 10.21 S 160.64 E
	LmV	C	33.2	H = 13 14 23.2 h = 56 km MB = 5.1 (NEIS) D = 132.3 LmH C 22s 0.8/um M = 5.3 LmV C 20 0.7/um 5.4

Day	Phase		h m s	Remarks
27.	eP	A	15 12 18	Southern Nevada 37.10 N 116.03 W
	ePP	A	16 17	H = 15 00 00.1 h = 0 km MB=5.4 MS=4.2
				D = 81.25 Az = 31 (NEIS)
				Nuclear explosion BULKHEAD (ERDA)
				PV A 1.4s 32.6nm M = 5.2
27.	ePn	A	23 27 04	France 46.55 N 2.98 E
	ePg	A	27 40	H = 23 25 19.9 h = 29 km (NEIS)
	eSn	A	28 36	D = 7.2
	eSg	A	29 09	
28.	eSg	A	03 26 05	France 46.46 N 3.03 E
				H = 03 22 23.0 h = 22 km
				D = 7.2
28.	ePn	A	03 43 40.5	Yugoslavia 44.87 N 17.37 E
	eSn	A	44 58	H = 03 41 56.5 h = 13.6 km MB = 4.0
	eSg	A	45 47	D = 6.96 Az = 328 (NEIS)
28.	LmH	B	05 02.6	South of Mariana Islands
	LmV	B	10.8	12.74 N 145.02 E
				H = 04 03 12.9 h = 45 km
				MB = 5.0 MS = 5.1 (NEIS)
				D = 105.0
				LmH B 17.5s 1.1 μm M = 5.5
				LmV B 16 0.7 μm 5.3
28.	ePn	A	06 23 16	Yugoslavia 44.87 N 16.96 E
	e	A	23 27	H = 06 21 37.0 h = 10 km (NEIS)
	eSn	A	24 32	D = 6.8
	eSg	A	25 20	
28.	e(pP)	A	13 49 55	Andreanof Islands, Aleutian Is.
				50.60 N 177.63 W
				H = 13 37 37.7 h = 21.5 km MB = 4.4
				D = 78.82 Az = 354 (NEIS)

Day	Phase		h m s	Remarks
29.	LmH	B	06 39.5	Solomon Islands 9.99 S 159.94 E
	LmV	B	45.7	H = 05 59 11.7 h = 8 km MB = 5.1 (NEIS)
				D = 131.8
				LmH B 20s 0.7 µm M = 5.4
				LmV B 16 0.4 µm 5.2
29.	eP	A	08 26 17	Gulf of Alaska 59.42 N 145.00 W
	epP	A	26 21	H = 08 15 11.8 h = 7.9 km MB=4.7 MS=4.1
	LmH	B	09 01.7	D = 68.66 Az = 16 (NEIS)
	LmV	B	03.1	h = 15.5 km
				PV A 1.1s 20.2nm M = 5.2
				LmV B 16 0.3 µm 4.6
30.	e(PKP)	A	00 20 07	Tonga Islands 17.34 S 173.00 W
				H = 00 00 14.0 h = 33 km MB = 5.3
				D = 146.57 Az = 355 (NEIS)
				traces
30.	ePKHKP	A	02 25 22.5	Tonga Islands 16.98 S 174.06 W
				H = 02 05 45.7 h = 42.4 km MB = 5.0
				D = 146.11 Az = 354 (NEIS)
30.	eP	A	14 43 18	Southern Iran 27.60 N 56.49 E
	ePcP	A	45 21.5	H = 14 35 37.3 h = 38 km
	LmH	C	15 00.1	MB = 5.0 MS = 4.8 (NEIS)
	LmV	C	04.5	D = 41.0
				PV A 1.3s 17.5nm M = 4.6
				LmH C 24 0.5 µm 4.3
				LmV C 16 0.2 µm 4.1
30.	eP	A	16 30 36	North Atlantic Ridge 32.43 N 40.34 W
	epP	A	30 43	H = 16 22 45.3 h = 33 km
	ePP	BC	32 10	MB = 4.6 MS = 5.1 (NEIS)
	ePcP	A	32 30	D = 42.0 h = 32 km
	eS	BC	36 50	PV A 2.2s 54.6nm M = 4.9
	eSS	BC	40 10	LmH B 21 1.3 µm 4.8
	LmH	B	44.9	LmV B 17 1.1 µm 4.9
	LmV	B	45.8	

Day	Phase		h m s	Remarks
30.	eP	A	16 55 51	Andreanof Islands, Aleutian Is. 51.70 N 173.42 W H = 16 43 55.3 h = 38 km MB = 4.6 D = 77.95 Az = 357 (NEIS) traces
30.	LmH	B	21 32.3	Near Coast of Peru 14.99 S 75.61 W
	LmV	B	32.3	H = 20 31 47.7 h = 10 km MB = 5.3 MS = 4.8 (NEIS) D = 99.7 LmH B 17s 0.3 µm M = 4.8 LmV B 18 0.5 µm 5.1
30.	eP	A	22 01 36	Andreanof Islands, Aleutian Is.
	epP	A	01 50	51.65 N 173.43 W
	eSKS	C	11 30	H = 21 49 40.7 h = 42.0 km MB=4.8 MS=4.8
	ePS	C	12 10	D = 78.00 Az = 357 (NEIS)
	eSS	C	16 30	h = 50 km
	LmH	B	44.8	PV A 2.0s 34.2nm M = 5.0
	LmV	B	45.0	LmH B 16 0.6 µm 5.0 LmV B 20 0.4 µm 4.7
30.	e(PP)	A	23 36 56	Norwegian Sea 68.15 N 10.53 E
	LmH	B	44.5	H = 23 32 42.2 h = 14.5 km MB = 4.1
	LmV	B	44.5	D = 17.57 Az = 178 (NEIS) LmH B 16s 0.4 µm M = 3.8 LmV B 12 0.5 µm 4.2

Day	Phase		h m s	Remarks
1.	eP	A	00 22 12	Northern Peru 6.12 S 77.13 W H = 00 09 06.2 h = 123 km MB = 4.9 (NEIS) D = 94.0
1.	eSg	A	03 13 08	West Poland (CLL)
1.	LmV LmH	C C	09 52.5 52.8	Solomon Islands 9.88 S 160.65 E H = 08 35 29.5 h = 19 km MB = 5.5 (NEIS) D = 132.0 LmH C 24s 0.3/um M = 4.9 LmV C 20 0.3/um 5.0
1.	LmH LmV	B B	17 09.5 11.8	Southern Honshu, Japan 35.16 N 132.61 E H = 16 23 01.7 h = 6 km MB = 4.5 MS = 4.6 (NEIS) D = 80 LmH B 15.5s 1.5/um M = 5.5 LmV B 14 0.7/um 5.2
1.	ePKP ePP	A A	18 58 26 19 00 26	Solomon Islands 7.20 S 154.39 E H = 18 39 23.8 h = 32 km MB = 5.6 (NEIS) D = 126.8 PV A 1.0s 7.9nm PPV A 2.2 54.5nm M = 5.5
2.	ePKP2	A	02 00 02	Tonga Region 18.7 S 172.76 W H = 01 40 14.5 h = 33 km D = 147.89 Az = 355 (ISC) PKP2V A 1.6s 16.5nm
2.	eP epP LmV	A A C	04 06 46 06 53 33.2	Ascension Island Region 7.17 S 13.61 W H = 03 56 29.7 h = 33 km MB=4.7 MS=4.1 D = 61.58 Az = 18 (NEIS) h = 27 km PV A 1.0s 11.8nm M = 5.0 LmV C 18 0.3/um 4.5

Day	Phase		h m s	Remarks
2.	LmH	B	05 58.2	South of Honshu 31.14 N 138.73 E
	LmV	B	06 02.2	H = 05 05 24.4 h = 33 km (ISC)
				D = 86.1
				LmH B 16s 0.4 µm M = 4.9
				LmV B 16 0.5 µm 5.1
2.	ePKHKP	A	07 43 40.5	Fiji Islands Region 21.23 S 178.83 W
	ePKP2	A	43 48	H = 07 24 56.0 h = 579.1 km MB = 4.9
				D = 149.51 Az = 347 (NEIS)
2.	eP	A	15 24 31	Iran - USSR Border Region
				36.96 N 55.25 E
				H = 15 17 48.9 h = 19 km MB = 5.3 (NEIS)
				D = 33.8
				PV A 1.3s 26.2nm M = 5.0
2.	eSg	A	17 55 30	Switzerland 46.61 N 8.66 E
				H = 17 53 11.2 h = 33 km (NEIS)
				D = 4.5
2.	eP	ABC	22 07 32	Mindanao, Philippine Islands
	epP	A	07 38	7.19 N 123.26 E
	ePP	BC	11 35	H = 21 53 56.5 h = 24 km
	eSKS	C	18 10	MB = 5.7 MS = 5.5 (NEIS)
	eS	BC	18 48	D = 98.0 h = 21 km
	ePS	B	20 30	PV A 2.0s 68.5nm M = 5.8
	ePPS	BC	21 10	LmH B 18.5 1.5 µm 5.5
	eSS	B	25 35	LmV B 16 1.8 µm 5.7
	LmH	B	50.2	
	LmV	B	23 00.3	
3.	+iP	A	03 27 32.5	Bonin Islands Region 27.38 N 140.20 E
	ePP	A	31 13	H = 03 15 07.6 h = 312 km MB = 4.8 (NEIS)
				D = 90
3.	eP	A	12 37 39	Szechwan Province, China 27.37 N 101.05 E
	epP	A	37 49	H = 12 26 33.0 h = 33 km MB = 5.0
	LmH	B	13 08.5	D = 69.01 Az = 317 (NEIS)
	LmV	B	11.6	h = 38 km

Day	Phase		h m s	Remarks
cont. 3.				LmH B 20s 0.3/um M = 4.5
				LmV B 16 0.3/um 4.6
3.	ePP	A	17 58 31	Spain 37.08 N 4.34 W
				H = 17 54 09.7 h = 33 km
				D = 17.73 Az = 35 (NEIS)
3.	LmH	B	23 14.0	Ryukyu Islands Region 26.57 N 130.27 E
	LmV	B	22.2	H = 22 25 07.9 h = 33 km MB = 4.9 (NEIS)
				D = 86
				LmH B 20s 0.2/um M = 4.6
				LmV B 16 0.3/um 4.7
4.	eP	A	02 08 12	Iran 31.79 N 50.86 E
	LmH	C	21.6	H = 02 01 25.7 h = 46.1 km MB = 4.8
	LmV	C	23.9	D = 34.50 Az = 315 (NEIS)
				LmH C 24s 0.5/um M = 4.2
				LmV C 20 0.3/um 4.1
4.	eP	A	02 45 47	Afghanistan - USSR Border Region
	LmH	C	03 06.5	36.93 N 71.39 E
	LmV	C	06.5	H = 02 37 44.4 h = 122 km MB = 5.3 (NEIS)
				D = 44.1
				LmH C 20s 0.3/um
				LmV C 20 0.3/um
4.	ePKHKP	A	08 36 02	Fiji Islands Region 20.31 S 178.42 W
	ePKP2	A	36 07	H = 08 17 20.5 h = 586.6 km MB = 4.7
	epPKP	A	37 46	D = 148.71 Az = 348 (NEIS)
				h c. 450 km
				PKHKPV A 1.0s 23.6nm
4.	ePn	A	13 59 03	ČSSR - Austria, Border Region
	ePg	A	59 08	48.75 N 13.99 E
	eSn	A	59 28	H = 13 58 19.3 h = 0 km
	eSg	A	59 38	D = 2.45 Az = 322 (ISC)

Day	Phase		h m s	Remarks
5.	eP	A	22 26 28.5	Hokkaido, Japan Region 41.90 N 142.34 E
	epP	A	26 50	H = 22 14 34.7 h = 70.7 km MB = 5.0
	e	A	29 46	D = 78.29 Az = 330 (NEIS)
	ePKKP	A	45 10	h = 86 km
	LmH	B	23 03.9	PV A 1.2s 24.4nm M = 5.0
	LmV	B	04.2	LmH B 20 0.3 µm 4.6
				LmV B 20 0.4 µm 4.8
5.	ePKHKP	A	22 27 00.5	Tonga Islands Region 17.15 S 172.13 W
	ePKP2	A	27 04	H = 22 07 20.9 h = 33 km MB = 5.2 (NEIS)
	LmV	B	23 36.3	D = 146.5
	LmH	B	42.9	PKHKPV A 1.3s 69.8nm
				PKP2V A 2.0 128.2nm
				LmH B 20 0.3 µm M = 5.0
				LmV B 20 0.4 µm 5.2
5.	eP	A	23 17 27	Crete 34.63 N 24.79 E
	LmH	B	24.0	H = 23 13 07.3 h = 15.6 km MB = 4.2
	LmV	B	26.1	D = 18.67 Az = 333 (NEIS)
				LmH B 20s 0.3 µm M = 3.6
				LmV B 24 1.7 µm 4.4
6.	eP	A	04 05 26.5	Kurile Islands Region 45.94 N 152.06 E
	LmV	C	37.5	H = 03 53 30.2 h = 29.5 km MB=5.4 MS=4.5
	LmH	C	45.5	D = 77.89 Az = 336 (NEIS)
				PV A 1.7s 103.0nm M = 5.6
				LmH C 20 0.6 µm 4.9
				LmV C 28 0.4 µm 4.6
6.	LmH	B	13 50.8	Near Coast of Peru 15.88 S 75.03 W
	LmV	B	55.0	H = 12 52 38.1 h = 33 km
				MB = 5.0 MS = 4.4 (NEIS)
				D = 100
				LmH B 20s 0.3 µm M = 4.7
				LmV B 20 0.4 µm 4.9
6.	eP	A	16 59 25	Southern Alaska 59.43 N 152.57 W
				H = 16 48 23.8 h = 87.2 km
				D = 69.53 Az = 11 (NEIS)

Day	Phase		h m s	Remarks
6.	eP	A	21 49 34	Kurile Islands Region 46.52 N 153.98 E
	e	A	50 15	H = 21 37 38.4 h = 35 km MB = 5.2 (NEIS)
	LmH	B	22 25.8	D = 77.9
	LmV	B	31.2	PV A 0.8s 30.8nm M = 5.4
				LmH B 16 0.3/um 4.7
				LmV B 18 0.3/um 4.8
6.	eP	A	22 22 11	Kurile Islands Region 46.60 N 154.11 E
				H = 22 10 17.5 h = 42.8 km MB = 4.6
				D = 77.86 Az = 337 (NEIS)
6.	eP	A	22 56 10	Kurile Islands 47.42 N 153.79 E
				H = 22 44 18.7 h = 33 km MB = 4.9
				D = 77.02 Az = 336 (NEIS)
				PV A 1.0s 7.9nm M = 4.7
7.	+eP	A	02 18 24.5	Jan Mayen Island Region 71.75 N 1.81 W
	epP	A	18 31.5	H = 02 13 32.7 h = 33 km
	eS	BC	22 28	MB = 5.4 MS = 5.1 (NEIS)
	LmH	B	28.3	D = 22 h = 25 km
	LmV	B	28.3	PV A 1.5s 261.0nm M = 5.4
				SH B 11 2.4/um 5.4
				LmH B 16 3.0/um 4.8
				LmV B 16 3.3/um 5.0
7.	ePKHKP	ABC	15 31 20	Tonga Islands Region 18.20 S 172.43 W
	epPKP	A	31 36	H = 15 11 37.2 h = 33 km MB = 5.0
				D = 147.47 Az = 355 (NEIS)
				h c. 45 km
				PKHKPV A 2.0s 68.4nm
7.	eP	A	16 07 11	Kurile Islands 46.77 N 153.83 E
	epP	A	07 29	H = 15 55 16.2 h = 33 km MB=5.0 MS=4.3
	LmH	B	41.4	D = 77.63 Az = 336 (NEIS)
	LmV	B	48.7	h = 47 km
				PV A 1.2s 28.4nm M = 5.2
				LmH B 17 0.4/um 4.8
				LmV B 16 0.2/um 4.6

Day	Phase		h m s	Remarks
7.	eP	A	16 46 22	Kurile Islands 47.03 N 153.71 E
				H = 16 34 27.0 h = 15.8 km MB = 5.1
				D = 77.36 Az = 336 (NEIS)
				PV A 1.1s 28.2nm M = 5.2
7.	ePKHKP	A	18 44 41	South of Fiji Islands 25.75 S 179.95 E
	ePKP2	A	44 55	H = 18 25 33.4 h = 449.8 km MB = 5.4
				D = 153.57 Az = 343 (NEIS)
7.	ePKHKP	A	19 55 14	Tonga Islands Region 17.99 S 172.59 W
	ePKP2	A	55 17.5	H = 19 35 32.2 h = 33 km MB=5.0 MS=4.5
	LmH	C	21 07.5	D = 147.24 Az = 355 (NEIS)
	LmV	C	09.9	PKHKPV A 2.0s 59.9nm
				LmH C 20 0.1/um M = 4.5
				LmV C 20 0.1/um 4.6
7.	eP	A	22 30 38	Andreanof Islands, Aleutian Is.
	epP	A	30 50	51.69 N 173.23 W
				H = 22 18 42.4 h = 33.5 km MB = 4.8
				D = 77.96 Az = 357 (NEIS)
				h = 33 km
				PV A 1.0s 15.7nm M = 5.0
7.	ePKHKP	A	24 16 19	Samoa Islands Region 16.42 S 172.64 W
	epPKP	A	16 34	H = 23 56 45.6 h = 61.9 km MB = 4.4
				D = 145.69 Az = 355 (NEIS)
				h = 57 km
8.	ePKHKP	A	04 57 20.5	Tonga Islands 19.65 S 175.93 W
	LmV	C	59.0	H = 04 37 31.5 h = 33 km MB=5.0 MS=4.5
	LmH	C	59.4	D = 148.49 Az = 351 (NEIS)
				PKHKPV A 1.6s 27.5nm
				LmH C 24 0.5/um M = 4.8
				LmV C 24 0.3/um 5.0
8.	ePn	A	10 04 55	Yugoslavia 43.18 N 18.93 E
	eSn	A	06 38	H = 10 02 43.9 h = 33 km
	eSg	A	07 30	D = 8.99 Az = 329 (NEIS)

Day	Phase		h m s	Remarks
8.	eP	ABC	16 58 27.5	Off Coast of Ecuador 1.25 S 81.07 W
	ePP	BC	17 02 00	H = 16 45 16.0 h = 26.7 km MB=5.1 MS=4.9
	eSKS	BC	09 00	D = 92.67 Az = 40 (NEIS)
	eS	BC	09 30	LmH B 24s 0.5 /um M = 4.9
	ePS	BC	10 40	LmV B 24 0.6 /um 5.0
	eSS	BC	15 55	
	LmH	B	36.5	
	LmV	B	36.5	
8.	LmV	C	18 51.2	Off Coast of Ecuador 1.23 S 81.10 W
	LmH	C	51.5	H = 18 00 00.0 h = 41.6 km MB=5.1 MS=4.6
				D = 92.67 Az = 40 (NEIS)
				LmH C 24s 0.3 /um M = 4.6
				LmV C 24 0.4 /um 4.8
8.	LmH	B	20 16.7	South of Honshu 31.08 N 139.03 E
	LmV	B	21.6	H = 19 24 53.9 h = 33 km MB = 4.6 (ISC)
				D = 86.3
				or
				South of Honshu 30.95 N 139.0 E
				H = 19 26 31.1 h = 33 km MB = 4.2 (ISC)
				D = 86.4
				LmH B 15.5s 1.6 /um M = 5.5
				LmV B 15 1.1 /um 5.4
8.	eP	A	21 12 56.5	Jan Mayen Island Region 71.51 N 12.47 W
	epP	A	13 05.5	H = 21 07 47.4 h = 33 km MB=4.3 MS=4.4
	LmH	B	22.5	D = 23.61 Az = 140 (NEIS)
	LmV	B	23.1	LmH B 16s 0.4 /um M = 3.9
				LmV B 20 0.4 /um 4.0
8.	ePn	A	23 09 58.5	Federal Republic of Germany
	e	A	10 05.5	49.87 N 7.60 E
	e	A	10 10	H = 23 09 22.9 h = 33 km
	eSn	A	10 27.5	D = 2.69 Az = 72 (ISC)
	eSg	A	10 35	

Day	Phase		h m s	Remarks
9.	eP	A	07 42 53	Fiji Islands Region 17.68 S 178.52 W H = 07 24 15.5 h = 570.9 km MB = 4.8 D = 146.12 Az = 348 (NEIS) traces
9.	ePKIKP	A	10 45 30	Easter Island Cordillera
	ePKHKP	A	45 32	49.81 S 114.48 W H = 10 25 54.2 h = 33 km MB=5.2 MS=4.6 D = 146.14 Az = 67 (NEIS) PKHKPV A 1.4s 27.9nm
9.	eiP	ABC	15 15 03	East China Sea 27.13 N 126.75 E
	esP	AB	15 43	H = 15 02 44.6 h = 109 km MB = 5.4 (NEIS)
	eS	C	25 10	D = 83.8 h = 108 km
	LmH	C	50.8	PV A 1.8s 135.0nm M = 5.6
	LmV	C	58.6	LmH C 20 0.7/um LmV C 14 0.5/um
10.	ePKHKP	A	02 21 07	Fiji Islands Region 17.83 S 178.77 W
	ePKP2	A	21 09	H = 02 02 29.7 h = 568.6 km MB = 4.9 D = 146.22 Az = 348 (NEIS) PKHKPV A 1.0s 15.8nm PKP2V A 1.2 16.3nm
10.	e	AB	22 47 19	Halmahera 0.98 S 127.35 E
	LmH	B	23 43.6	H = 22 28 31.9 h = 20 km MB=5.6 MS=4.9
	LmV	B	45.3	D = 106.83 Az = 323 (NEIS) LmH B 24s 0.35/um M = 4.9 LmV B 20 0.35/um 4.9
10.	eP	A	24 12 20.5	New Britain Region 7.69 S 151.20 E
	epP	A	12 31	H = 23 53 19.6 h = 25.3 km MB = 5.3 D = 125.65 Az = 329 (NEIS) h = 38 km
11.	eP	A	03 36 27	Molucca Passage 2.00 N 126.88 E H = 03 22 25.2 h = 77.5 km MB = 5.7 D = 104.17 Az = 324 (NEIS)

Day	Phase		h m s	Remarks
11.	e	A	11 25 13	West Poland (CLL, VIE)
11.	ePKHKP	A	14 18 56	South of Fiji Islands 23.37 S 179.96 E
	ePKP2	A	19 07	H = 14 00 03.9 h = 545.3 km MB = 4.6
	epPKHKP	A	21 05	D = 151.30 Az = 344 (NEIS)
				h = 573 km
				PKHKPV A 1.3s 13.1nm
11.	LmV	C	23 53.0	Solomon Islands 10.24 S 160.95 E
	LmH	C	53.2	H = 22 34 00.2 h = 51 km MB = 5.2 (NEIS)
				D = 132.5
				LmH C 20s 0.3/um M = 4.9
				LmV C 24 0.3/um 5.0
11.	LmV	C	24 08.8	Western Iran 33.23 N 48.00 E
	LmH	C	09.0	H = 23 46 16.7 h = 33 km MB = 4.8 (NEIS)
				D = 31.8
				LmH C 24s 0.5/um M = 4.1
				LmV C 24 0.3/um 4.0
12.	epPKHKP	A	00 32 07	Tonga Islands Region 22.30 S 175.61 W
	epPKP2	A	32 16	H = 00 11 56.6 h = 33 km MB = 4.8 (NEIS)
				D = 151.1 h = 71 km
12.	eP	A	02 01 40.5	Near Coast of Southern Chile
	LmH	B	55.7	46.35 S 73.91 W
	LmV	B	55.7	H = 01 42 48.2 h = 33 km
				MB = 4.9 MS = 5.0 (NEIS)
				D = 121.5
				LmH B 19s 0.6/um M = 5.3
				LmV B 18 0.6/um 5.3
12.	eP	A	08 23 08	Mindoro, Philippine Islands
	ePP	A	26 48	13.03 N 121.71 E
	LmH	B	09 11.2	H = 08 09 52.9 h = 33.3 km MB=5.4 MS=4.8
	LmV	B	11.5	D = 92.32 Az = 323 (NEIS)
				PV A 1.4s 32.6nm M = 5.6
				LmH B 16 1.3/um 5.5
				LmV B 16 1.2/um 5.4

Day	Phase		h m s	Remarks
12.	eP	A	08 23 08	Mindoro, Philippine Islands
	ePP	A	26 48	13.03 N 121.71 E
	LmH	B	09 11.2	H = 09 09 52.9 h = 33.3 km MB=5.4 MS=4.8
	LmV	B	11.5	D = 92.32 Az = 323 (NEIS)
				PV A 1.4s 32.6nm M = 5.6
				LmH B 16 1.3 µm 5.5
				LmV B 16 1.2 µm 5.4
12.	ePKP	A	10 33 20	Fiji Islands 16.35 S 178.49 E
				H = 10 13 54.1 h = 33 km MB = 4.8
				D = 144.20 Az = 346 (NEIS)
12.	-iP	ABC	11 29 02	Northeastern China 39.27 N 117.71 E
	epP	A	29 07.5	H = 11 17 53.1 h = 22.3 km MB=5.8 MS=5.4
	eS	BC	38 10	D = 69.57 Az = 319 (NEIS)
	eSS	B	42 50	h = 23 km
	LmH	B	56.9	PV A 1.6s 132.0nm M = 5.8
	LmV	B	12 01.5	LmH B 19 28.3 µm 6.5
				LmV B 14 6.7 µm 6.1
12.	eP	A	12 30 58	Burma 21.75 N 92.99 E
	epP	A	31 09	H = 12 20 00.7 h = 40 km MB=5.4 MS=5.7
	eS	BC	39 40	D = 68.11 Az = 317 (NEIS)
	ePKPPKP	A	59 19	h = 38 km
	LmH	B	58.8	PV A 1.7s 75.8nm M = 5.5
	LmV	B	13 05.6	LmH B 28 15.1 µm 6.1
				LmV B 16 3.4 µm 5.7
12.	eP	A	14 14 01.5	Luzon, Philippine Islands
	ePP	A	17 36	16.00 N 121.15 E
	eSKS	C	24 15	H = 14 00 57.0 h = 16.3 km MB=5.0 MS=4.9
	ePS	C	26 00	D = 89.63 Az = 323 (NEIS)
	eSS	C	31 00	PV A 1.0s 19.7nm M = 5.3
	LmH	B	50.8	LmH B 17.5 2.8 µm 5.8
	LmV	B	55.0	LmV B 18 2.3 µm 5.7
12.	ePKHKP	A	15 44 19	Fiji Islands Region 18.21 S 177.63 W
				H = 15 25 46.2 h = 628.5 km MB = 4.8

Day	Phase		h m s	Remarks
cont. 12.	ePKP2	A	15 44 22	D = 146.81 Az = 349 (NEIS) PKHKPV A 1.2s 32.5nm
12.	eP	A	17 57 43.5	<u>Sicily</u> 38.44 N 14.78 E H = 17 54 47.1 h = 33 km D = 12.41 Az = 351 (NEIS)
12.	eP	A	21 49 01	<u>Kurile Islands</u> 50.16 N 154.99 E H = 21 37 33.4 h = 126.1 km MB = 5.3 D = 74.82 Az = 337 (NEIS) PV A 1.0s 47.2nm M = 5.2
13.	eP	A	01 38 55	<u>Near East Coast of Honshu, Japan</u> 38.29 N 141.93 E H = 01 26 43.0 h = 49.7 km MB=4.9 MB=3.8 D = 81.28 Az = 331 (NEIS) PV A 1.4s 18.6nm M = 4.9
13.	epP	A	02 29 11.5	<u>Mindoro, Philippine Islands</u>
	LmH	B	03 14.7	13.01 N 121.69 E
	LmV	B	19.0	H = 02 15 55.1 h = 38.8 km MB = 5.2 D = 92.32 Az = 323 (NEIS) h = 30 km LmH B 18s 0.4/um M = 5.0 LmV B 14 0.7/um 5.3
13.	-iP	ABC	11 25 38.5	<u>Bonin Islands Region</u> 28.42 N 139.50 E
	epP	BC	27 16	H = 11 13 31.2 h = 430 km MB = 5.8
	esP	BC	27 52	D = 88.81 Az = 330 (NEIS)
	ePP	ABC	29 10	h = 400 km
	ePPP	BC	31 25	PV A 1.3s 262.0nm M = 5.9
	eS	BC	35 42	PV B 8 2.4/um 6.1
	ePS	BC	37 46	LmH B 17 4.0/um
	esS	BC	38 34	LmV B 14 4.2/um
	esPS	BC	39 40	
	eSS	BC	41 48	
	ePKKP	A	43 16	
	esSS	BC	44 25	
	ePKPPKP	A	51 22	

Day	Phase		h m s	Remarks
cont. 13.	LmH	B	12 04.6	
	LmV	B	13.4	
13.	ePg	A	15 26 42	D c. 3.2
	iSn	A	27 08	
	iSg	A	26 25	
13.	eP	A	18 21 11	Aegean Sea 39.11 N 23.46 E
	epP	A	21 18	H = 18 17 46.1 h = 12 km (NEIS)
	eSS	C	24 08	D = 14.3 h = 25 km
	LmH	B	26.1	LmH B 16s 5.4 μm M = 4.7
	LmV	B	27.4	LmV B 12 3.0 μm
13.	ePKHKP	A	20 00 51	South of Fiji Islands 22.42 S 179.64 W
	epPKP	A	03 09	H = 19 42 07.8 h = 626.8 km MB = 4.8
				D = 150.48 Az = 345 (NEIS)
				h = 622 km
				PKHKPV A 1.3s 21.8nm
				pPKPV A traces
14.	ePn	A	03 41 18	Yugoslavia 43.15 N 16.03 E
	ePg	A	42 02	H = 03 39 22.1 h = 47.2 km MB = 4.7
	eSn	A	42 51	D = 8.09 Az = 340 (NEIS)
	eSg	A	43 48	PV A 0.5s 65.5nm M = 5.8
	LmH	B	44.6	LmH B 10 0.8 μm 3.7
	LmV	B	44.7	LmV B 11 1.1 μm
14.	epP	A	06 18 02.5	Off Coast of Ecuador 1.49 N 85.27 W
	LmV	B	51.1	H = 06 04 39.7 h = 33 km MB=5.2 MS=5.7
	LmH	B	53.0	D = 93.23 Az = 39 (NEIS)
				h = 37 km
				LmH B 21.5s 3.1 μm M = 5.7
				LmV B 23 1.7 μm 5.5
14.	eP	A	07 12 07	Off Coast of Ecuador 1.62 N 85.26 W
	LmH	B	46.6	H = 06 58 49.9 h = 33 km MB=5.1 MS=5.5
				D = 93.13 Az = 39 (NEIS)
				traces
				LmH B 24s 2.9 μm M = 5.7

Day	Phase		h m s	Remarks
cont. 14.	LmV	B	07 46.8	LmV B 24s 3.3/um M = 5.7
14.	eSg	A	20 38 57	West Poland (CLL)
14.	eP	A	21 40 39	Hokkaido, Japan Region 41.11 N 143.70 E
				H = 21 28 33.5 h = 25.6 km MB = 4.8
				D = 79.47 Az = 331 (NEIS)
14.	eP	A	21 48 47	Turkey 38.77 N 40.02 E
	eS	B	53 08	H = 21 43 38.1 h = 10 km MB = 4.7
	LmH	B	22 00.6	D = 23.26 Az = 310 (NEIS)
	LmV	B	00.7	LmH B 16s 0.7/um M = 4.2
				LmV B 16 0.4/um 4.1
15.	eP	A	00 32 17	Northwest of Kurile Islands
	epP	A	33 11	49.59 N 152.91 E
				H = 00 20 59.6 h = 221.3 km MB = 5.0
				D = 74.80 Az = 336 (NEIS)
				h = 243 km
				PV A 1.5s 30.2/um M = 4.9
15.	eP	A	04 25 17	Sudan 17.85 N 36.84 E
	epP	A	25 30	H = 04 17 57.5 h = 33 km MB = 4.3 (NEIS)
				D = 38.4 h = 48 km
15.	eP	A	14 10 13	Mid - Indian Rise 12.25 S 65.35 E
				H = 13 58 15.5 h = 33 km MB = 4.9
				D = 78.14 Az = 328 (NEIS)
15.	eSg	A	15 46 25	Adria (VIE)
15.	eP	A	16 02 39.5	Fox Islands, Aleutian Is.
	eS	BC	12 20	52.45 N 168.03 W
	LmV	B	47.7	H = 15 50 47.1 h = 33 km MB=5.3 MS=4.7
	LmH	B	48.8	D = 77.28 Az = 0 (NEIS)
				PV A 1.3s 56.8nm M = 5.4
				LmH B 16 0.4/um 4.8
				LmV B 16 0.6/um 5.1

Day	Phase		h m s	Remarks
15.	eP	A	18 51 10	Mid - Indian Rise 11.62 S 65.62 E
	epP	A	51 16	H = 18 39 14.5 h = 33 km MB = 4.9
				D = 77.74 Az = 328 (NEIS)
				h = 26 km
				PV A 1.3s 17.5nm M = 4.9
15.	eP	A	19 32 27.5	Mid - Indian Rise 12.04 S 65.99 E
	epP	A	32 33	H = 19 20 29.3 h = 33 km MB=4.8 MS=4.9
				D = 78.29 Az = 328 (NEIS)
				h = 24 km
15.	eP	A	22 05 20	Near West Coast of Colombia
				6.21 N 77.51 W
				H = 21 52 43.9 h = 8.9 km MB=4.9 MS=3.6
				D = 84.70 Az = 40 (NEIS)
15.	ePKIKP	A	23 31 39	Fiji Islands Region 19.13 S 177.67 W
	iPKHKP	A	31 43	H = 23 12 53.6 h = 498.8 km MB = 5.5
	iPKP2	A	31 46.5	D = 147.70 Az = 349 (NEIS)
	epPKP	ABC	33 39	h = 535 km
	ePP	A	35 11	PKIKPV A 2.0s 59.9nm
				PKHKPV A 1.8 210.0nm
				PKP2V A 1.8 122.0nm
16.	eP	A	08 20 16.5	Crete 35.38 N 26.52 E
	LmH	B	30.0	H = 08 16 00.6 h = 46.7 km MB = 4.3
	LmV	B	30.0	D = 18.70 Az = 329 (NEIS)
				PV A 1.8s 33.8nm M = 4.2
16.	ePKHKP	A	11 34 01.5	New Hebrides Islands 17.42 S 167.92 E
	LmH	B	12 34.5	H = 11 14 30.7 h = 29.7 km MB=5.1 MS=5.3
	LmV	B	44.3	D = 141.82 Az = 336 (NEIS)
				LmH B 20s 0.4/um M = 5.1
				LmV B 16 0.4/um 5.3
16.	LmH	B	16 44.9	Near Coast of Guerrero, Mexico
	LmV	B	46.3	16.93 N 100.01 W
				H = 15 47 55.4 h = 33 km MB = 4.4 (NEIS)
				D = 90.1

Day	Phase		h m s	Remarks
cont. 16.				LmH B 13s 0.9 /um M = 5.4
				LmV B 12 0.9 /um 5.4
16.	eP	A	16 52 47	<u>Iceland Region</u> 63.86 N 22.43 W
	eS	BC	57 00	H = 16 47 48.6 h = 10 km
	LmH	B	17 02.7	MB = 4.6 MS = 4.8 (NEIS)
	LmV	B	04.3	D = 22.2
				PV A 1.4s 23.3nm M = 4.4
				LmH B 13 2.0 /um 4.7
				LmV B 13 2.3 /um 4.9
16.	eP	A	17 03 15	<u>Iceland Region</u> 63.93 N 22.88 W
				H = 16 58 11.8 h = 10 km MB = 4.1
				D = 22.54 Az = 110 (NEIS)
17.	eP	A	14 27 55.5	<u>Panama</u> 7.36 N 78.03 W
				H = 14 15 21.9 h = 8.3 km MB=5.1 MS=4.5
				D = 84.15 Az = 40 (NEIS)
18.	+iP	A	04 08 15	<u>Kamchatka</u> 55.71 N 160.82 E
	epP	A	08 56	H = 03 57 13.4 h = 158 km MB = 5.1
	LmH	B	51.4	D = 70.96 Az = 340 (NEIS)
	LmV	B	52.6	h = 173 km
				PV A 1.1s 68.6nm M = 5.4
				LmH B 16 0.35 /um 4.7
				LmV B 16 0.5 /um 4.9
18.	+iPKP	A	07 02 29	<u>New Hebrides Islands</u> 19.00 S 169.19 E
	epPKP	A	03 23.5	H = 06 43 21.1 h = 217 km MB = 5.2
	esPKP	A	03 44	D = 143.74 Az = 336 (NEIS)
				h = 224 km
				PKPV A 1.4s 111.8nm
18.	ePg	A	13 04 36.5	<u>Czechoslovakia</u> 50.56 N 14.01 E
	eSg	A	04 57	Explosion of 14 t
				H = 13 04.0 (KHC)
				D = 1.5

Day	Phase		h m s	Remarks
19.	eP	A	00 15 18	Southern Iran 29.79 N 51.20 E
	epP	A	15 30	H = 00 08 15.5 h = 39.7 km MB = 4.9
				D = 36.13 Az = 317 (NEIS)
				h = 59 km
19.	ePKHKP	A	00 29 18	Fiji Islands Region 20.31 S 178.32 W
				H = 00 10 32.2 h = 558.4 km MB = 4.2
				D = 148.72 Az = 348 (NEIS)
				traces
19.	LmV	B	18 07.6	South Sandwich Islands Region
	LmH	B	08.8	60.35 S 26.56 W
				H = 17 02 53.0 h = 33 km MB = 5.2 (NEIS)
				D = 114.8
				LmH B 16s 0.3µm M = 5.0
				LmV B 16 0.4µm 5.1
19.	LmH	B	18 40.3	South Sandwich Islands Region
	LmV	B	40.3	60.62 S 26.75 W
				H = 17 35 15.0 h = 33 km MB = 5.1 (NEIS)
				D = 115
				LmH B 18s 0.5µm M = 5.2
				LmV B 18 0.7µm 5.3
19.	ePKHKP	A	19 07 38	Fiji Islands Region 19.14 S 177.79 W
	epPKP	A	09 51.5	H = 18 48 57.2 h = 586.3 km MB = 4.7
				D = 147.69 Az = 349 (NEIS)
				h = 600 km
19.	eP	A	23 06 09	Southern Iran 27.12 N 55.32 E
	eS	BC	12 18	H = 22 58 30.8 h = 29.5 km MB = 5.2
	LmH	B	26.3	D = 40.54 Az = 317 (NEIS)
	LmV	B	27.8	PV A 1.8s 60.8nm M = 5.0
				LmH B 16 0.6µm 4.5
				LmV B 17 0.6µm 4.6

Day	Phase	h m s	Remarks
19.	eP A	23 12 31	<u>Southern Iran</u> 27.14 N 55.31 E
			H = 23 04 53.6 h = 35.2 km MB = 5.3
			D = 40.53 Az = 317 (NEIS)
			PV A 1.4s 32.6nm M = 4.9
20.	ePKHKP A	14 30 41	<u>Fiji Islands Region</u> 20.36 S 177.74 W
	ePKP2 A	30 46	H = 14 11 52.3 h = 533.5 km MB = 5.0
			D = 148.89 Az = 348 (NEIS)
			PKHKPV A . 1.4s 37.2nm
20.	ePKIKP A	21 24 43	<u>South of Fiji Islands</u> 23.87 S 176.56 W
	ePKHKP A	24 51	H = 21 04 58.0 h = 48 km MB=5.6 MS=4.5
	ePKP2 A	25 02	D = 152.52 Az = 349 (NEIS)
			PKHKPV A 1.2s 32.6nm
20.	eP ABC	23 04 29	<u>Southern Sumatra</u> 4.44 S 101.98 E
	epP A	04 39	H = 22 51 13.9 h = 37 km MB=5.7 MS=5.3
	ePP ABC	08 10	D = 93.63 Az = 320 (NEIS)
	eSKS BC	15 10	h = 36 km
	eSKKS BC	15 30	PV A 1.8s 47.4nm M = 5.6
	eS BC	15 45	LmH B 22 0.9 μm 5.2
	ePS BC	17 00	LmV B 20 0.9 μm 5.2
	LmH B	52.6	
	LmV B	54.9	
21.	LmH B	01 16.0	<u>California - Nevada Border Region</u>
	LmV B	16.0	37.59 N 118.74 W
			H = 00 28 19.8 h = 5 km (NEIS)
			D = 81.9
			LmH B 18s 0.6 μm M = 5.0
			LmV B 20 0.9 μm 5.2
21.	eP ABC	05 48 00	<u>Luzon, Philippine Islands</u>
	epP A	48 49	15.70 N 120.82 E
	ePP ABC	51 35	H = 05 35 22.5 h = 189 km MB = 5.7
	epPP BC	52 15	D = 89.68 Az = 323 (NEIS)
	eSKS BC	58 12	h = 200 km
	eS BC	58 34	PV A 1.2s 81.3nm M = 5.5

Day	Phase		h m s	Remarks
cont. 21.	eSP	BC	05 59 36	LmH B 16s 2.8 um
	ePS	B	06 00 00	LmV B 19 2.9 um
	eSS	BC	04 36	
	LmH	B	28.8	
	LmV	B	28.9	
21.	eP	A	10 39 44.5	Mid-Indian Rise 8.63 S 67.45 E H = 10 27 57.0 h = 33 km MB = 4.6 D = 76.20 Az = 327 (NEIS) traces
21.	eP	A	13 53 16.5	Bonin Islands Region 27.58 N 139.99 E
	ePP	A	56 52	H = 13 40 55.0 h = 340 km MB = 5.1 D = 89.75 Az = 330 (NEIS) PV A 1.5s 40.2nm M = 5.1 PPV A 1.8 60.9nm 5.4
21.	LmV	C	15 04.9	Near Coast of Ecuador 1.59 S 80.91 W
	LmH	C	05.0	H = 14 14 41.3 h = 47.7 km MB=5.0 MS=4.7 (NEIS) D = 92.8 LmH C 24s 0.2 um M = 4.5 LmV C 24 0.3 um 4.7
22.	ePKHKP	A	23 46 09	Fiji Islands Region 19.52 S 177.25 W
	ePKP2	A	46 13.5	H = 23 27 03.8 h = 350 km MB = 5.2
	epPKP	A	47 37	D = 148.16 Az = 349 (NEIS) h = 375 km
23.	ePKHKP	A	12 32 18.5	Fiji Islands Region 17.76 S 178.46 W H = 12 13 40.3 h = 571.1 km MB = 5.0 D = 146.21 Az = 348 (NEIS) traces
23.	+iP	A	22 08 40	Northern Sumatra 0.67 N 98.68 E
	epP	A	08 51	H = 21 55 54.1 h = 40 km MB=5.5 MS=4.7
	LmV	B	54.6	D = 87.62 Az = 320 (NEIS)
	LmH	B	54.8	h = 39 km PV A 1.5s 85.4nm M = 5.8 LmV B 20 0.3 um 4.7 LmH B 20 0.3 um 4.7

Day	Phase		h m s	Remarks
24.	eP	A	07 59 27	Volcano Islands Region 25.47 N 142.51 E
	ePP	A	03 13	H = 07 46 13.5 h = 8.6 km MB=5.7 MS=5.3
	LmH	B	08 41.3	D = 92.69 Az = 331 (NEIS)
	LmV	B	47.1	PV A 1.2s 32.5nm M = 5.6
				LmH B 14.5 0.8 µm 5.3
				LmV B 15 0.7 µm 5.3
24.	eP	ABC	10 36 45	Mariana Islands 18.81 N 145.35 E
	epP	ABC	37 37	H = 10 23 23.4 h = 207 km MB = 5.7
	ePP	BC	40 48	D = 99.77 Az = 332 (NEIS)
	epPP	BC	41 30	h = 228 km
	esPP	BC	41 48	LmH B 18s 4.6 µm
	eSKS	BC	47 00	LmV B 16 2.5 µm
	eS	BC	47 50	
	e	BC	48 34	
	ePKKP	A	53 04.5	
	eSS	BC	54 50	
	esSS	BC	56 20	
	LmH	B	11 19.2	
	LmV	B	28.2	
24.	eP	A	12 51 06.5	Southern Iran 27.11 N 55.45 E
				H = 12 43 28.7 h = 44.8 km MB = 4.8
				D = 40.63 Az = 317 (NEIS)
				PV A 2.0s 25.6nm M = 4.6
24.	eP	A	13 06 51	Southern Iran 27.07 N 55.48 E
				H = 12 59 09.3 h = 27.5 km MB = 4.7
				D = 40.68 Az = 317 (NEIS)
25.	ePKP	A	05 37 03	Fiji Islands Region 16.79 S 177.30 W
	LmV	C	06 30.4	H = 05 17 25.9 h = 41.7 km MB = 4.6
	LmH	C	31.0	D = 145.47 Az = 350 (NEIS)
				LmH C 28s 0.4 µm M = 4.9
				LmV C 32 0.5 µm 5.1
25.	ePKHKP	A	06 09 23	Fiji Islands Region 17.00 S 177.06 W
	epPKP	A	09 36	H = 05 49 46.6 h = 41.9 km MB=4.7 MS=5.0
				D = 145.72 Az = 350 (NEIS)
				h = 36 km

Day	Phase		h m s	Remarks
25.	ePKP	ABC	06 41 44	Fiji Islands Region 17.02 S 177.02 W
	LmV	C	07 35.0	H = 06 22 04.4 h = 33 km MB=4.9 MS=5.0
	LmH	C	35.3	D = 145.75 Az = 350 (NEIS)
				LmH C 32s 0.6/um M = 5.1
				LmV C 32 0.5/um 5.1
25.	eP	ABC	11 08 21.5	Iran 34.89 N 52.06 E
	LmH	B	24.8	H = 11 01 45.5 h = 25.9 km MB=5.4 MS=4.3
	LmV	B	25.4	D = 33.14 Az = 311 (NEIS)
				PV A 1.1s 24.2nm M = 5.0
				LmH B 15 0.5/um 4.3
				LmV B 14 0.5/um 4.5
25.	ePKP	A	12 28 37	Fiji Islands Region 17.86 S 178.62 W
				H = 12 10 01.2 h = 578 km MB = 5.4
				D = 146.28 Az = 348 (NEIS)
				PKPV A 1.6s 99.0nm
25.	+iP	ABC	15 08 06	Northern Sumatra 4.24 N 95.77 E
	ipP	ABC	08 21	H = 14 55 45.0 h = 56 km MB = 5.9
	ePP	BC	11 12	D = 83.04 Az = 320 (NEIS)
	eS	BC	18 20	h = 59 km
	ePS	BC	19 15	PV A 1.4s 121.0nm M = 5.7
	ePPS	BC	19 40	LmH B 18 2.1/um 5.5
	eSS	BC	23 48	LmV B 17 2.1/um 5.6
	LmV	B	52.2	
	LmH	B	54.8	
25.	eP	A	17 12 18.5	Southern Nevada 37.09 N 116.05 W
				H = 17 00 00.1 h = 0 km MB = 5.3
				D = 81.25 Az = 31 (NEIS)
25.	eP	A	21 13 54	Southern Iran 29.34 N 53.39 E
				H = 21 06 38.3 h = 22.4 km MB = 4.8
				D = 37.77 Az = 316 (NEIS)
				traces

Day	Phase		h m s	Remarks
25.	eP	A	23 09 30.5	Queen Elizabeth Islands 77.53 N 105.19 W
				H = 23 01 06.5 h = 33 km MB = 4.4
				D = 46.34 Az = 52 (NEIS)
26.	eP	ABC	01 40 43.5	Turkey - Iran Border Region
	eS	BC	45 15	38.93 N 44.38 E
	eSS	BC	46 00	H = 01 35 13.8 h = 36.7 km MB=5.2 MS=5.4
	eSSS	BC	46 40	D = 25.82 Az = 308 (NEIS)
	LmH	B	54.5	PV A 1.5s 40.2nm M = 4.8
	LmV	B	55.3	LmH B 13 6.1/um 5.3
				LmV B 12.5 5.1/um 5.4
26.	eP	BC	06 32 58	Off Coast of Ecuador 1.85 S 81.20 W
	ePP	BC	36 36	H = 06 19 40.8 h = 10.1 km MB=5.0 MS=5.1
	eSKS	BC	43 32	D = 93.21 Az = 40 (NEIS)
	eS	BC	44 08	PV B traces
	ePS	BC	45 14	LmH B 16s 0.3/um M = 4.9
	LmV	B	07 17.0	LmV B 18 0.6/um 5.1
	LmH	B	17.4	
26.	eP	A	09 55 53	N. W. Iran - USSR Border Region
	ePP	A	56 30	38.96 N 44.38 E
	LmV	C	10 07.5	H = 09 50 24.6 h = 41 km MB=4.8 MS=3.5
	LmH	C	07.7	D = 25.80 Az = 308 (NEIS)
				LmH C 20s 0.3/um M = 3.8
				LmV C 20 0.4/um 4.1
26.	eP	A	22 47 09	Southern Iran 27.65 N 56.55 E
	ePcP	A	49 10	H = 22 39 29.1 h = 38.8 km MB = 4.8
	eS	C	53 16	D = 40.91 Az = 317 (NEIS)
	LmH	B	23 11.0	LmH B 16s 0.2/um M = 4.1
	LmV	B	13.8	LmV B 16 0.2/um 4.2
	ePKPPKP	A	18 48.5	
27.	eP	A	02 40 25	Tadzhik SSR 37.64 N 72.25 E
				H = 02 32 25.9 h = 122.7 km MB = 4.9
				D = 44.21 Az = 307 (NEIS)

Day	Phase		h m s	Remarks
27.	iPg	A	08 24 21	Czechoslovakia 50.61 N 14.10 E
	iSg	A	24 41	H = 08 23 49.8 h = 0 km
				D = 1.58 Az = 272 (ISC)
				Explosion of 20.6 tons
27.	ePKP	A	09 40 16	Samoa 16.3 S 172.9 W
				H = 09 20 38.2 h = 33 km MB = 4.7
				D = 145.55 Az = 355 (ISC)
27.	eP	A	22 36 05.5	Crete 35.23 N 26.50 E
	LmV	B	45.6	H = 22 31 49.1 h = 68.2 km MB = 4.7
	LmH	B	46.3	D = 18.81 Az = 330 (NEIS)
				PV A 0.8s 30.8nm M = 4.6
				LmH B 12 0.3/um 3.8
				LmV B 12 0.4/um 4.1
27.	ePKIKP	A	23 17 23	Solomon Islands 9.41 S 159.02 E
	LmH	B	24 08.4	H = 22 58 13.3 h = 33 km MB=5.3 MS=4.9
	LmV	B	16.6	D = 130.88 Az = 333 (NEIS)
				PKIKPV traces
				LmH B 20s 0.45/um M = 5.1
				LmV B 20 0.5/um 5.2
28.	LmH	B	03 38.7	Mindanao, Philippine Islands
	LmV	B	49.3	6.34 N 123.96 E
				H = 02 41 32.9 h = 48 km
				MB = 5.1 MS = 4.5 (NEIS)
				D = 99.0
				LmH B 19s 0.6/um M = 5.1
				LmV B 16 0.6/um 5.2
28.	e	A	06 05 56	Sulawesi 1.73 S 120.52 E
	e	A	09 06	H = 05 51 48.1 h = 54 km
	ePP	B	10 16	MB = 5.9 MS = 5.8 (NEIS)
	eSKS	B	16 30	D = 103.3
	eS	B	17 30	LmH B 23s 5.2/um M = 6.0
	ePS	B	19 15	LmV B 24 3.7/um 5.8
	eSS	B	24 48	
	LmH	B	51.6	
	LmV	B	53.4	

Day	Phase		h m s	Remarks
28.	ePKIKP	A	15 30 12	Balleny Islands Region 64.94 S 175.69 E
	ePKHKP	A	30 32	H = 15 10 13.0 h = 33 km MB=5.7 MS=5.4
	ePKP2	A	31 03	D = 163.42 Az = 218 (NEIS)
	LmH	B	16 45.5	LmH B 20s 0.6 µm M = 5.3
	LmV	B	46.9	LmV B 20 0.9 µm 5.6
29.	eP	A	02 30 49	Near Coast of Pakistan 23.37 N 64.55 E
	eS	BC	38 00	H = 02 22 03.8 h = 33 km MB=4.9 MS=4.5
	LmH	B	58.8	D = 48.95 Az = 318 (NEIS)
	LmV	B	59.8	PV A 1.3s 13.1nm M = 4.8
				LmH B 14 0.4 µm 4.6
				LmV B 14 0.4 µm 4.6
29.	+iP	AB	03 04 48.5	Eastern Kazakh SSR 49.94 N 78.85 E
	ePn	A	06 27	H = 02 56 57.8 h = 0 km MB=5.6 MS=5.0
	LmH	B	23.1	D = 41.60 Az = 298 (NEIS)
	LmV	B	23.3	Underground nuclear explosion (ERDA)
				PV A 1.2s 183.0nm M = 5.7. LmH,LmV traces
29.	ePKP2	A	03 41 13	South of Kermadec Islands
	LmH	B	05 15.0	34.69 S 179.05 W
	LmV	B	15.2	H = 03 20 28.2 h = 33 km
				MB = 5.5 MS = 5.1 (NEIS)
				D = 162.2
				PKP2V A 1.5s 25.2nm
				LmH B 20 0.3 µm M = 5.1
				LmV B 20 0.4 µm 5.2
29.	eP	A	16 43 32	Azores Islands Region 40.49 N 29.54 W
	epP	A	43 38	H = 16 37 20.5 h = 11.9 km MB=4.7 MS=4.6
	LmV	B	54.5	D = 30.19 Az = 56 (NEIS)
	LmH	B	54.7	h = 30 km
				PV A 1.4s 27.9nm M = 4.9
				LmH B 16 0.3 µm 4.0
				LmV B 18 0.5 µm 4.3
30.	eP	A	00 35 48	Honshu, Japan 36.69 N 138.38 E
	LmV	B	01 12.1	H = 00 23 28.7 h = 7 km MB = 5.0
	LmH	B	13.2	D = 81.23 Az = 329 (NEIS)
				LmH B 12s 0.3 µm M = 4.8
				LmV B 12 0.2 µm 4.7

Day	Phase		h m s	Remarks
30.	+iP	ABC	15 27 54.0	Fox Islands, Aleutian Is.
	ePcP	A	28 02	52.43 N 169.71 W
	eS	BC	37 52	H = 15 16 01.6. h = 33 km MB=5.6 MS=6.0
	ePS	BC	38 40	D = 77.30 Az = 359 (NEIS)
	eSS	C	42 48	PV A 1.1s 80.6nm M = 5.7
	eSSS	BC	47 10	LmH B 18 3.6/um 5.8
	eSSSS	BC	48 30	LmV B 18 4.5/um 5.9
	ePKKS	C	50 25	
	LmV	B	16 11.3	
	LmH	B	11.6	
30.	ePKHKP	A	19 30 17	Fiji Islands Region 19.75 S 177.52 W
				H = 19 11 32.4 h = 564.4 km MB = 4.5
				D = 148.33 Az = 349 (NEIS)
31.	eP	A	07 46 13	Hindu Kush Region 36.24 N 69.56 E
				H = 07 38 23.5 h = 138.5 km MB = 4.7
				D = 43.36 Az = 308 (NEIS)
				PV A 1.0s 11.8nm M = 4.5
31.	ePKIKP	A	15 07 07	Santa Cruz Islands 11.81 S 166.51 E
	epPKIKP	A	07 43	H = 14 47 59.1 h = 138 km MB = 5.6
	e	B	09 44	D = 136.16 Az = 337 (NEIS)
				h = 145 km
				PKIKPV A 1.6s 33.0nm
31.	ePg	A	18 12 20	Czechoslovakia 49.8 N 13.9 E
	eSg	A	12 40	H = 18 11 52 h = 33 km
				D = 1.69 Az = 300 (ISC)
31.	ePKP2	A	19 11 52	Off E. Coast of N. Island N. Z.
				37.85 S 177.35 E
				H = 18 51 07.1 h = 125 km MB = 5.2 (NEIS)
				D = 164

Day	Phase		h m s	Remarks
1.	ePKHKP	A	09 17 19.5	<u>Tonga Islands</u> 21.19 S 174.37 W
	LmV	B	10 25.3	H = 08 57 30.9 h = 33 km MB=5.2 MS=5.2
	LmH	B	25.4	D = 150.23 Az = 352 (NEIS)
				PKHKPV A 2.6s 121.2nm
				LmH B 20 0.5µm M = 5.2
				LmV B 20 0.7µm 5.4
1.	-iP	AB	12 59 20	<u>Turkey</u> 36.24 N 31.34 E
	eiS	B	13 03 00	H = 12 54 49.2 h = 66.6 km MB = 5.7
	eScP	A	07 03	D = 20.22 Az = 322 (NEIS)
	LmH	B	07.8	PV A 1.5s 1130.7nm M = 5.9
	LmV	B	09.6	PV B 2.5 2.4µm 6.0
				SH B 7 7.0µm 6.0
				PcSV A 1.6 104.4nm
				LmH B 15.5 11.3µm
				LmV B 14 6.9µm
2.	ePn	A	01 52 36.5	<u>West Poland</u> (CLL)
	eSg	A	53 15	D c. 2.4
2.	ePn	A	13 33 00.5	<u>Lüneburger Heide, Fed. Rep. of Germany</u>
	ePb	A	33 07.5	53.07 N 9.55 E
	ePg	A	33 15.5	H = 13 32 14.8 h = 0 km
	e	A	33 22	D = 2.74 Az = 151 (NEIS)
	eSn	A	33 41.5	
	eSg	A	33(53)	
2.	+eP	AB	15 00 15	<u>Iceland</u> 63.67 N 19.03 W
	eS	C	04 12	H = 14 55 31.9 h = 10 km MB=4.9 MS=5.0
	LmH	C	09.4	D = 20.86 Az = 114 (NEIS)
	LmV	C	09.4	PV A 1.8s 101.3nm M = 4.9
				LmH C 16 9.6µm 5.3
				LmV C 16 6.3µm 5.3
2.	eP	A	17 24 45	<u>Dodecanese Islands</u> 35.20 N 27.68 E
				H = 17 20 19.5 h = 33 km MB = 4.3
				D = 19.34 Az = 328 (NEIS)
				PV A 1.0s 39.4nm M = 4.6

Day	Phase		h m s	Remarks
2.	eP	A	19 13 01	Dodecanese Islands 35.07 N 27.61 E
				H = 19 08 29.7 h = 33 km MB = 3.9
				D = 19.42 Az = 328 (NEIS)
3.	eP	AB	01 13 19.5	Tadzhik SSR 39.87 N 71.79 E
	e	A	13 28	H = 01 05 23.7 h = 24 km MB=5.1 MS=5.0
	ePP	A	15 02	D = 42.60 Az = 305 (NEIS)
	ePcP	A	15 17	PV A 1.6s 27.5nm M = 4.7
	eS	C	19 42	LmH B 15 4.0/um 5.4
	LmH	B	32.3	LmV B 12 3.1/um 5.5
	LmV	B	33.2	
3.	eP	A	02 33 10	Off East Coast of Kamchatka
				52.15 N 159.05 E
				H = 02 21 36.8 h = 33 km MB = 4.7
				D = 73.94 Az = 339 (NEIS)
				PV A 1.3s 17.5nm M = 4.9
3.	+iP	AB	02 38 53	Hindu Kush Region 36.44 N 70.76 E
	epP	B	39 36	H = 02 31 04.7 h = 210 km MB = 5.5
	esPP	B	41 44	D = 44.0 Az = 308 (NEIS)
	eS	B	45 08	h = 203 km
	esS	B	46 20	PV A 2.0s 521.0nm M = 5.7
	eSS	B	48 20	PV B 4 1.9/um 5.9
	e	B	49 00	
	LmH	B	03 00.0	
	LmV	B	00.0	
3.	ePKHKP	A	14 51 47.5	Fiji Islands Region 18.94 S 177.63 W
				H = 14 33 07.0 h = 573.1 km MB = 5.3
				D = 147.52 Az = 349 (NEIS)
3.	ePKIKP	A	15 36 48	New Hebrides Islands 14.15 S 166.56 E
	LmH	C	16 39.8	H = 15 17 25.1 h = 38.3 km MB=5.4 MS=5.4
	LmV	C	39.8	D = 138.31 Az = 336 (NEIS)
				PKIKPV A 1.4s 18.6nm
				LmH C 22 0.7/um M = 5.3
				LmV C 21 0.8/um 5.3

Day	Phase		h m s	Remarks
3.	eP	A	23 02 12	Off East Coast of Honshu, Japan
	epP	A	02 22.5	40.52 N 145.31 E
	LmH	C	34.0	H = 22 50 01.5 h = 33 km MB = 5.0
	LmV	B	44.8	D = 80.57 Az = 332 (NEIS)
				h = 39 km
				PV A 1.0s 15.7nm M = 5.0
				LmH C 22 0.7/um 5.0
				LmV B 16 0.3/um 4.8
4.	ePn	A	09 25 40	Poland 51.0 N 16.1 E
	ePg	A	25 46	H = 09 24 52 h = 0 km
	eSg	A	26 23.5	D = 2.84 Az = 264 (ISC)
4.	eP	A	15 10 01.5	Lake Baikal Region 56.27 N 111.64 E
	LmH	B	35.5	H = 15 00 33.4 h = 33 km MB=4.9 MS=4.2
	LmV	B	35.6	D = 54.68 Az = 310 (NEIS)
				PV A 1.7s 30.3nm M = 5.1
				LmH B 16 0.6/um 4.7
				LmV B 15 0.6/um 4.9
5.	ePP	B	03 04 12	Near Coast of Northern Chile
	eSKS	B	10 40	23.87 S 70.16 W
	ePS	B	13 25	H = 02 46 05.9 h = 32 km
	eSS	B	18 55	MB = 5.6 MS = 5.4 (NEIS)
	LmH	B	50.2	D = 103.2
	LmV	B	50.5	PPV B 9s 0.6/um M = 6.1
				LmH B 19.5 1.1/um 5.4
				LmV B 19 0.9/um 5.3
5.	eP	AB	04 51 34	Western Iran 32.64 N 48.09 E
	eiS	B	56 50	H = 04 45 07.6 h = 40.3 km MB=5.5 MS=5.8
	eSS	B	58 40	D = 32.23 Az = 315 (NEIS)
	LmH	B	05 07.8	PA A 1.8s 101.0nm M = 5.4
	LmV	B	07.9	PV B 9.5 2.5/um 6.0
				LmH B 14 19.6/um 6.0
				LmV B 12 18.2/um 6.1

Day	Phase		h m s	Remarks
5.	eP	A	05 05 39	Iran - Iraq Border Region 32.68 N 47.94 E H = 04 59 15.5 h = 57.7 km MB = 4.9 D = 32.11 Az = 315 (NEIS)
5.	eP	AB	08 31 58.5	Western Iran 32.56 N 48.16 E
	LmH	B	48.5	H = 08 25 30.8 h = 33 km MB = 5.1
	LmV	B	49.0	D = 32.33 Az = 315 (NEIS) PV A 1.8s 27.0nm M = 4.8 LmH B 14 0.9/um 4.6 LmV B 12 1.3/um 4.9
5.	eP	A	08 51 39	Iran - Iraq Border Region 32.69 N 47.91 E H = 08 45 13.0 h = 54.1 km MB = 4.6 D = 32.10 Az = 315 (NEIS)
5.	LmH	B	11 59.5	Near East Coast of Honshu, Japan
	LmV	B	12 00.5	35.94 N 141.47 E H = 11 05 34.8 h = 36 km MB = 4.6 (NEIS) D = 83.2 LmH B 16s 0.25/um M = 4.7 LmV B 16 0.3/um 4.8
5.	eiP	AB	14 02 28	Sicily 37.88 N 14.46 E
	LmH	B	07.4	H = 13 59 21.7 h = 7.6 km MB = 4.9
	LmV	B	10.4	D = 12.92 Az = 352 (NEIS) PV A 1.3s 69.9nm M = 5.7 LmH B 17 1.2/um 4.0 LmV B 10 0.9/um
5.	iPn	A	15 16 18	Austria 46.29 N 13.20 E
	ePg	A	16 38	H = 15 15 11.5 h = 33 km
	eSn	A	17 07.5	D = 4.49 Az = 347 (NEIS)
	eSg	A	17 34	PnV A 0.5s 19.2nm
5.	eP	A	18 28 21.5	Northern Sinkiang Prov., China 42.00 N 85.71 E H = 18 19 29.0 h = 33 km MB = 4.7 D = 49.90 Az = 307 (NEIS)

Day	Phase		h m s	Remarks
5.	e(P)	A	23 22 47	<u>Southern Italy</u> 39.68 N 18.87 E H = 23 19 49.0 h = 33 km MB = 4.2 D = 15.37 Az = 335 (NEIS) traces
6.	LmV	C	02 29.2	<u>South Sandwich Islands Region</u>
	LmH	C	29.4	55.22 S 28.93 W H = 01 29 59.3 h = 33 km MB = 5.3 MS = 5.0 (NEIS) D = 110.5 LmH C 23s 1.2/um M = 5.4 LmV C 23 1.2/um 5.4
6.	eP	A	04 36 34	<u>Southern Greece</u> 37.09 N 21.75 E H = 04 32 57.2 h = 33 km MB = 4.2 D = 15.37 Az = 335 (NEIS) traces
6.	LmH	C	07 14.0	<u>Dominican Republic Region</u>
	LmV	C	14.0	19.39 N 69.48 W H = 06 38 46.1 h = 49.1 km MB=4.9 MS=4.2 D = 69.67 Az = 42 (NEIS) LmH C 22s 0.7/um M = 4.8 LmV C 22 0.6/um 4.8
6.	eP	A	10 53 03.5	<u>Spain</u> 37.76 N 1.82 W
	LmH	C	58.3	H = 10 49 12.7 h = 33 km MB=4.2 MS=3.8
	LmV	C	11 00.7	D = 16.05 Az = 32 (NEIS) LmH C 15s 0.9/um M = 4.1 LmH C 12 0.9/um 4.4
6.	ePKHKP	A	13 05 29	<u>Tonga Islands</u> 19.24 S 175.64 W
	epPKP	A	06 30	H = 12 46 11.8 h = 253.4 km MB = 5.1 D = 148.14 Az = 351 (NEIS) h = 241 km
6.	ePg	A	18 02 14	<u>Southern Italy</u> 40.86 N 15.24 E H = 17 58 32.9 h = 33 km (NEIS) D = 10.55

Day	Phase		h m s	Remarks
cont. 6.	LmH	C	18 05.5	LmH C 15s 0.35/um M = 3.4
	LmV	C	06.6	LmV C 10 0.5/um
6.	eP	A	18 46 50	Southern Iran 29.71 N 51.13 E
	LmH	C	19 03.3	H = 18 39 47.4 h = 29.7 km MB = 4.9
	LmV	C	03.3	D = 36.14 Az = 317 (NEIS)
				LmH C 20s 0.4/um M = 4.2
				LmV C 20 0.4/um 4.3
6.	ePKP	A	20 10 34	Fiji Islands Region 18.01 S 178.38 W
				H = 19 51 59.3 h = 608.9 km MB = 4.8
				D = 146.48 Az = 348 (NEIS)
6.	LmV	C	24 30.0	Near Coast of Central Chile
				33.15 S 71.94 W
				H = 23 28 27.5 h = 28 km MB = 4.7 (NEIS)
				D = 111.1
				LmV C 18s 0.3/um M = 4.9
7.	ePKP2	A	08 26 46	South of Kermadec Islands
				33.12 S 178.58 W
				H = 08 06 06.6 h = 33 km MB=4.9 MS=4.9
				D = 160.94 Az = 340 (NEIS)
				PKP2V A 1.4s 27.9nm
7.	ePKIKP	A	09 00 29	Santa Cruz Islands 10.76 S 165.97 E
	LmH	C	42.5	H = 08 41 17.9 h = 76.7 km MB = 5.2
	LmV	C	42.5	D = 134.99 Az = 334 (NEIS)
				LmH C 20s 0.35/um
				LmV C 20 0.5/um
8.	eP	A	04 54 14.5	Dodecanese Islands 36.21 N 28.77 E
				H = 04 49 53.8 h = 33 km MB = 4.0
				D = 19.00 Az = 325 (NEIS)
				traces
8.	ePP	A	13 42 46	Chile - Bolivia Border Region
				22.06 S 67.26 W

Day	Phase		h m s	Remarks
cont. 8.	e	A	13 42 50	H = 13 25 15.6 h = 144 km MB = 5.4 (NEIS)
				D = 100.0
8.	ePKIKP	A	14 25 00	South of Fiji Islands 22.10 S 176.95 W
	+iPKHKP	A	25 05.5	H = 14 05 39.3 h = 226.1 km MB=5.2 (NEIS)
	ePKP2	A	25 12	D = 150.7
				PKHKPV A 1.4s 102.4nm
8.	eP	AB	14 37 53	Near East Coast of Honshu, Japan
	epP	A	38 13	38.54 N 141.49 E
	esP	A	38 19.5	H = 14 25 46.5 h = 78.5 km MB = 5.5
	eS	B	47 54	D = 80.89 Az = 330 (NEIS)
	LmH	B	15 11.0	h = 75 km
	LmV	B	17.5	PV A 1.5s 40.2nm M = 5.1
				LmH B 17 1.9/um
				LmV B 14 1.1/um
8.	eP	A	21 30 51	Java Sea 5.88 S 113.08 E
	ePP	A	35 10	H = 21 18 03.2 h = 635.6 km MB=5.4 (NEIS)
				D = 101.8
				traces
9.	LmV	C	01 58.1	Mariana Islands 13.46 N 145.77 E
				H = 00 50 44.2 h = 47 km
				MB = 4.6 MS = 4.1 (NEIS)
				D = 104.7
				LmV C 18s 0.25/um M = 4.8
9.	eP	A	07 35 22.5	Near East Coast of Kamchatka
	LmH	C	08 13.6	55.11 N 162.58 E
	LmV	C	13.6	H = 07 24 01.4 h = 33 km MB=4.7 MS=4.2
				D = 71.87 Az = 341 (NEIS)
				LmH C 16s 0.45/um M = 4.8
				LmV C 16 0.3/um 4.7
9.	eP	A	16 51 51	South Atlantic Ridge 25.07 S 13.59 W
				H = 16 39 46.2 h = 33 km MB = 5.0
				D = 78.62 Az = 16 (NEIS)

Day	Phase		h m s	Remarks
10.	LmH	B	01 19.8	Northeastern China 39.61 N 117.91 E
	LmV	B	26.2	H = 00 41 00.0 h = 45.8 km MB=5.1 (NEIS)
				D = 69.5
				LmH B 18.5s 0.8 μm M = 5.0
				LmV B 14 0.6 μm 5.0
10.	ePg	A	02 39 21	Czechoslovakia 50.1 N 13.9 E
	eSg	A	39 37	H = 02 38 44 h = 0 km
				D = 1.58 Az = 292 (ISC)
10.	eP	A	02 48 23	Southern Sumatra 3.10 S 101.49 E
	e	A	48 41	H = 02 35 14.0 h = 33 km MB=5.4 MS=5.2
	ePP	A	52 02	D = 92.29 Az = 320 (NEIS)
	LmH	B	03 40.6	PV A 1.5s 30.2nm M = 5.5
	LmV	B	56.4	LmH B 20 0.4 μm 4.9
				LmV B 16 0.25 μm 4.8
10.	ePKIKP	A	03 42 46.5	Fiji Islands Region 18.23 S 178.02 W
	ePKHKP	A	42 49.5	H = 03 24 05.4 h = 532.2 km MB=5.1 (NEIS)
				D = 146.8
10.	eP	A	05 49 29	Arabian Sea 11.61 N 57.68 E
	e	A	49 49	H = 05 40 06.8 h = 33 km MB = 5.1 (NEIS)
				D = 54.0
10.	eP	A	23 06 37.5	Mediterranean Sea 35.12 N 22.76 E
				H = 23 02 32.3 h = 33 km MB = 4.2
				D = 17.51 Az = 336 (NEIS)
10.	LmH	B	24 45.6	Ceram 3.19 S 130.53 E
	LmV	B	55.7	H = 23 43 31.9 h = 39 km
				MB = 5.3 MS = 4.6 (NEIS)
				D = 110.5
				LmH B 21s 0.4 μm M = 5.0
				LmV B 20 0.25 μm 4.8
11.	eP	A	20 41 05.5	North Atlantic Ridge 33.92 N 38.97 W
	eS	B	47 24	H = 20 33 30.7 h = 33 km
	eSS	B	50 28	MB = 4.8 MS = 4.5 (NEIS)

Day	Phase		h m s	Remarks
cont. 11.	LmH	B	20 55.2	D = 40.2
	LmV	B	55.2	LmH B 19s 0.6/um M = 4.5
				LmV B 19 1.0/um 4.8
12.	eP	A	08 59 33	Hokkaido, Japan Region 42.35 N 142.07 E
				H = 08 47 46.2 h = 107.8 km MB=5.1 (NEIS)
				D = 77.8
				PV A 1.1s 16.1nm M = 4.7
12.	+iPKP	A	12 36 13	New Hebrides Islands 19.79 S 169.09 E
				H = 12 16 49.2 h = 106.3 km MB=5.0 (NEIS)
				D = 144.5
				PKIKPV A 1.1s 32.2nm
12.	LmH	B	12 42.8	Southern Greece 37.57 N 22.68 E
	LmV	B	42.9	H = 12 39 30.9 h = 9 km (ISC).
				D = 20.3
				LmH B 14s 0.2/um M = 3.7
				LmV B 13 0.3/um 4.0
12.	ePKP	A	15 33 45	Fiji Islands Region 17.98 S 178.69 W
				H = 15 15 06.9 h = 574.0 km MB=4.5 (NEIS)
				D = 146.4
				traces
12.	epPKP	A	19 33 51	South of Fiji Islands 23.05 S 176.23 W
				H = 19 13 49.2 h = 122.8 km MB=4.7 (NEIS)
				D = 151.8
13.	eP	A	00 25 11.5	Pakistan 29.84 N 67.64 E
				H = 00 16 46.2 h = 33 km MB = 4.4
				D = 46.30 Az = 313 (NEIS)
13.	ePKIKP	A	10 28 28	Tonga Islands 18.53 S 174.06 W
	ePKHKP	AB	28 30	H = 10 08 48.0 h = 41 km MB=5.5 MS=5.3
				D = 147.63 Az = 353 (NEIS)
				PKHKPV A 1.8s 155.2nm
				PKHKPV B 8 1.5/um

Day	Phase	h m s	Remarks
13.	ePP A	12 04 34.5	<u>Luzon, Philippine Islands</u>
	eS B	12 05	13.31 N 124.65 E
	ePS B	13 30	H = 11 47 41.4 h = 35 km
	LmH B	42.9	MB = 5.6 MS = 5.3 (NEIS)
	LmV B	47.8	D = 93.8
			PPV A 2.0s 42.7nm M = 5.5
			LmH B 20 2.2 μm 5.6
			LmV B 16 1.3 μm 5.5
13.	eP A	13 48 50	<u>Afghanistan - USSR Border Region</u>
	epP A	49 38	36.43 N 71.29 E
	esP A	50 04.5	H = 13 40 50.3 h = 121 km MB = 5.0
	ePP A	50 38	D = 44.35 Az = 308 (NEIS)
			h = 229 km
			PV A 1.6s 33.0nm M = 4.8
14.	eP A	08 04 47	<u>Philippine Islands Region</u>
	LmH B	52.7	11.01 N 125.95 E
	LmV B	57.2	H = 07 51 21.4 h = 49 km
			MB = 5.1 MS = 4.5 (NEIS)
			D = 96.5
			LmH B 16s 0.5 μm MB = 5.1
			LmV B 16.5 0.5 μm 5.1
14.	ePKP A	08 56 28	<u>Tonga Islands</u> 18.02 S 175.12 E
			H = 08 37 09.8 h = 223 km MB = 5.0
			D = 147.00 Az = 352 (NEIS)
			PKPV A 1.2s 28.4nm
14.	ePKHKP A	18 25 13	<u>Sulawesi (Celebes)</u> 1.11 S 123.82 E
			H = 13 24 36.2 h = 58 km
			D = 155.74 Az = 84 (ISC)
14.	eP A	21 00 31	<u>Eastern Mediterranean Sea</u>
			33.86 N 25.63 E
			H = 20 56 03.1 h = 33 km (NEIS)
			D = 19.7
			PV A 1.0s 15.7nm M = 4.2

Day	Phase		h m s	Remarks
14.	eP	AB	21 50 34	South Atlantic Ridge 14.12 S 14.43 W
	ePP	B	53 06	H = 21 39 35.2 h = 33 km
	eS	B	59 36	MB = 6.0 MS = 5.4 (NEIS)
	eSS	B	22 04 04	D = 66.8
	LmH	B	21.2	PV A 1.8s 210.0nm M = 5.9
	LmV	B	21.3	LmH B 16.5 2.0/um 5.4
				LmV B 16.5 2.6/um 5.6
14.	eP	AB	24 03 37	North Atlantic Ridge 16.53 N 46.61 W
	ePP	B	05 56	H = 23 53 49.9 h = 33 km MB = 5.3 (NEIS)
	eS	B	11 40	D = 57.3
	LmV	B	25.8	PV A 1.2s 24.4nm M = 5.1
	LmH	B	27.4	LmH B 16 0.5/um 4.7
				LmV B 16 0.6/um 4.9
15.	eP	A	00 20 49	South Atlantic Ridge 14.06 S 14.41 W
				H = 00 09 49.0 h = 33 km MB = 4.9
				D = 68.34 Az = 17 (NEIS)
15.	iPg	A	10 54 12	German Demokratic Republic
	eiSg	A	54 27	51.37 N 12.89 E
				yield 11 t (CLL) Explosion
				D c. 1.0
16.	eP	A	02 28 46	Rumania 45.74 N 26.61 E
				H = 02 26 10.3 h = 150.8 km MB = 4.1
				D = 11.14 Az = 302 (NEIS)
16.	ePKP	A	04 37 09	Samoa Islands Region 15.24 S 172.80 W
	LmV	B	05 49.0	H = 04 17 35.7 h = 33 km
	LmH	B	51.8	MB = 5.0 MS = 5.1 (NEIS)
				D = 144.5
				PKPV A 1.6s 22.0nm
				LmV B 18 0.3/um M = 5.1
17.	ePKIKP	AB	02 47 37	Fiji Islands Region 19.88 S 179.10 W
	iPKHKP	AB	47 42	H = 02 29 09.8 h = 690 km MB = 5.7
	ePKP2	A	47 47	D = 148.14 Az = 347 (NEIS)
	epPKP	B	50 12	h c. 665 km

Day	Phase		h m s	Remarks
cont. 17.	esPKP	B	02 51 10	PKIKPV A 2.0s 154.0nm
	eiSS	B	03 09 30	PKHKPV A 1.9 720.0nm
	eSSSS	B	19 15	PKHKPV B 3 1.5/um
				PKP2V A 1.7 334.0nm
17.	eP	A	15 02 48	Mariana Islands 19.04 N 145.69 E
	epP	A	03 16	H = 14 45 09.4 h = 107.7 km MB = 5.6
	LmH	B	42.5	D = 99.72 Az = 332 (NEIS)
	LmV	B	47.2	h = 109 km
17.	eP	A	15 44 58	Greece 38.44 N 20.35 E
				H = 15 41 45.4 h = 59.5 km MB = 4.3
				D = 13.69 Az = 336 (NEIS)
17.	ePKHKP	A	21 00 02.5	Fiji Islands Region 21.01 S 178.74 W
	ePKP2	A	00 09.5	H = 20 41 20.5 h = 607.7 km
				D = 149.31 Az = 347 (NEIS)
				PKHKPV A 1.4s 23.2nm
18.	ePKIKP	A	10 22 48	Fiji Islands Region 20.29 S 177.99 W
	iPKHKP	A	22 53	H = 10 04 08.3 h = 566.6 km MB = 5.0
	iPKP2	A	22 59	D = 148.77 Az = 348 (NEIS)
				PKHKPV A 1.1s 60.5nm
18.	ePn	A	11 55 24	Austria 46.17 N 13.06 E
	ePg	A	55 47	H = 11 54 15.8 h = 33 km MB = 4.7
	iSn	A	56 13	D = 4.58 Az = 348 (NEIS)
	iSg	A	56 36.5	
18.	ePP	A	13 22 32.5	Eastern Mediterranean Sea
				34.99 N 30.45 E
				H = 13 17 38.0 h = 33 km
				D = 20.78 Az = 325 (NEIS)

Day	Phase		h m s	Remarks
18.	eP	A	14 37 43	Western Caucasus 41.97 N 43.98 E
	LmH	B	47.8	H = 14 32 31.2 h = 33 km MB = 4.5
	LmV	B	49.9	D = 23.82 Az = 302 (NEIS)
				LmH B 15s 0.25/um M = 3.8
18.	eP	A	17 03 13	Chile - Bolivia Border Region
	ePP	A	07 15	20.89 S 68.45 W
	eSKS	B	13 44	H = 16 49 40.9 h = 131 km MB = 5.4
	eS	B	14 48	D = 99.83 Az = 40 (NEIS)
	eSP	B	16 05	PPV A 2.0s 51.3nm M = 5.7
	LmH	B	51.0	LmH B 17 0.2/um
	LmV	B	51.0	LmV B 17 0.3/um
18.	eP	A	18 51 16.5	South Atlantic Ridge 13.80 S 14.18 W
				H = 18 40 18.9 h = 33 km MB = 4.7 (NEIS)
				D = 68.0
				PV A 1.5s 20.1nm M = 5.0
18.	eP	A	20 49 45	South Atlantic Ridge 13.72 S 14.61 W
	e	A	49 50	H = 20 38 46.6 h = 33 km MB=5.5 (NEIS)
				D = 68.0
				PV A 1.5s 25.1nm M = 5.1
18.	ePKIKP	AB	22 30 04	Solomon Islands 9.77 S 159.67 E
	ePP	AB	32 24	H = 22 10 49.6 h = 11 km MB=5.6 MS=5.7
	eSKP	B	33 32	D = 131.49 Az = 333 (NEIS)
	eSS	B	49 55	PKIKPV A 1.8s 33.8nm
	LmH	B	23 24.5	PPV A 2.2 65.4nm M = 5.5
	LmV	B	31.9	LmH B 16 2.0/um 5.9
				LmV B 18 1.0/um 5.6
18.	ePKP2	A	22 52 50	South of Fiji Islands 24.21 S 179.06 E
	epPKP	A	55 03	H = 22 33 56.0 h = 542.8 km MB = 5.2
				D = 151.87 Az = 343 (NEIS)
				pPKPV A 1.8s 40.5nm
19.	+iPKP	A	07 41 50	Samoa Islands Region 16.30 S 172.14 W
	e	A	41 54	H = 07 22 13.2 h = 33 km MB = 4.7 (NEIS)
				D = 142.9
				PKPV A 1.3s 35.0nm

Day	Phase		h m s	Remarks
19.	eP	AB	07 45 34	Celebes Sea 4.65 N 124.93 E
	ePP	AB	49 47	H = 07 32 13.8 h = 271 km MB = 5.7
	eSKS	B	55 44	D = 100.90 Az = 323 (NEIS)
	eS	B	56 44	LmH B 16s 0.5 µm
	LmH	B	08 38.2	LmV B 16 0.4 µm
	LmV	B	38.3	
19.	iP	AB	11 58 58	Kurile Islands 47.15 N 151.09 E
	epP	A	59 40	H = 11 47 23.4 h = 149 km MB = 5.6
	ePP	B	12 01 44	D = 76.51 Az = 335 (NEIS)
	ePPPP	B	04 25	h = 175 km
	eS'	B	08 24	PV A 1.6s 198.0nm M = 5.6
	LmH	B	35.0	LmH B 17.5 0.9 µm
	LmV	B	36.2	LmV B 16 0.6 µm
19.	eP	A	18 27 32	North Atlantic Ridge 15.48 N 46.71 W
	LmH	B	48.0	H = 18 17 39.2 h = 33 km
				MB = 5.3 MS = 4.6 (NEIS)
				D = 58.2
				PV A 2.0s 59.9nm M = 5.3
20.	eP	A	02 06 57	Southern Italy 39.25 N 15.82 E
				H = 02 04 11.4 h = 266.7 km MB = 4.2
				D = 11.77 Az = 347 (NEIS)
20.	ePKHKP	AB	20 27 44	Loyalty Islands Region 22.70 S 170.63 E
	LmH	B	21 46.0	H = 20 08 02.1 h = 44.8 km MB=5.2 MS=5.0
	LmV	B	49.9	D = 147.65 Az = 335 (NEIS)
				PKHKPV A 1.8s 54.0nm
				PKHKPV B 8 0.8 µm
				LmH B 16 0.2 µm M = 4.9
				LmV B 16 0.2 µm 4.9
21.	ePKP	A	09 17 22	Tonga Islands 15.76 S 174.76 W
				H = 08 58 21.1 h = 306.4 km MB=4.7 (NEIS)
				D = 145.0
				PKPV A 1.6s 55.0nm

Day	Phase		h m s	Remarks
21.	e	A	19 03 11	Tonga Region 23.72 S 174.81 W
				H = 18 43 00.1 h = 33 km
				D = 152.66 Az = 351 (ISC)
21.	ePKP	A	19 10 32	Loyalty Islands Region 22.05 S 170.05 E
				H = 18 50 50.9 h = 21.7 km MB = 5.0
				D = 146.84 Az = 335 (NEIS)
				PKPV A 1.2s 20.4nm
21.	eP	A	19 17 55	Eastern Mediterranean Sea
	LmH	B	27.2	35.57 N 29.60 E
	LmV	B	28.7	H = 19 13 26.1 h = 46.1 km MB = 4.7 (NEIS)
				D = 19.9
				PV A 1.3s 26.2nm M = 4.3
				LmH B 15 0.4 µm 3.9
				LmV B 16 0.4 µm 4.0
22.	eP	A	07 23 50	Near East Coast of Honshu, Japan
				35.48 N 140.44 E
				H = 07 11 27.5 h = 35.3 km MB=5.1 MS=4.5
				D = 83.12 Az = 330 (NEIS)
				PV A 1.5s 20.1nm M = 4.9
22.	eP	A	09 01 54	Near East Coast of Kamchatka
				53.88 N 160.64 E
				H = 08 50 28.3 h = 33 km MB=5.1 MS=3.9
				D = 72.64 Az = 340 (NEIS)
22.	-iPKIKP	AB	12 28 14.5	Tonga Islands Region 22.88 S 175.90 W
	PKPm	AB	28 38	H = 12 08 33.4 h = 65.4 km MB = 6.8
	iPP	B	32 40	D = 151.67 Az = 350 (NEIS)
	iPPP	B	35 38	PKIKPV A 3.0s 540.0nm
	eiSS	B	51 10	PKPmV A 2.5 11828.0nm
	ePSPS'	B	52 24	PPV B 10 5.3 µm
22.	eP	A	16 02 15.5	Kashmir - India Border Region
				33.15 N 76.01 E
				H = 15 53 27.6 h = 36.3 km MB = 4.8
				D = 49.42 Az = 311 (NEIS)

Day	Phase		h m s	Remarks
22.	LmH	B	20 21.5	<u>Near North Coast of Papua New Guinea</u>
	LmV	B	21.5	3.53 S 145.54 E
				H = 19 08 37.8 h = 33 km MB=5.0 (NEIS)
				D = 119.2
				LmH B 19s 0.5 µm M = 5.1
				LmV B 19 0.6 µm 5.3
23.	ePKHKP	A	09 53 46	<u>Tonga Islands Region</u> 22.27 S 175.90 W
	ePKP2	A	53 54.5	H = 09 34 06.9 h = 128 km MB = 4.6
				D = 151.07 Az = 350 (NEIS)
23.	LmH	B	17 35.6	<u>Near East Coast of Honshu, Japan</u>
	LmV	B	35.7	35.16 N 140.33 E
				H = 16 40 01.1 h = 30 km MB = 4.7 (NEIS)
				D = 83.5
				LmH B 12.5s 0.4 µm M = 5.0
				LmV B 13 0.4 µm 5.0
23.	ePKHKP	A	18 21 12	<u>South of Fiji Islands</u> 22.82 S 176.06 W
	ePKP2	A	21 20.5	H = 18 01 27.5 h = 98 km MB = 4.8
				D = 151.59 Az = 350 (NEIS)
23.	LmH	B	21 04.5	<u>Komandorsky Islands Region</u>
				55.01 N 165.56 E
				H = 20 19 27.9 h = 32.2 km
				MB = 4.9 MS = 4.3 (NEIS)
				D = 72.5
				LmH B 16s 0.25 µm M = 4.6
24.	ePKIKP	A	00 50 06	<u>Tonga Islands Region</u> 22.89 S 175.94 W
	ePKHKP	A	50 13	H = 00 30 20.9 h = 33 km MB=5.5 MS=5.1
	LmV	B	01 56.0	D = 151.67 Az = 350 (NEIS)
	LmH	B	56.2	PKIKPV A 1.8s 27.0nm
				PKHKPV A 1.5 75.4nm
				LmH B 22 0.6 µm M = 5.3
				LmV B 22 0.5 µm 5.2

Day	Phase		h m s	Remarks
24.	eSg	A	05 55 37	Northern Italy 44.51 N 7.38 E H = 05 51 47.4 h = 8 km D = 6.77 Az = 24 (ISC)
24.	eP	A	13 08 56	Tadzhik - Sinkiang Border Region
	LmH	B	28.0	39.47 N 73.01 E
	LmV	B	30.7	H = 13 00 55.1 h = 42.9 km MB = 4.9 D = 43.60 Az = 306 (NEIS) traces LmH B 17s 0.15/um M = 4.0 LmV B 12 0.2/um 4.3
24.	eP	A	16 33 32.5	Southern Sumatra 2.27 S 100.83 E
	epP	A	33 47.5	H = 16 20 30.3 h = 53 km MB = 5.5
	esP	A	33 52.5	D = 91.24 Az = 320 (NEIS)
	e	A	33 57	h = 53 km PV A 1.2s 32.6nm M = 5.6
24.	eP	A	24 05 48	Hindu Kush Region 36.45 N 70.42 E H = 23 58 01.6 h = 209 km MB = 4.7 D = 43.78 Az = 308 (NEIS)
25.	eP	A	06 52 33	Southern Sumatra 4.60 S 102.23 E
	ePP	A	56 17	H = 06 39 18.3 h = 47 km MB=5.5 MS=4.6
	LmH	B	07 41.5	D = 93.92 Az = 320 (NEIS)
	LmV	B	42.0	PV A 1.5s 15.1nm M = 5.2
25.	ePKHKP	A	15 43 23	Fiji Islands Region 21.32 S 179.24 W
	ePKP2	A	43 30.5	H = 15 24 42.9 h = 633 km MB = 5.4
	epPKP	A	45 54	D = 149.51 Az = 346 (NEIS)
	e	A	46 20	PKHKPV A 1.0s 47.2nm
25.	eP	A	18 51 03	South of Honshu, Japan 32.34 N 139.57 E
	e	A	51 22	H = 18 38 22.0 h = 34.3 km MB=5.1 MS=4.3
	LmH	B	19 26.5	D = 85.47 Az = 330 (NEIS)
	LmV	B	35.4	PV A 1.4s 14.0nm M = 5.0 LmH B 20 0.4/um 4.8

Day	Phase		h m s	Remarks
25.	eP	A	22 11 29	Northern Sinkiang Province, China
	LmH	B	35.4	41.98 N 89.80 E
	LmV	B	35.5	H = 22 02 11.5 h = 26 km MB=4.9 MS=3.6
				D = 52.33 Az = 308 (NEIS)
				PV A 1.0s 15.7nm M = 5.0
26.	eP	A	00 22 52.5	Kurile Islands 45.46 N 150.73 E
	LmH	B	01 00.2	H = 00 10 58.2 h = 47.3 km MB=5.2 MS=4.6
	LmV	B	00.4	D = 77.94 Az = 335 (NEIS)
				PV A 1.1s 36.3nm M = 5.3
				LmH B 20 0.5 μm 4.8
				LmV B 20 0.4 μm 4.8
26.	eP	A	02 33 10	Southern Iran 27.53 N 56.08 E
				H = 02 25 29.4 h = 38.6 km MB = 4.8
				D = 40.71 Az = 317 (NEIS)
26.	ePKP2	A	05 54 48	Tonga Islands 21.24 S 174.69 W
				H = 05 34 51.5 h = 33 km MB = 4.8
				D = 150.24 Az = 352 (NEIS)
26.	ePKHKP	A	06 19 10	Tonga Islands Region 22.70 S 175.47 W
				H = 05 59 21.2 h = 51.5 km MB=5.4 MS=5.1
				D = 151.56 Az = 351 (NEIS)
				PKHKPV A 1.4s 23.2nm
26.	LmH	B	10 56.9	Dominican Republic Region
	LmV	B	58.0	19.34 N 69.31 W
				H = 10 15 39.0 h = 35 km
				MB = 4.7 MS = 4.2 (NEIS)
				D = 69.7
				LmH B 19s 0.2 μm M = 4.4
27.	ePn	A	12 35 10	Northern Italy 44.29 N 11.56 E
	ePg	A	35 41	H = 12 33 36.9 h = 33 km (NEIS)
	eSn	A	37 05	D = 6.40
	LmH	B	38.2	LmH B 13s 0.45 μm M = 3.1
	LmV	B	38.2	LmV B 15 0.55 μm

Day	Phase		h m s	Remarks
27.	ePKIKP	A	14 31 37	South of Fiji Islands 24.22 S 176.88 W
	ePKHKP	A	31 45	H = 14 11 46.4 h = 33 km MB=5.2 MS=5.3
	ePKP2	A	31 56	D = 152.81 Az = 348 (NEIS)
	LmV	B	15 50.5	PKIKPV A 1.8s 27.0nm
	LmH	B	51.5	LmH B 18 0.5 /um M = 5.3
				LmV B 18 0.35 /um 5.2
27.	ePKHKP	A	16 09 07.5	South of Fiji 23.4 S 177.1 W
				H = 15 49 15.2
				D = 152.01 Az = 348 (ISC)
27.	ePKP2	A	16 26 48	South of Fiji Islands 24.19 S 176.97 W
				H = 16 06 37.5 h = 32.1 km MB = 5.0
				D = 152.77 Az = 348 (NEIS)
				PKP2V A 1.7s 30.3nm
27.	eP	A	22 58 07	Dodecanese Islands 35.72 N 27.30 E
				H = 22 53 44.4 h = 33 km MB = 4.2
				D = 18.74 Az = 328 (NEIS)
				PV A 1.4s 14.0nm M = 4.0
27.	eP	A	23 39 01	North Atlantic Ridge 10.63 N 42.87 W
	LmH	B	24 02.5	H = 23 28 55.8 h = 33 km MB=4.8 MS=4.2
	LmV	B	02.5	D = 59.68 Az = 37 (NEIS)
				LmH B 19s 0.35 /um M = 4.5
				LmV B 19 0.3 /um 4.5
28.	ePKP2	A	01 43 23	Tonga Islands 21.00 S 175.24 W
				H = 01 23 39.7 h = 68.4 km MB = 5.2
				D = 149.92 Az = 351 (NEIS)
				PKP2V A 1.4s 46.5nm
28.	LmH	B	03 32.2	Kyushu, Japan 32.80 N 130.75 E
	LmV	B	40.2	H = 02 46 41.8 h = 17.9 km
				MB = 4.7 MS = 4.2 (NEIS)
				D = 81.1
				LmH B 18s 0.8 /um M = 5.1
				LmV B 12 0.4 /um 5.0

Day	Phase		h m s	Remarks
28.	eP	A	03 52 35.5	Southern Iran 27.61 N 56.15 E
				H = 03 44 55.1 h = 46.4 km MB = 4.9
				D = 40.69 Az = 317 (NEIS)
28.	eP	A	05 57 54.5	Jan Mayen Island Region 72.01 N 2.10 W
				H = 05 52 54.8 h = 33 km MB = 4.3
				D = 22.31 Az = 157 (NEIS)
				PV A 1.4s 25.6nm M = 4.5
28.	ePKHKP	A	06 03 07.5	Tonga Islands Region 23.51 S 175.29 W
	ePKP2	A	03 17	H = 05 43 12.5 h = 47 km MB = 4.7
				D = 152.38 Az = 350 (NEIS)
28.	-iP	AB	07 15 36	Sicily 38.63 N 14.71 E
	eS	B	17 48	H = 07 12 49.3 h = 261.4 km MB = 5.3
	LmH	B	18.9	D = 12.21 Az = 351 (NEIS)
	LmV	B	19.7	PV A 0.9s 226.0nm M = 5.4
				LmH B 7 3.5 µm
				LmV B 6 1.2 µm
28.	eP	AB	15 47 45	North Atlantic Ridge 22.56 N 45.12 W
	ePP	B	49 45	H = 15 38 37.0 h = 33 km MB=5.3 MS=5.6
	ePPP	B	50 48	D = 51.91 Az = 43 (NEIS)
	eS	B	55 08	PV A 1.0s 27.6nm M = 5.2
	LmH	B	16 05.5	PV B 4.5 0.7 µm 5.9
	LmV	B	06.4	LmH B 20 2.7 µm 5.3
				LmV B 18 1.6 µm 5.1
28.	eP	A	16 27 21.5	North Atlantic Ridge 22.65 N 45.14 W
	Pm	B	27 48	H = 16 18 15.2 h = 33 km MB=5.5 MS=5.7
	ePP	B	29 20	D = 51.85 Az = 43 (NEIS)
	ePPP	B	30 20	PV A 1.7s 97.0nm M = 5.5
	eS	B	34 48	PmV B 10 1.1 µm 5.7
	LmH	B	45.1	LmH B 20 4.1 µm 5.5
	LmV	B	46.2	LmV B 18 2.8 µm 5.4
28.	eP	A	19 05 55	North Atlantic Ridge 22.54 N 45.11 W
				H = 18 56 47.6 h = 33 km MB = 4.6 (NEIS)
				D = 51.9

Day	Phase		h m s	Remarks
28.	eP	A	19 27 42	North Atlantic Ridge 22.62 N 45.11 W
	Pm	B	28 00	H = 19 18 35.8 h = 33 km MB=5.8 MS=6.0
	ePP	B	29 48	D = 51.86 Az = 43 (NEIS)
	eS	B	35 08	PV A 1.9s 356.0nm M = 6.0
	LmH	B	45.6	PmV B 10 1.7 µm 5.9
	LmV	B	46.6	PPV B 9 1.2 µm 5.9
				LmH B 20 6.3 µm 5.7
				LmV B 18 5.1 µm 5.7
28.	eP	A	19 44 09	North Atlantic Ridge 22.57 N 45.11 W
				H = 19 36 01.9 h = 33 km MB = 4.9
				D = 51.90 Az = 43 (NEIS)
				PV A 1.6s 38.5nm M = 4.9
28.	ePKIKP	A	21 47 31	Tonga Islands 16.8 S 173.18 W
	epPKIKP	A	47 56	H = 21 27 58.7 h = 74 km
				D = 146.03 Az = 355 (ISC)
				h = 88 km
28.	eP	A	22 16 47	Molucca Sea 0.06 S 125.06 E
	ePP	A	21 09	H = 22 02 42.5 h = 33 km MB=5.6 MS=4.8
				D = 104.72 Az = 323 (NEIS)
				PV A 1.2s 16.3nm M = 5.8
29.	+iP	A	03 14 49	Eastern Kazakh SSR 50.03 N 78.23 E
	ePn	A	16 20.5	H = 03 06 58.0 h = 0 km MB=5.3 MS=5.2
				D = 41.61 Az = 298 (NEIS)
				Underground explosion (UPP)
				PV A 0.8s 46.1nm M = 5.3
29.	ePKHKP	AB	03 31 32	Tonga Islands Region 23.16 S 175.20 W
	ePKP2	A	31 44	H = 03 11 39.8 h = 38 km MB=5.2 MS=5.2
	LmH	B	04 47.0	D = 152.06 Az = 351 (NEIS)
				LmH B 18s 0.45 µm M = 5.2
29.	ePKIKP	A	07 42 56	Banda Sea 7.60 S 127.65 E
	ePP	A	43 48	H = 07 24 24.8 h = 58.5 km MB = 6.0
	ePKKP	A	53 49	D = 112.23 Az = 322 (NEIS)
				PPV A 2.5s 153.6nm M = 6.1

Day	Phase	h m s	Remarks
29.	eP A	13 09 39.5	Mid-Indian Rise 14.69 S 66.53 E H = 12 57 27.3 h = 33 km MB = 5.2 D = 80.80 Az = 328 (NEIS) PV A 1.4s 41.8nm M = 5.2
29.	ePKP2 A	19 50 42	Tonga Islands Region 23.45 S 175.27 W H = 19 30 36.4 h = 33 km MB = 4.7 D = 152.33 Az = 351 (NEIS) PKP2V A 1.3s 13.1nm
29.	ePKHKP A	21 45 06	Tonga Islands Region 22.56 S 175.35 W H = 21 25 13.7 h = 33 km MB = 4.9 D = 151.44 Az = 351 (NEIS) PKHKPV A 1.3s 17.5nm
30.	eP A	00 25 52	Mindanao, Philippine Islands 9.87 N 125.83 E H = 00 12 20.3 h = 33 km MB = 5.2 D = 97.23 Az = 324 (NEIS)
30.	eP A	03 03 03	Bonin Islands Region 27.69 N 139.56 E H = 02 50 55.0 h = 465.4 km MB = 4.8 D = 89.64 Az = 330 (NEIS)
30.	ePKHKP A ePKP2 A	03 04 17.5 04 26.5	Tonga Islands Region 22.88 S 175.89 W H = 02 44 23.0 h = 33 km MB = 4.7 (NEIS) D = 151.8
30.	ePKHKP A	03 34 05	Tonga Islands Region 23.78 S 175.60 W H = 03 14 09.4 h = 33 km MB = 4.8 D = 152.60 Az = 350 (NEIS) PKHKPV A 1.4s 14.0nm
30.	eP A	08 28 10	Mid-Indian Rise 14.63 S 66.52 E H = 08 15 58.2 h = 33 km MB = 5.1 D = 80.75 Az = 328 (NEIS)

Day	Phase		h m s	Remarks
30.	ePKP	A	09 11 03	Tonga Islands 17.44 S 173.52 W H = 08 51 26.1 h = 68 km MB = 5.3 D = 146.62 Az = 354 (NEIS)
30.	ePn	A	16 07 23	Northern Italy 44.4 N 10.4 E
	eSn	A	07 48.5	H = 16 05 45 h = 0 km
	eSg	A	08 13	D = 6.33 Az = 7 (ISC)
30.	eP	A	19 31 30	Sicily 38.57 N 11.98 E
	LmH	B	37.2	H = 19 28 37.2 h = 33 km MB = 4.6 (NEIS)
	LmV	B	38.3	D = 12.1 LmH B 11s 0.6 µm M = 3.9 LmV B 8.5 0.6 µm
30.	eP	A	19 37 13	Sicily 38.2 N 11.77 E H = 19 34 12 h = 0 km D = 12.46 Az = 359 (ISC)
30.	LmH	B	23 11.4	Off East Coast of Honshu, Japan
	LmV	B	16.5	40.69 N 143.55 E H = 22 25 47.6 h = 20.1 km MB = 5.0 D = 79.79 Az = 331 (NEIS) LmH B 18s 0.3 µm M = 4.7

Day	Phase		h m s	Remarks
1.	eP	A	10 00 05	Northern Sumatra 1.97 N 98.06 E H = 09 47 29.7 h = 70.2 km MB = 5.0 D = 86.23 Az = 320 (NEIS)
1.	ePKP	A	12 26 47	Tonga Islands 16.83 S 173.62 W H = 12 07 10.1 h = 50 km MB = 5.0 (NEIS) D = 146.0 PKPV A 1.4s 16.3nm
1.	eP	A	14 51 56	Afghanistan - USSR Border Region
	epP	A	52 49	36.41 N 71.11 E H = 14 44 10.3 h = 257.0 km MB = 4.7 D = 44.24 Az = 308 (NEIS) h = 260 km PV A 1.4s 41.9nm M = 4.6
1.	eP	A	15 44 37	Kurile Islands 45.62 N 151.53 E
	e	A	44 48.5	H = 15 32 41.2 h = 35.7 km MB=5.0 MS=4.5
	LmH	B	16 18.6	D = 78.03 Az = 335 (NEIS)
	LmV	B	21.5	PV A 0.8s 19.2nm M = 5.2 LmH B 17 0.8/um 5.1 LmV B 17 0.3/um 4.7
1.	eP	A	18 35 48	Iceland 64.60 N 17.85 W
	LmH	B	44.9	H = 18 31 03.6 h = 5.7 km MB = 4.6
	LmV	B	46.3	D = 20.80 Az = 118 (NEIS) PV A 1.3s 10.9nm M = 4.0 LmH B 17 0.4/um 3.9 LmV B 14 0.5/um 4.2
1.	eP	A	21 54 34.5	Eastern Caucasus 43.00 N 45.46 E H = 21 49 19.9 h = 53.1 km MB = 4.8 (NEIS) D = 24.2
2.	e	A	01 14 36	Solomon Islands 9.95 S 160.54 E
	e	A	15 20	H = 00 55 09.0 h = 16.2 km MB=5.7 MS=5.8
	e	A	16 38	D = 132.04 Az = 334 (NEIS)
	ePP	B	16 44	LmH B 17.5s 1.7/um M = 5.8
	ePKS	B	17 48	LmV B 20 1.6/um 5.7

Day	Phase		h m s	Remarks
cont. 2.	LmH	B	02 08.0	
	LmV	B	13.0	
2.	LmH	B	06 10.2	Northern Chile 25.87 S 70.79 W
	LmV	B	12.8	H = 05 09 05.6 h = 32
				MB = 5.4 MS = 5.0 (NEIS)
				D = 105.0
				LmH B 20s 0.5 µm M = 5.1
				LmV B 18 0.7 µm 5.3
2.	LmH	B	11 37.0	Solomon Islands 10.09 S 160.40 E
	LmV	B	37.0	H = 10 17 31.0 h = 16 km
				MB = 4.9 MS = 4.8 (NEIS)
				D = 132.1
				LmH B 20s 0.25 µm M = 4.9
				LmV B 20 0.25 µm 4.9
2.	eP	A	16 02 12	Near East Coast of Kamchatka
	epP	A	02 23	53.20 N 160.05 E
				H = 15 50 44.7 h = 55 km MB = 4.7
				D = 73.16 Az = 340 (NEIS)
				h = 42 km
2.	eP	A	22 06 21	Turkey 36.05 N 30.92 E
				H = 22 01 50.1 h = 65.8 km MB = 4.5
				D = 20.16 Az = 322 (NEIS)
				PV A 0.8s 11.5nm M = 4.2
3.	eP	A	06 46 59	Southern Iran 25.18 N 60.90 E
				H = 06 38 41.4 h = 33 km MB = 4.6
				D = 45.37 Az = 317 (NEIS)
3.	ePg	A	10 30 29	Northern Italy 44.99 N 10.94 E
				H = 10 28 38.7 h = 33 km
				D = 5.68 Az = 4 (NEIS)
3.	iPn	A	11 46 04	Austria 46.18 N 13.09 E
	iPg	A	46 23.5	H = 11 44 56.6 h = 33 km

Day	Phase		h m s	Remarks
cont. 3.	iSn	A	11 46 53.5	D = 4.58 Az = 348 (NEIS)
	iSg	A	47 17	
3.	ePn	A	12 15 14	France 44.77 N 6.67 E
	ePg	A	15 37	H = 12 13 27.5 h = 33 km MB = 4.7
	e	A	15 42	D = 6.76 Az = 28 (NEIS)
	e	A	16 23	LmH B 8s 0.35/um M = 3.3
	eSg	A	17 13	LmV B 7 0.5/um
	LmH	B	17.4	
	LmV	B	17.8	
3.	eP	A	13 07 33.5	Fox Islands, Aleutian Is.
	LmH	B	47.8	52.52 N 167.48 W
	LmV	B	48.0	H = 12 55 41.4 h = 33 km MB=5.0 MS=4.6
				D = 77.20 Az = 1 (NEIS)
				PV A 1.3s 30.6nm M = 5.2
				LmH B 16 0.4/um 4.8
				LmV B 16 0.25/um 4.7
3.	eP	A	14 53 15	Molucca Passage 1.44 N 126.44 E
	e	A	53 20	H = 14 39 14.1 h = 51 km MB = 5.9
	eX	A	53 23.5	D = 104.36 Az = 323 (NEIS)
	e	A	53 50.5	XV A 1.9s 45.5nm
	ePP	B	57 36	LmH B 25 4.6/um M = 5.9
	iSKS	B	15 03 52	LmV B 18 2.5/um 5.8
	eS	B	04 52	
	ePS	B	06 22	
	LmH	B	37.6	
	LmV	B	45.7	
3.	eSn	A	16 12 33	France 44.11 N 6.54 E
				H = 16 09 21.6 h = 33 km
				D = 7.39 Az = 26 (NEIS)
3.	eP	A	17 41 42	Fox Islands, Aleutian Is.
				52.62 N 167.48 W
				H = 17 29 49.3 h = 33 km MB=4.7 MS=4.5
				D = 77.11 Az = 1 (NEIS)
				PV A 1.4s 18.6nm M = 4.9

Day	Phase		h m s	Remarks
4.	eP	A	02 13 18.5	North Atlantic Ocean 57.45 N 32.99 W
	LmH	B	24.1	H = 02 07 41.9 h = 33 km MB = 4.3
	LmV	B	24.3	D = 26.65 Az = 85 (NEIS)
				LmH B 15s 0.5/um M = 4.2
				LmV B 15 0.7/um 4.4
4.	ePKHKP	A	06 00 04	Fiji Islands Region 20.12 S 178.75 W
				H = 05 41 25.6 h = 631.1 km MB = 4.4
				D = 148.46 Az = 347 (NEIS)
4.	ePKIKP	A	07 33 51	Fiji Islands Region 18.11 S 178.21 W
	ePKHKP	A	33 53	H = 07 15 02.7 h = 464.3 km MB = 5.0
				D = 146.60 Az = 349 (NEIS)
				PKHKPV A 1.4s 14.0nm
4.	ePKIKP	A	08 52 08.5	Easter Island Cordillera 52.94 S 118.51 W
	LmV	B	09 51.6	H = 08 32 21.2 h = 33 km MB=5.3 MS=5.3
	LmH	B	52.2	D = 149.56 Az = 74 (NEIS)
				PKIKPV A 2.0s 51.3nm
				LmH B 20 0.6/um M = 5.4
				LmV B 20 0.7/um 5.4
4.	eP	A	16 44 30.5	Sea of Okhotsk 48.08 N 146.52 E
				H = 16 33 39.9 h = 456.7 km MB = 4.6
				D = 74.30 Az = 332 (NEIS)
				PV A 1.2s 14.2nm M = 4.4
4.	eP	A	21 09 59	Tadzhik SSR 37.36 N 72.05 E
	e	A	10 44	H = 21 01 57.5 h = 145.6 km MB = 5.0
				D = 44.25 Az = 307 (NEIS)
4.	LmH	B	22 41.8	Off Coast of Northern California
	LmV	B	44.3	40.32 N 126.73 W
				H = 21 52 06.1 h = 15 km MB=5.1 MS=4.3
				D = 82.34 Az = 25 (NEIS)
				LmH B 20s 0.7/um M = 5.0
				LmV B 16 0.4/um 4.9

Day	Phase		h m s	Remarks
5.	eP	A	16 12 46	Ryukyu Islands 28.81 N 130.14 E
	LmH	B	54.2	H = 16 00 16.9 h = 31.2 km MB=5.2 MS=4.1
	LmV	B	58.5	D = 84.10 Az = 326 (NEIS)
				PV A 1.3s 19.6nm M = 5.1
				LmH B 18 0.35/um 5.2
6.	eP	A	00 32 21	Iceland Region 63.53 N 23.5 W
	LmH	B	41.4	H = 00 27 22.0 h = 33 km
	LmV	B	43.8	D = 22.65 Az = 108 (ISC)
				LmH B 16s 0.30/um M = 3.8
				LmV B 12 0.35/um 4.1
6.	ePn	A	03 30 17	Svabian Jura Region Fed. Rep. of Germany
	e	A	30 24	48.33 N 9.09 E
	ePg	A	30 26	H = 03 29 33.0 h = 33 km
	eSn	A	30 51	D = 2.84 Az = 34 (NEIS)
	eSg	A	31 02	
6.	eP	A	04 55 17	South of Panama 5.28 N 82.65 W
	ePP	B	58(45)	H = 04 42 23.6 h = 33 km MB=5.4 MS=5.5
	eS	B	05 05 45	D = 88.67 Az = 39 (NEIS)
	eSS	B	12 00	PV A 1.5s 30.2nm M = 5.4
	LmH	B	27.6	PV B 5 0.55/um 6.1
	LmV	B	27.6	LmH B 22.5 2.6/um 5.6
				LmV B 24 1.0/um 5.2
6.	eP	A	08 58 34	Lake Tanganyika Region 6.18 S 29.54 E
	e	A	58 44	H = 08 48 38.2 h = 33 km MB = 5.1
	ePPP	B	02 20	D = 58.68 Az = 347 (NEIS)
	eS	B	06 40	PV A 1.5s 32.6nm M = 5.2
	LmV	B	29.6	LmH B 13 1.0/um 5.1
	LmH	B	29.8	LmV B 13 0.9/um 5.1
6.	-iPKIKP	AB	11 47 09.5	Fiji Islands Region 21.07 S 178.57 W
	iPKHKP	A	47 15	H = 11 28 31.5 h = 594.4 km MB = 5.8
	iPKP2	A	47 21.5	D = 149.41 Az = 347 (NEIS)
	epPKP	B	49 27	h = 610 km
	esPKP	B	50 27	PKIKPV A 1.8s 94.5nm
	ePP	B	50 48	PKHKPV A 1.0 354.0nm

Day	Phase		h m s	Remarks
cont. 6.	esPP	B	11 53 52	PKP2V A 1.4s 237.0nm
7.	ePn	A	08 41 35.5	Friuli, Italy 46°31.2'N 13°17.5'E
	eSg	A	42 47.5	H = 08 40 25.8 h = 14 km (TRI)
				D = 4.28
7.	eP	A	09 08 37	Iceland 64.75 N 17.18 W
				H = 09 03 55.0 h = 10 km MB = 3.9
				D = 20.62 Az = 119 (NEIS)
7.	ePKP	A	10 16 59.5	Tonga Islands 17.10 S 174.37 W
				H = 09 57 35.4 h = 152.6 km MB = 5.1
				D = 146.19 Az = 353 (NEIS)
				PKPV A 1.6s 24.7nm
7.	LmV	B	16 15.2	Easter Island Cordillera 34.99 S 107.8 W
	LmH	B	16.7	H = 15 03 39.3 h = 33 km MB = 5.2' (ISC)
				D = 134.1
				LmH B 20s 0.35 µm M = 5.0
				LmV B 20 0.35 µm 5.0
8.	eP	A	05 33 16	Afghanistan - USSR Border Region
				36.62 N 71.15 E
				H = 05 25 27.4 h = 212.1 km MB = 4.9
				D = 44.14 Az = 308 (NEIS)
				PV A 1.6s 71.5nm M = 4.9
8.	eP	A	06 31 21.5	Ethiopia 10.94 N 39.63 E
	e	A	31 24	H = 06 23 02.4 h = 37.6 km MB = 5.0
	LmH	B	51.6	D = 45.78 Az = 335 (NEIS)
	LmV	B	53.9	PV A 1.3s 35.0nm M = 5.1
				LmH B 18.5 0.5 µm 4.5
				LmV B 17 0.4 µm 4.6
8.	ePKIKP	A	09 06 52	Solomon Islands 5.81 S 154.58 E
	ePP	A	08 45	H = 08 48 04.7 h = 127 km MB = 5.8
				D = 125.67 Az = 332 (NEIS)
				PPV A 1.3s 35.0nm M = 5.2

Day	Phase	h m s	Remarks
8.	e(PKHKP) A	09 47 21.5	South of Fiji Islands 22.33 S 176.67 W
			H = 09 27 56.8 h = 269.3 km MB = 4.3
			D = 151.0 Az = 349 (NEIS)
8.	eP A	18 11 52	Southwestern Ryukyu Islands
	epP A	12 04	23.92 N 123.54 E
	LmV B	54.5	H = 17 59 23.0 h = 53.5 km MB=5.3 MS=4.2
	LmH B	54.6	D = 84.65 Az = 324 (NEIS)
			h = 43 km
			PV A 1.3s 13.1nm M = 4.9
			LmH B 20 0.25/um 4.6
			LmV B 18 0.25/um 4.6
8.	eP A	20 10 31.5	Southern Alaska 61.17 N 150.86 W
	epP A	10 52	H = 19 59 39.9 h = 71.9 km MB = 4.7
			D = 67.65 Az = 12 (NEIS)
			h = 82 km
8.	LmH B	23 00.1	East China Sea 28.80 N 127.79 E
	LmV B	07.5	H = 22 13 15.1 h = 33 km MB = 5.0 (NEIS)
			D = 82.9
			LmH B 18s 3.7/um M = 5.8
			LmV B 14.5 4.0/um 6.0
9.	eP A	10 28 29	Crete 35.22 N 23.54 E
	e A	28 32	H = 10 24 26.5 h = 73.5 km MB = 4.2
	LmH B	35.9	D = 17.68 Az = 334 (NEIS)
	LmV B	36.8	LmH B 11s 0.3/um M = 3.8
			LmV B 11 0.2/um 3.8
9.	LmH B	15 41.0	East China Sea 28.78 N 127.78 E
	LmV B	48.2	H = 14 54 05.7 h = 31.4 km
			MB = 5.2 MS = 4.0 (NEIS)
			D = 82.9
			LmH B 18.5s 2.6/um M = 5.6
			LmV B 15 2.4/um 5.7

Day	Phase		h m s	Remarks
9.	ePKIKP	A	17 03 55.5	Tonga Islands Region 22.46 S 175.10 W
	ePKHKP	A	04 01.5	H = 16 44 09.4 h = 33 km MB=5.5 MS=4.9
	ePKP2	A	04 09.5	D = 151.38 Az = 351 (NEIS)
	ePKP	A	04 13	PKHKPV A 2.0s 102.5nm
	LmH	B	18 12.5	LmH B 20 0.3/um M = 5.0
	LmV	B	16.5	LmV B 18 0.3/um 5.1
9.	LmH	B	21 06.8	Northeastern China 40.15 N 118.83 E
	LmV	B	12.9	H = 20 27 52.4 h = 33 km MB = 4.9 (NEIS)
				D = 69.4
				LmH B 18s 1.8/um M = 5.4
				LmV B 13 0.8/um 5.2
10.	LmH	B	01 17.2	Atlantic-Indian Rise 37.93 S 49.68 E
	LmV	B	17.5	H = 00 15 58.8 h = 33 km MB=5.4 MS=4.6
				D = 94.34 Az = 337 (NEIS)
				LmH B 18s 0.35/um M = 4.9
				LmV B 18 0.35/um 4.9
10.	ePKIKP	A	02 00 56.5	South Sandwich Islands Region
	e	B	02 14	56.12 S 27.56 W
	eSP	B	11 00	H = 01 42 36.5 h = 122.1 km MB = 6.1
	e	B	11 48	D = 111.25 Az = 26 (NEIS)
	eSS	B	17 10	LmH B 18.5s 0.7/um
	LmH	B	44.6	LmV B 20 0.7/um
	LmV	B	44.7	
10.	ePKIKP	AB	02 56 47.5	New Hebrides Islands 19.13 S 168.41 E
	eX	A	56 51.5	H = 02 37 14.6 h = 11.9 km MB=5.5 MS=5.5
	LmV	B	04 04.7	D = 143.55 Az = 335 (NEIS)
	LmH	B	04.8	PKIKPV A 1.2s 18.3nm
				XV A 1.5 70.4nm
				LmH B 19 0.8/um M = 5.4
				LmV B 19 0.9/um 5.5
10.	ePKHKP	A	04 39 11	Fiji Islands Region 21.82 S 179.29 W
	ePKP2	A	41 38.5	H = 04 20 25.5 h = 581.5 km MB = 5.3
				D = 149.98 Az = 346 (NEIS)
				PKHKPV A 1.2s 20.3nm

Day	Phase		h m s	Remarks
10.	ePKIKP	A	05 30 18.5	<u>Fiji Islands Region</u> 21.92 S 179.25 W
	ePKHKP	A	30 26	H = 05 11 40.8 h = 607.0 km MB = 5.4
	ePKP2	A	30 34	D = 150.09 Az = 346 (NEIS)
	epPKHKP	A	32 47.5	h = 642 km
	LmH	B	06 45.0	PKIKPV A 1.6s 19.2nm
	LmV	B	46.9	PKHKPV A 1.6 76.9nm
				PKP2V A 1.6 38.4nm
				LmH B 20 0.6/um
				LmV B 20 0.4/um
10.	ePKHKP	A	09 18 03.5	<u>Fiji Islands Region</u> 20.82 S 178.81 W
	ePKP2	A	18 10	H = 08 59 18.7 h = 576.9 km MB = 4.[illegible]
				D = 149.12 Az = 347 (NEIS)
11.	ePKIKP	A	05 04 36	<u>Tonga Islands Region</u> 23.18 S 175.62 W
	ePKHKP	A	04 44	H = 04 44 50.5 h = 41.5 km MB=4.6 MS=5.1
				D = 152.01 Az = 350 (NEIS)
				PKIKPV A traces
11.	eP	A	09 50 29	<u>Rat Islands, Aleutian Is.</u>
	eS	B	10 00 32	51.41 N 176.31 E
	LmH	B	27.1	H = 09 38 32.4 h = 12.7 km
	LmV	B	34.6	MB = 5.1 MS = 4.8 (NEIS)
				D = 77.6
				PV A 1.2s 20.3nm M = 5.1
				LmH B 18 0.8/um 5.1
				LmV B 16 0.6/um 5.1
11.	eP	A	12 47 34	<u>Kurile Islands</u> 48.03 N 155.75 E
	e	A	47 41	H = 12 35 42.1 h = 33 km
	LmH	B	13 25.2	MB = 5.0 MS = 4.7 (NEIS)
	LmV	B	25.4	D = 77.1
				PV A 1.5s 22.6nm M = 5.0
				LmH B 17.5 0.5/um 4.9
				LmV B 20 0.7/um 5.0
11.	LmH	B	17 05.5	<u>Solomon Islands</u> 8.87 S 157.46 E
	LmV	B	15.5	H = 15 56 08.6 h = 59 km MB = 5.1 (NEIS)
				D = 129.8

Day	Phase		h m s	Remarks
11.	ePKP	A	19 30 23	New Hebrides Region 19.15 S 168.46 E
				H = 19 10 51.2 h = 20.4 km MB = 5.3 (NEIS)
				D = 143.6
				PKPV A 1.5s 15.1nm
11.	LmH	B	23 40.5	West Irian Region 0.51 N 134.96 E
	LmV	B	48.3	H = 22 39 52.2 h = 33 km
				MB = 5.6 MS = 4.9 (NEIS)
				D = 110.9
				LmH B 19s 1.1 μm M = 5.5
				LmV B 20 0.9 μm 5.4
12.	eP	A	13 36 56	Dodecanese Islands 36.62 N 26.97 E
				H = 13 32 56.5 h = 157 km MB = 4.4
				D = 17.84 Az = 327 (ISC)
				PV A 1.8s 23.6nm M = 4.2
13.	eP	AB	08 17 42	Pakistan 29.88 N 67.45 E
	eS	B	24 32	H = 08 09 15.7 h = 9.7 km
	eSS	B	28 08	MB = 5.1 MS = 5.5 (NEIS)
	LmH	B	41.5	D = 46.2
	LmV	B	44.9	PV A 2.3s 183.0nm M = 5.6
				PV B 2.5 0.4 μm 5.9
				LmH B 16 4.5 μm 5.5
				LmV B 13 2.2 μm 5.4
13.	ePKP2	A	14 25 49	Tonga Islands Region 23.24 S 175.31 W
	LmH	B	15 45.0	H = 14 06 00.0 h = 63 km
	LmV	B	45.0	MB = 5.0 MS = 5.0 (NEIS)
				D = 152.1
				LmH B 18s 0.2 μm
				LmV B 18 0.25 μm
13.	iPg	A	14 50 16.0	Taucha, German Democrat. Rep. (CLL)
	i	A	50 28.5	D c. 1.0
	iSg	A	50 30.5	

Day	Phase		h m s	Remarks
14.	eP	A	00 43 17	Dodecanese Islands 36.22 N 27.71 E
	LmH	B	51.3	H = 00 39 01.4 h = 33 km MB = 4.1 (NEIS)
	LmV	B	51.4	D = 18.5
				LmH B 10s 0.4 µm M = 4.0
				LmV B 10 0.3 µm 4.0
14.	+iP	AB	05 56 18.5	Uzbek SSR 40.32 N 63.68 E
	ePP	AB	57 39	H = 05 49 08.7 h = 33 km
	eS	B	06 02 05	MB = 5.5 MS = 5.4 (NEIS)
	LmH	B	13.9	D = 37.2
	LmV	B	15.6	PV A 1.5s 95.5nm M = 5.5
				PPV A 1.7 78.8nm 5.4
				LmH B 14 4.0 µm 5.4
				LmV B 15 3.0 µm 5.3
14.	eP	A	07 20 15	Iceland 64.47 N 17.49 W
	LmH	B	29.2	H = 07 15 37.2 h = 33 km MB = 4.7 (NEIS)
	LmV	B	30.2	D = 20.7
				PV A 1.6s 68.7nm M = 4.8
				LmH B 16 0.8 µm 4.2
				LmV B 18 0.4 µm 4.0
14.	eP	A	15 31 28	Southern Iran 26.97 N 53.50 E
				H = 15 23 57.3 h = 33 km MB = 4.3 (NEIS)
				D = 39.5
				traces
14.	LmH	B	21 15.0	Northeastern China 39.77 N 118.26 E
	LmV	B	16.2	H = 20 36 14.8 h = 33 km MB = 4.7 (NEIS)
				D = 69.5
				LmH B 19.5s 1.6 µm M = 5.3
				LmV B 16 0.5 µm 4.9
15.	eP	A	01 48 04	Kazakh - Sinkiang Border Region
				48.56 N 86.81 E
				H = 01 39 35.8 h = 33 km (NEIS)
				D = 46.7

Day	Phase		h m s	Remarks
15.	eP	AB	02 25 22	<u>Taiwan Region</u> 24.05 N 122.21 E
	eSKS	B	35 42	H = 02 12 54.4 h = 33.4 km
	eS	B	35 56	MB = 5.5 MS = 5.7 (NEIS)
	LmH	B	03 07.0	D = 83.8
	LmV	B	07.1	PV A 1.8s 101.2nm M = 5.7
				LmH B 16 5.0 µm 6.0
				LmV B 17 6.9 µm 6.1
15.	LmV	B	06 02.4	<u>Easter Island Region</u> 29.39 S 112.30 W
	LmH	B	03.8	H = 04 46 08.7 h = 33 km
				MB = 5.2 MS = 5.6 (NEIS)
				D = 133.4
				LmH B 17s 0.6 µm M = 5.3
				LmV B 18 0.7 µm 5.4
15.	ePg	A	09 05 20.5	<u>Northern Italy</u> (BAF)
	eSg	A	06 15	D c. 4.1
15.	ePKHKP	A	24 06 31	<u>South of Fiji Islands</u> 22.06 S 176.35 W
				H = 23 46 40.2 h = 54 km MB = 4.9
16.	ePKP	A	11 36 11	<u>Tonga Islands Region</u> 18.66 S 172.78 W
	e	A	36 21	H = 11 16 29.4 h = 50.5 km
				MB = 4.9 MS = 4.6 (NEIS)
				D = 148.0
16.	-iPn	AB	13 14 43	<u>Yugoslavia</u> 46.29 N 14.29 E
	iPg	A	15 00	H = 13 13 29.6 h = 6.3 km MB = 4.6 (NEIS)
	iSn	A	15 35	D = 4.7
	iSg	A	15 59	PnV A 0.8s 269.0nm
	LmH	B	16.2	LmH B 7 6.2 µm M = 5.2
	LmV	B	16.2	
16.	ePKIKP	A	23 58 12	<u>Kermadec Islands Region</u>
	ePKHKP	A	58 19	27.46 S 176.72 W
	ePKP2	A	58 38	H = 23 38 21.4 h = 33 km MB=5.5 MS=4.6
	LmH	B	25 08.0	D = 156.0 (NEIS)
	LmV	B	08.0	PKIKPV A traces

Day	Phase		h m s	Remarks
17.	eP	A	09 05 43	Turkey 38.64 N 39.85 E H = 09 00 33.1 h = 33 km MB = 4.3 D = 23.25 Az = 310 (NEIS) traces
17.	eP	A	09 28 13	Svalbard Region 77.86 N 18.33 E H = 09 22 24.5 h = 10 km MB = 4.5 (NEIS) D = 27.4
17.	ePKP2	A	10 47 06	Balleny Islands Region 62.89 S 168.22 E
	LmV	B	12 06.5	H = 10 26 19.0 h = 33 km
	LmH	B	09.7	MB = 5.6 MS = 5.2 (NEIS) D = 162.4 PKP2V A 2.5s 122.9nm LmH B 17.5 0.5/um M = 5.3 LmV B 20 0.8/um 5.5
17.	LmH	B	22 43.5	LmV B 18s 0.3/um
	LmV	B	43.5	
18.	e	A	10 12 15.5	Albania 41.56 N 20.07 E H = 10 09 15.6 h = 42.5km MB = 4.8 D = 10.81 Az = 330 (NEIS)
18.	eP1	A	14 30 55	Hindu Kush Region 35.53 N 70.31 E
	eP2	A	30 58	H = 14 22 52.6 h = 68.8 km MB = 5.2
	LmH	B	52.6	D = 44.28 Az = 309 (NEIS)
	LmV	B	52.7	P1V A traces P2V A 1.1s 30.2nm M = 5.0 LmH B 16 0.4/um LmV B 12 0.4/um
18.	ePKP	A	18 51 30	Tonga Islands 15.65 S 175.46 W
	LmH	B	19 52.0	H = 18 31 52.2 h = 33 km MB=5.2 MS=5.0 D = 144.63 Az = 352 (NEIS)
18.	ePKHKP	A	21 44 56	South of Fiji Islands 22.19 S 179.61 W
	ePKP2	A	45 05	H = 21 26 08.1 h = 573.0 km MB = 5.3 D = 150.27 Az = 346 (NEIS)

Day	Phase		h m s	Remarks
18.	LmH	B	22 37.1	Off Coast of Northern California
	LmV	B	37.2	40.38 N 125.36 W
				H = 21 49 28.6 h = 15 km
				MB = 4.8 MS = 3.9 (NEIS)
				D = 81.8
				LmH B 17.5s 0.6/um M = 5.0
				LmV B 16 0.5/um 5.0
20.	eP1	A	13 36 03	Alaska Peninsula 54.61 N 161.60 W
	eP2	A	36 05.5	H = 13 24 25.9 h = 53.0 km MB = 5.3
				D = 74.96 Az = 4 (NEIS)
				P1V A 0.9s 15.6nm M = 4.9
				P2V A 1.2 38.6nm 5.2
21.	eP	A	02 31 26	Alaska Peninsula 56.44 N 157.18 W
				H = 02 20 05.3 h = 91.1 km MB = 4.4
				D = 72.88 Az = 7 (NEIS)
21.	LmH	B	05 43.3	LmH B 14s 0.2/um
	LmV	B	43.3	LmV B 15 0.3/um
21.	ePKP	A	07 20 26.5	New Hebrides Islands 18.73 S 169.16 E
				H = 07 01 21.7 h = 232.8 km MB = 5.1
				D = 143.49 Az = 336 (NEIS)
				PKPV A 1.5s 15.1nm
21.	eP	A	09 43 56	Nicobar Islands Region 7.06 N 94.39 E
				H = 09 31 42.5 h = 33 km MB = 4.7
				D = 80.00 Az = 320 (NEIS)
				PV A 1.5s 17.6nm M = 4.8
21.	ePKIKP	A	12 13 15	Macquarie Islands Region 53.86 S 158.60 E
	eiPKIKP	AB	13 20	H = 11 53 22.5 h = 33 km MB=6.4 MS=6.7
	eiPKP2	AB	14 01	D = 159.64 Az = 274 (NEIS)
	+iPP	B	17 40	PKIKPV A 3.0s 973.7nm
	-iPP	A	17 42	PKIKP B 12 11.3/um
	eiPPP	B	21 14	PPV A 2.3 560.3nm M = 6.3
				PPV B 10 12.1/um 7.0
				superposed by the following earthquake

Day	Phase		h m s	Remarks
21.	+iP	A	13 58 50	Luzon, Philippine Islands 16.88 N 122.36 E
	iS	B	14 09 34	H = 13 45 54.0 h = 33 km MB=6.1 MS=6.9
	eSP	B	10 38	D = 89.62 Az = 323 (NEIS)
	LmV	B	45.2	PV A 1.5s 196.0nm M = 6.2
	LmH	B	45.3	SH B 18 17.8 μm 6.8
				LmH B 16 101.5 μm 7.4
				LmV B 15 125.0 μm 7.5
21.	e	A	19 08 36	Luzon, Philippine Islands 17.21 N 122.43 E
				H = 18 55 34.6 h = 45.9 km MB = 5.1
				D = 89.40 Az = 323 (NEIS)
21.	eP	A	23 42 38	Tibet 30.29 N 94.85 E
				H = 23 32 12.1 h = 33 km MB = 5.0 (NEIS)
				D = 63.2
22.	ePKP2	A	00 39 58	Kermadec Islands Region 30.84 S 178.81 E
				H = 00 20 27.1 h = 558 km MB = 4.8 (NEIS)
				D = 158.0
22.	+iPKIKP	AB	17 36 37.2	South of Kermadec Islands
	+iPKP2	A	37 22.7	33.80 S 179.72 W
	ePP	A	41 01	H = 17 16 40.3 h = 31.4 km MB=6.0 MS=5.9
	LmH	B	18 53.5	D = 161.22 Az = 337 (NEIS)
	LmV	B	53.9	PKIKPV A 1.9s 121.0nm
				PKP2V A 2.1 249.0nm
				PPV A 2.2 65.4nm M = 5.4
				LmH B 22 1.7 μm 5.7
				LmV B 22 2.6 μm 6.0
22.	epP	A	20 59 50.5	Peru - Bolivia Border Region
				15.56 S 69.93 W
				H = 20 45 46.4 h = 202 km MB = 5.0 (NEIS)
				D = 96.7
23.	eP	AB	07 05 44.5	Northern Sinkiang Prov., China
	ePP	B	07 45	42.20 N 83.39 E
	eS	B	12 55	H = 06 57 03.7 h = 33 km MB=5.1 MS=5.1
	eSS	B	15 48	D = 48.40 Az = 306 (NEIS)

Day	Phase		h m s	Remarks
cont. 23.	LmH	B	07 24.2	PV A 1.8s 33.8nm M = 5.0
	LmV	B	27.1	LmH B 12 2.5 µm 5.4
				LmV B 10 2.4 µm 5.5
23.	ePKHKP	A	09 33 37.5	Fiji Islands Region 21.64 S 176.43 W
				H = 09 14 19.7 h = 293.8 km MB = 4.9
				D = 150.37 Az = 350 (NEIS)
				PKHKPV A 0.9s 19.5nm
23.	+iP	A	13 56 36	Alaska Peninsula 54.32 N 162.41 W
				H = 13 44 54.6 h = 27.4 km MB=5.1 MS=4.4
				D = 75.29 Az = 4 (NEIS)
				PV A 1.4s 93.0nm M = 5.6
23.	ePn	A	20 17 07	West Poland (CLL)
	iSg	A	17 47.5	D c. 2.5
24.	ePKP	AB	06 42 24.5	Tonga Islands 15.34 S 173.15 W
	e	B	44 40	H = 06 22 51.3 h = 33 km MB=6.0 MS=6.2
	eSS	B	07 04 10	D = 144.57 Az = 355 (NEIS)
	LmH	B	50.5	PKPV A 1.5s 138.1nm
	LmV	B	50.7	PKPV B 10 3.9 µm
				LmH B 19 7.4 µm M = 6.4
				LmV B 19 5.8 µm 6.4
24.	ePn	A	09 57 51	Southern Italy 41.07 N 15.19 E
	e	A	57 54	H = 09 55 27.5 h = 33 km
	eSn	A	59 34	D = 9.90 Az = 347 (NEIS)
24.	eP	A	20 08 33	Mariana Islands 19.50 N 144.72 E
	eiPP	AB	12 41	H = 19 55 36.8 h = 409 km MB = 5.4
	LmH	B	48.4	D = 98.89 Az = 332 (NEIS)
	LmV	B	57.5	PV A 1.8s 54.1nm M = 5.7
				PPV A 1.6 142.9nm 5.8
				LmH B 17.5 0.7 µm
				LmV B 16 0.5 µm

Day	Phase		h m s	Remarks
25.	LmH	B	00 45.8	Sakhalin Island 51.78 N 143.02 E
	LmV	B	54.1	H = 00 05 53.3 h = 43 km
				MB = 4.7 MS = 4.7 (NEIS)
				D = 73.2
				LmH B 18s 1.1/um M = 5.2
				LmV B 13 0.3/um 4.8
25.	eP	A	05 03 40.5	Caribbean Sea 17.86 N 81.66 W
				H = 04 51 40.6 h = 33 km MB=4.9 MS=4.0
				D = 78.44 Az = 40 (NEIS)
				PV A 1.2s 16.3nm M = 4.9
25.	eP	A	10 44 45	Kurile Islands 44.26 N 149.77 E
				H = 10 32 44.4 h = 33 km MB = 5.0
				D = 78.72 Az = 334 (NEIS)
25.	eP	A	22 33 02.5	Crete 35.10 N 23.78 E
	LmH	B	41.4	H = 22 28 54.9 h = 46.3 km MB = 4.3
	LmV	B	41.4	D = 17.88 Az = 334 (NEIS)
				LmH B 14s 0.45/um M = 3.9
				LmV B 14 0.7/um 4.2
25.	ePKIKP	A	23 00 35	New Hebrides Islands 19.16 S 168.42 E
	e	A	00 42	H = 22 41 04.5 h = 30.1 km MB = 5.1
				D = 143.58 Az = 335 (NEIS)
26.	ePKP	A	10 47 35	Samoa Islands Region 16.19 S 172.29 W
				H = 10 27 59.9 h = 41 km MB = 4.8
				D = 145.49 Az = 356 (NEIS)
				PKPV A 1.2s 26.4nm
27.	iPKP	A	03 14 46	Tonga Islands 17.07 S 173.44 W
	epPKP	A	14 57	H = 02 55 08.5 h = 46 km MB = 4.8
				D = 146.26 Az = 354 (NEIS)
				h = 40 km
				PKPV A 1.2s 57.0nm
27.	ePg	A	07 51 53	Switzerland 46.54 N 7.22 E
	eSn	A	52 35	H = 07 50 19.3 h = 10 km

Day	Phase		h m s	Remarks
cont. 27.	eSg	A	07 53 04	D = 5.04 Az = 34 (NEIS)
27.	ePKP	A	08 29 35	Samoa Islands Region 15.85 S 171.91 W H = 08 09 58.8 h = 33 km MB = 4.6 D = 145.18 Az = 356 (NEIS) PKPV A 1.3s 26.2nm
27.	ePn	A	14 00 55	Czechoslovakia 50.54 N 14.65 E
	eSg	A	01 24	H = 14 00 19.2 h = 0 km D = 1.94 Az = 274 (ISC)
27.	eP	A	17 38 10.5	Luzon, Philippine Islands
	LmH	B	18 24.3	17.06 N 122.50 E
	LmV	B	24.3	H = 17 25 16.2 h = 41.1 km MB=5.4 MS=4.0 D = 89.55 Az = 323 (NEIS) PV A 1.3s 21.8nm M = 5.3 LmH B 17.5 0.4/um 4.9 LmV B 17 0.4/um 5.0
27.	ePKHKP	A	24 16 37	Fiji Islands Region 21.23 S 178.12 W
	ePKP2	A	16 45	H = 23 57 33.0 h = 389.7 km MB = 4.2 D = 149.66 Az = 348 (NEIS)
28.	LmH	B	01 53.2	LmH B 16s 0.5/um
	LmV	B	53.4	LmV B 18 0.7/um
28.	eP1	A	01 57 10	North of Ascension Island
	eP2	A	57 13	1.15 S 14.04 W
	ePP	B	59 16	H = 01 47 32.7 h = 33 km MB=5.3 MS=5.3
	ePPP	B	02 00 30	D = 56.05 Az = 19 (NEIS)
	eS	B	04 55	P2V A 1.2s 65.0nm M = 5.5
	LmH	B	20.4	P2V B 8 0.9/um 5.8
	LmV	B	21.8	LmH B 16.5 4.5/um 5.6 LmV B 16.5 3.4/um 5.6
28.	LmV	B	07 49.1	Near N. Coast of West Irian
	LmH	B	50.4	1.87 S 138.85 E H = 06 37 54.3 h = 53 km MB = 5.1 (NEIS) D = 114.2 LmH B 18s 0.3/um LmV B 17s 0.3/um

Day	Phase		h m s	Remarks
28.	eP	AB	15 34 27.5	Off Coast of Oregon 44.24 N 128.97 W
	eS	B	44 30	H = 15 22 18.5 h = 15 km MB = 5.1 MS=5.4
	LmH	B	16 12.1	D = 79.48 Az = 24 (NEIS)
	LmV	B	12.1	LmH B 16.5s 2.1/um M = 5.6
				LmV B 16 3.1/um 5.8
29.	LmH	B	00 56.2	Ryukyu Islands 27.14 N 129.34 E
	LmV	B	56.3	H = 00 00 18.0 h = 30 km MB = 4.9
				D = 85.07 Az = 326 (NEIS)
				LmH B 14s 0.3/um M = 4.8
				LmV B 14 0.4/um 5.0
29.	eP	A	09 22 20.5	Southern Sinkiang Prov., China
	epP	A	22 51	38.19 N 75.17 E
	eSS	B	32 35	H = 09 14 08.3 h = 102.4 km MB = 5.2
	LmH	B	43.3	D = 45.72 Az = 307 (NEIS)
	LmV	B	43.3	h = 140 km
				PV A 1.8s 67.5nm M = 5.2
				LmH B 14 0.3/um
				LmV B 13 0.4/um
29.	eP diff	B	11 31 42	Solomon Islands 8.03 S 155.53 E
	ePKIKP	AB	34 51	H = 11 15 45.3 h = 33 km MB=6.4 MS=7.2
	iPP	AB	36 54	D = 128.07 Az = 332 (NEIS)
	iSKP	B	38 16	PKIKPV A 1.6s 115.0nm
	iSS	B	54 12	LmH B 19 58.0/um M = 7.3
	iPKPPKS	B	56 33	LmV B 21 70.9/um 7.3
	LmV	B	12 34.2	
	LmH	B	34.8	
29.	eiPKHKP	A	17 10 38.5	Tonga Islands 19.47 S 175.04 W
				H = 16 51 06.0 h = 129 km MB = 5.1
				D = 148.44 Az = 352 (NEIS)
				PKHKPV A 0.8s 30.8nm
29.	ePKHKP	A	20 46 03.5	South of Fiji Islands 23.61 S 179.15 E
	ePKP2	A	46 14	H = 20 27 12.1 h = 549.5 km MB = 5.1
				D = 151.32 Az = 343 (NEIS)
				PKHKPV A 1.2s 14.2nm

Day	Phase		h m s	Remarks
29.	eP	A	21 19 02	Southern Sumatra 2.36 S 99.98 E
				H = 21 05 59.5 h = 33 km MB = 5.3
				D = 90.77 Az = 320 (NEIS)
29.	ePn	A	21 56 32.5	Yugoslavia 44.92 N 17.48 E
	eSn	A	57 49.5	H = 21 54 47.8 h = 10 km
	eSg	A	58 33	D = 6.95 Az = 328 (NEIS)
29.	eP	A	22 36 27	Luzon, Philippine Islands
	eSKS	B	46 45	18.65 N 121.06 E
	LmH	B	23 19.3	H = 22 23 41.2 h = 40.1 km MB=5.2 MS=4.5
	LmV	B	20.5	D = 87.47 Az = 323 (NEIS)
				PV A traces
				LmH B 18s 0.6 um M = 5.0
				LmV B 17 0.7 um 5.2
30.	+iP	A	02 04 46	Eastern Kazakh SSR 49.78 N 78.16 E
	ePn	A	06 19	H = 01 56 58.0 h = 0 km MB = 5.3
				D = 41.29 Az = 298 (NEIS)
				PV A 0.8s 26.9nm M = 5.0
30.	eP	AB	07 40 54	North of Ascension Island
	eS	B	48 56	3.18 S 12.20 W
	eSS	B	52 12	H = 07 31 07.0 h = 33 km
	LmH	B	08 06.2	MB = 5.1 MS = 4.7 (NEIS)
	LmV	B	06.2	D = 53.6
				PV A 2.6s 121.0nm M = 5.4
				LmH B 16 0.6 um 4.7
				LmV B 16 1.0 um 5.0
30.	eP	A	16 14 38	Jan Mayen Island Region 71.88 N 1.91 W
	eS	B	18 50	H = 16 09 43.7 h = 33 km MB = 4.4
	LmV	B	25.5	D = 22.16 Az = 157 (NEIS)
				PV A 1.4s 23.3nm M = 4.4
				LmV B 12 0.35 um 4.1
30.	eP	A	19 55 15	Southern Greece 36.84 N 21.65 E
				H = 19 51 37.5 h = 50.8 km MB = 4.8
				D = 15.57 Az = 336 (NEIS)

Day	Phase		h m s	Remarks
cont. 30.	LmH	B	20 02.4	LmH B 16s 1.0 /um M = 4.1
	LmV	B	02.4	LmV B 15 1.0 4.3
31.	ePKP	A	03 01 16	South of Fiji Islands 19.41 S 176.02 E H = 02 41 34.2 h = 15.4 km MB = 5.0 D = 146.46 Az = 342 (NEIS)
31.	epP	A	24 10 39	Burma 20.22 N 94.00 E H = 23 59 25.8 h = 90.6 km MB = 4.5 D = 69.87 Az = 318 (NEIS)
	e	A	10 52	

Day	Phase		h m s	Remarks
1.	LmH	B	02 07.9	Talaud Islands 4.06 N 126.94 E
	LmV	B	07.9	H = 01 01 22.2 h = 58 km MB = 5.2
				D = 102.55 Az = 324 (NEIS)
				LmH B 20s 0.7/um M = 5.2
				LmV B 20 0.7/um 5.2
1.	ePKHKP	A	10 40 47	Loyalty Islands Region 23.28 S 170.30 E
	epPKP	A	40 56	H = 10 20 58.4 h = 23.6 km MB = 5.2
				D = 148.04 Az = 334 (NEIS)
1.	-iPKP	AB	13 52 14.5	New Hebrides Islands 20.49 S 169.62 E
	e	A	52 31	H = 13 32 48.8 h = 108 km MB = 5.5 (NEIS)
	epPKP	AB	52 43	D = 145.0 h = 100 km
				PKPV A 1.9s 24.2nm
1.	ePKIKP	A	19 30 33.5	Fiji Islands Region 20.04 S 178.21 W
	iPKHKP	A	30 38	H = 19 11 57.4 h = 599.1 km MB = 5.3
	iPKP2	A	30 43.5	D = 148.49 Az = 348 (NEIS)
				PKHKPV A 1.2s 85.5nm
				PKP2V A 1.2 40.7nm
2.	ePKHKP	A	00 34 46	Fiji Islands Region 17.73 S 178.78 W
	LmH	B	02 10.2	H = 00 16 06.3 h = 552.3 km MB = 4.8 (NEIS)
	LmV	B	10.2	D = 146.1
				LmH B 15s 0.4/um
				LmV B 16 0.5/um
2.	eP	A	02 34 02	Andreanof Islands, Aleutian Is.
	LmV	B	03 08.7	51.22 N 175.34 W
	LmH	B	09.2	H = 02 22 02.4 h = 19 km
				MB = 4.4 MS = 4.3 (NEIS)
				D = 78.3
				LmH B 16s 0.2/um M = 4.5
				LmV B 16 0.3/um 4.8
2.	eP	A	06 10 26	Aegean Sea 38.54 N 25.76 E
				H = 06 06 45.0 h = 33 km (NEIS)
				D = 15.8

Day	Phase		h m s	Remarks
2.	e	A	13 01 56	Czechoslovakia 50.25 N 12.66 E
	e	A	02 03	H = 13 01 30.6 h = 0 km
				D = 0.78 Az = 301 (ISC)
2.	epP	A	20 07 10	Bonin Islands Region 27.37 N 142.01 E
	ePP	A	10 36	H = 19 54 00.6 h = 33 km MB = 5.0
				D = 90.82 Az = 331 (NEIS)
3	eP	A	01 23 33	Tibet 30.32 N 94 92 E
				H = 01 13 06.8 h = 32.9 km MB = 4.7
				D = 63.16 Az = 315 (NEIS)
				traces
3.	eP	A	02 37 30	Panama - Colombia Border Region
				8.08 N 77.47 W
				H = 02 25 04.4 h = 33 km MB = 4.7
				D = 83.24 Az = 40 (NEIS)
				PV A 2.0s 11.9nm M = 4.6
3.	ePKHKP	AZ	11 20 08.5	South of Fiji Islands 23.04 S 176.30 W
	e	A	20 12	H = 11 00 25.1 h = 115 km MB = 4.8
	ePKP2	A	20 20	D = 151.76 Az = 349 (NEIS)
				PKHKPV A 1.2s 20.3nm
3.	ePn	A	11 22 14	Yugoslavia 43.14 N 17.62 E
	eSn	A	23 51	H = 11 20 10.3 h = 10 km (CSEM)
	eSg	A	24 52	D = 8.6
3.	eP	A	15 28 44	Tibet 30.30 N 94.90 E
				H = 15 18 17.2 h = 33 km MB = 4.8
				D = 63.16 Az = 315 (NEIS)
4.	ePKP	A	01 29 32	South Sandwich Islands Region
	epPP	A	30 38	56.01 S 27.79 W
	eSP	B	39 35	H = 01 11 11.3 h = 111.5 km MB = 6.1
	ePKKP	A	40 30	D = 111.21 Az = 26 (NEIS)
	e	A	40 37	LmH B 17.5s 0.5/um
	eSPP	B	40 40	LmV B 20 0.5/um
	eSS	B	45 30	

Day	Phase		h m s	Remarks
cont. 4.	LmV	B	02 12.2	
	LmH	B	13.0	
4.	eP	AB	13 33 29.5	Near Coast of Nicaragua 12.35 N 87.29 W
	epP	A	33 48	H = 13 20 52.5 h = 33 km
	ePPS	B	45 30	MB = 5.4 MS = 5.0 (NEIS)
	eSS	B	49 40	D = 86.2 h = 71 km
	LmV	B	14 09.5	LmH B 18.5s 0.7/um
	LmH	B	10.2	LmV B 20 0.8/um
4.	eP	A	16 52 18	Southern Nevada 37.09 N 116.01 W
	ePP	A	55 19	H = 16 40 00.1 h = 0 km MB=5.0 MS=5.7
				D = 81.24 Az = 31 (NEIS)
				PPV traces
				PV A 1.3s 21.8nm M = 5.0
5.	eP	A	13 24 21	Crete 34.27 N 25.80 E
	eS	B	28 00	H = 13 19 54.8 h = 24.3 km MB = 4.4
	LmH	B	33.4	D = 19.37 Az = 332 (NEIS)
	LmV	B	33.4	LmH B 13s 0.5/um M = 4.0
				LmV B 15 0.7/um 4.3
6.	ePKIKP	A	05 46 31.5	South of Fiji Islands 22.22 S 175.98 W
	ePKHPK	A	46 36	H = 05 26 56.0 h = 121.6 km MB = 5.1
				D = 151.01 Az = 350 (NEIS)
6.	iPKIKP	A	11 45 09	Solomon Islands 7.08 S 155.83 E
	ePP	A	47 12	H = 11 26 12.2 h = 82.5 km MB = 5.4
				D = 127.37 Az = 332 (NEIS)
				PKIKPV A 1.2s 36.6nm
6.	ePKHKP	A	12 12 33	Tonga Islands 18.62 S 174.10 W
	ePKP2	A	12 36	H = 11 52 50.6 h = 44.5 km MB=5.2 MS=4.6
				D = 147.72 Az = 353 (NEIS)
				PKHKPV A 1.2s 24.4nm
6.	eP	A	23 56 02	Near East Coast of Honshu, Japan
				35.49 N 140.82 E
				H = 23 43 39.7 h = 51.7 km MB = 4.8
				D = 83.26 Az = 330 (NEIS)

Day	Phase		h m s	Remarks
7.	ePKIKP	AB	02 04 30	Santa Cruz Islands 12.37 S 166.30 E
	e	A	04 40	H = 01 45 09.3 h = 36.2 km MB=5.2 MS=5.7
	ePP	AB	07 12	D = 136.59 Az = 337 (NEIS)
	ePKS	AB	08 16	LmH B 19s 0.8/um M = 5.5
	ePKKP	A	14 17	LmV B 18 0.8/um 5.5
	LmH	B	03 08.8	
	LmV	B	10.4	
7.	eP	AB	07 20 46	Panama - Costa Rica Border Region
	e	A	21 08	8.55 N 82.75 W
	eSKS	B	31 12	H = 07 08 05.6 h = 33 km MB=5.2 MS=5.7
	ePS	B	32 20	D = 86.22 Az = 40 (NEIS)
	eSS	B	37 12	LmH B 21.5s 6.2/um M = 6.0
	eSSS	B	40 10	LmV B 21 6.4/um 6.0
	LmH	B	53.3	
	LmV	B	54.1	
7.	eP	A	11 45 13	Carlsberg Ridge 3.57 N 62.75 E
	eS	B	53 48	H = 11 34 43.5 h = 33 km MB=4.8 MS=5.1
	LmH	B	12 19.6	D = 63.48 Az = 326 (NEIS)
				LmH B 20s 0.35/um M = 4.5
7.	ePn	A	13 27 55	Austria 47.28 N 10.82 E
	e	A	28 12	H = 13 27 03.0 h = 36 km
	eSn	A	28 36	D = 3.41 Az = 9 (ISC)
	eSg	A	28 50	
7.	ePKHKP	A	17 06 17	Tonga Islands Region 23.02 S 175.02 W
				H = 16 46 24.7 h = 33 km MB = 5.0 (NEIS)
				D = 152
				traces
7.	epP	A	23 39 08	Andreanof Islands, Aleutian Is.
				52.35 N 176.32 W
				H = 23 26 53.5 h = 125 km MB = 5.3 (NEIS)
				D = 77.2
8.	ePn	A	03 12 08	Austria 47.49 N 15.88 E
	iPg	A	12 21	H = 03 11 01.2 h = 8.5 km

Day	Phase		h m s	Remarks
cont. 8.	iSn	A	03 12 54	D = 4.22 Az = 320 (NEIS)
	iSg	A	13 11	
8.	eP	A	07 12 36.5	Near West Coast of Colombia
	epP	A	12 43	6.93 N 77.78 W
				H = 07 00 06.3 h = 33 km MB=5.2 MS=4.6
				D = 84.31 Az = 40 (NEIS)
				h = 23 km
				PV A 1.6s 33.0nm M = 5.3
8.	ePP	A	13 20 15	Solomon Islands 10.57 S 161.33 E
	LmV	B	14 19.0	H = 12 58 45.0 h = 31.7 km MB=5.8 MS=5.5
	LmH	B	19.4	D = 132.93 Az = 334 (NEIS)
				LmH B 20s 1.2 µm M = 5.6
				LmV B 20 1.1 µm 5.6
8.	e(PKP)	A	14 29 12	West of Macquarie Island
				55.08 S 145.66 E
				H = 14 09 01.3 h = 33 km MB = 5.0
				D = 152.30 Az = 280 (NEIS)
8.	ePKIKP	A	15 24 23.5	Fiji Islands Region 17.81 S 178.69 W
	ePKHKP	A	24 25	H = 15 05 46.5 h = 561.9 km MB = 5.1
				D = 146.22 Az = 348 (NEIS)
				PKHKPV A 1.5s 40.2nm
8.	ePKHKP	A	17 34 22	Tonga Islands Region 23.28 S 174.94 W
	ePKP2	A	34 32	H = 17 14 27.6 h = 34.5 km MB = 4.9
				D = 152.21 Az = 351 (NEIS)
8.	ePKHKP	A	22 39 56.5	South of Fiji Islands 23.81 S 179.39 W
	ePKP2	A	40 08	H = 22 20 51.5 h = 436.2 km MB = 5.2
				D = 151.87 Az = 345 (NEIS)
8.	eP	A	23 37 44	Northern Sumatra 3.56 N 98.05 E
	epP	A	38 13	H = 23 25 18.5 h = 112 km MB = 4.7
				D = 85.0 Az = 320 (NEIS)
				h = 121 km
				pPV A 1.4s 18.6nm

Day	Phase		h m s	Remarks
9.	eP	A	01 46 20	North Atlantic Ridge 30.96 N 41.49 W
				H = 01 38 16.6 h = 33 km MB=4.5 MS=4.1
				D = 43.69 Az = 47 (NEIS)
9.	ePg	A	15 33 44	France 44.57 N 6.89 E
	eSg	A	35 07	H = 15 31 26.6 h = 33 km (NEIS)
				D = 6.9
9.	LmH	B	19 09.7	Santa Cruz Islands 12.60 S 165.93 E
	LmV	B	10.4	H = 17 44 19.2 h = 39 km MB = 5.0 (NEIS)
				D = 136.8
				LmH B 20s 0.2 um M = 4.9
				LmV B 20 0.3 um 5.1
9.	iP	A	21 50 10.5	Iran - USSR Border Region
	LmH	B	22 08.5	36.77 N 60.00 E
	LmV	B	11.4	H = 21 43 00.3 h = 20.6 km MB = 4.5
				D = 36.95 Az = 308 (NEIS)
				PV A 1.3s 26.2nm M = 4.9
				LmH B 16 0.5 um 4.4
				LmV B 12 0.3 um 4.4
10.	ePP	A	07 25 14	Java 8.17 S 107.64 E
				H = 07 07 26.9 h = 51.5 km MB = 5.7
				D = 100.08 Az = 320 (NEIS)
				PPV A 1.9s 60.6nm M = 5.7
10.	eP	A	09 47 02	Mindanao, Philippine Islands
				7.08 N 123.57 E
				H = 09 33 29.2 h = 54 km MB = 5.3
				D = 98.15 Az = 323 (NEIS)
				PV A 1.6s 19.2nm M = 5.4
10.	eP	AB	09 47 23	Kodiak Island Region 56.64 N 152.73 W
	eS	B	56 48	H = 09 35 58.7 h = 33 km MB=5.0 MS=4.6
	LmV	B	24.0	D = 72.30 Az = 10 (NEIS)
	LmH	B	27.6	PV A 1.6s 71.5nm M = 5.4
				LmH B 16 0.4 um 4.8
				LmV B 20 0.5 um 4.8

Day	Phase		h m s	Remarks
10.	ePKIKP	AB	18 45 48	Fiji Islands Region 20.73 S 178.45 W
	iPKHKP	A	45 52	H = 18 27 09.6 h = 585 km MB = 5.4
	ePKP2	A	45 59	D = 149.11 Az = 347 (NEIS)
	epPKP	A	48 07	PKIKPV A 1.2s 34.6nm
	esPKP	B	49 00	PKHKPV A 1.2 122.0nm
	esPKS	B	52 20	PKP2V A 1.1 68.5nm
10.	eP	A	22 09 54	Lake Baikal Region 50.92 N 110.76 E
				H = 21 59 58.8 h = 2.5 km MB = 5.2
				D = 57.79 Az = 312 (NEIS)
				PV A 0.9s 31.2nm M = 5.3
11.	ePKIKP	AB	02 02 22	Tonga Islands 17.56 S 174.37 W
	ePKHKP	A	02 24	H = 01 42 47.5 h = 56.5 km MB = 6.3
	ePKP2	A	02 28	D = 146.65 Az = 353 (NEIS)
	epPKP	AB	02 54	h = 123 km
	eSS	B	24 20	PKIKPV A 1.8s 47.3nm
	esSS	B	25 16	PKHKPV A 1.8 911.0nm
	ePSPS	B	26 00	PKP2V A 1.6 813.2nm
	eSSS	B	30 10	LmH B 19 3.8 µm
	esSSS	B	31 00	LmV B 18 4.5 µm
	eSSSS	B	34 10	
	esSSSS	B	34 55	
	LmH	B	03 11.9	
	LmV	B	15.3	
11.	ePKP	A	08 12 41.5	Samoa Region 16.9 S 172.1 W
	e	A	12 48	H = 07 53 03 h = 69 km MB = 5.0
				D = 146.18 Az = 356 (ISC)
				PKPV A 1.4s 41.8nm
12.	ePKP	A	00 26 50	Solomon Islands 6.53 S 155.01 E
	LmV	B	01 28.6	H = 00 07 51.8 h = 58.2 km MB = 5.9
	LmH	B	28.7	D = 126.51 Az = 332 (NEIS)
				PKPV A 1.2s 28.4nm
				LmH B 18 0.4 µm
				LmV B 19 0.6 µm

Day	Phase		h m s	Remarks
12.	LmH	B	08 18.0	<u>Mid - Indian Rise</u> 37.1 S 78.4 E
	LmV	B	18.8	H = 07 06 33.7 h = 33 km (ISC)
				D = 105.3
				traces
12.	ePKHKP	A	20 25 35	<u>Tonga Islands Region</u> 22.49 S 175.88 W
				H = 20 05 43.2 h = 33 km MB = 4.9
				D = 151.29 Az = 350 (NEIS)
13.	ePKP	A	00 59 27	<u>Tonga Islands</u> 16.99 S 173.46 W
				H = 00 39 46.0 h = 33 km MB = 4.5 (NEIS)
				D = 146.2
13.	LmH	B	11 26.0	<u>Ryukyu Islands Region</u> 26.84 N 130.53 E
	LmV	B	33.1	H = 10 36 37.3 h = 33 km MB = 5.1 (NEIS)
				D = 86.2
				LmH B 16.5s 0.3 μm M = 4.8
				LmV B 16 0.3 μm 4.8
13.	eP	A	13 05 10	<u>Tibet</u> 30.32 N 94.83 E
				H = 12 54 43.2 h = 33 km MB = 4.6
				D = 63.10 Az = 315 (NEIS)
13.	eSg	A	17 30 41	<u>Poland</u> 50.26 N 18.92 E
				H = 17 28 09.2 M = 2.6 (WAR)
				D = 4.7
13.	eP	A	19 45 05	<u>Hokkaido, Japan Region</u> 43.13 N 145.58 E
	epP	A	45 17	H = 19 33 09.7 h = 62.2 km MB = 4.9
	e	A	46 03	D = 78.36 Az = 332 (NEIS)
				h = 52 km
14.	eP	A	04 34 00	<u>Windward Islands</u> 10.97 N 62.37 W
	epP	AB	34 31	H = 04 22 49.7 h = 112 km MB = 4.9
	eS	B	43 08	D = 71.44 Az = 40 (NEIS)
	ePS	B	43 45	h = 131 km
	eSS	B	47 52	LmH B 17s 0.2 μm
	LmH	B	05 02.0	LmV B 17 0.25 μm
	LmV	B	02.0	

Day	Phase		h m s	Remarks
14.	eP	A	16 04 23	Taiwan 23.57 N 121.50 E
	LmV	B	46.0	H = 15 51 55.5 h = 33 km MB = 4.8
	LmH	B	46.8	D = 83.81 Az = 323 (NEIS)
				LmH B 20s 0.4/um M = 4.8
				LmV B 20 0.3/um 4.7
14.	eP	A	19 15 30.5	South Atlantic Ridge 22.75 S 12.75 W
				H = 19 03 44.2 h = 33 km MB=4.9 MS=5.7
				D = 76.18 Az = 16 (NEIS)
				PV A 1.4s 18.6nm M = 4.9
14.	eP	AB	19 16 06	South Atlantic Ridge 22.75 S 12.70 W
	eS	B	25 50	H = 19 04 20.3 h = 33 km MB = 5.6 MS=5.1
	ePS	B	26 25	D = 76.1
	eSS	B	30 56	PV A 1.3s 35.0nm M = 5.2
	LmH	B	48.0	LmH B 19 0.8/um 5.0
	LmV	B	49.4	LmV B 19 0.9/um 5.1
14.	eP	AB	21 52 33.5	Java 7.76 S 107.57 E
	ePP	AB	56 25	H = 21 38 51.5 h = 33 km MB=5.7 MS=5.7
	e	B	56 50	D = 99.72 Az = 320 (NEIS)
	eSKS	B	22 03 07	PV A 1.7s 24.2nm M = 5.5
	ePS	B	05 22	LmH B 20 1.4/um 5.5
	eSS	B	11 06	LmV B 20 1.3/um 5.4
	LmH	B	39.4	
	LmV	B	44.6	
14.	eP	AB	24 01 04	Eastern Sea of Japan 41.73 N 138.57 E
	epP	A	01 14.5	H = 23 49 13.4 h = 33 km MB = 4.9
	LmH	B	32.7	D = 77.01 Az = 329 (NEIS)
	LmV	B	42.1	h = 37 km
				PV A 1.4s 14.0nm M = 4.8
				LmH B 17 1.7/um 5.4
				LmV B 13 1.8/um 5.6
15.	ePKIKP	A	06 00 58	Tonga Islands Region 23.33 S 175.38 W
	ePKHKP	A	01 04.5	H = 05 41 12.1 h = 33 km
	epPKP	A	01 11.5	MB = 5.3 MS = 5.1 (NEIS)
				D = 152.2
				PKHKPV A 1.7s 72.7nm

Day	Phase		h m s	Remarks
15.	eP	A	20 36 58	<u>Off Coast of Central America</u>
	epP	A	37 04.5	2.85 N 84.29 W
				H = 20 23 44.1 h = 23 km MB = 5.2 (NEIS)
				D = 91.6 h = 23 km
				PV A 1.6s 27.5nm M = 5.4
15.	iPn	A	21 13 28	<u>Southern Italy</u> 38.85 N 16.98 E
	ePP	A	13 38	H = 21 10 32.5 h = 54.1 km MB = 5.0 (NEIS)
	eSn	A	15 37	D = 12.3
	LmH	B	18.0	PV A 1.3s 100.4nm M = 5.8
	LmV	B	19.5	LmH B 10 1.2 μm
				LmV B 14 0.5 μm
16.	eP	A	05 03 56	<u>Iran</u> 36.35 N 58.28 E
	e	A	04 11	H = 04 56 52.7 h = 33 km MB = 4.5 (NEIS)
	LmV	B	25.2	D = 36.0
	LmH	B	25.8	LmH B 12.5s 1.2 μm M = 4.9
				LmV B 13.5 0.8 μm 4.8
16.	+ePKP	A	06 34 50	<u>New Hebrides Islands Region</u>
	epPKP	A	34 54	19.28 S 167.66 E
	ePP	B	37 45	H = 06 15 16.7 h = 11.6 km
	LmV	B	07 50.1	MB = 5.5 MS = 4.9 (NEIS)
	LmH	B	51.8	D = 143.5 h = 14 km
				PKPV A 1.8s 74.3nm
				LmH B 20 0.3 μm M = 4.9
				LmV B 20 0.3 μm 5.0
16.	ePKIKP	A	07 22 30	<u>New Hebrides Islands Region</u>
				18.97 S 167.58 E
				H = 07 03 01.3 h = 33 km MB = 5.1 (NEIS)
				D = 143.1
16.	eSn	A	08 59 15	<u>Federal Republic of Germany</u>
	eSg	A	59 30	51.40 N 7.2 E
				H = 08 57 53.7 h = 0 km (ISC)
				D = 2.85

Day	Phase		h m s	Remarks
16.	eP	A	23 30 44.5	<u>Eastern Gulf of Aden</u> 14.66 N 52.35 E
				H = 23 22 02.5 h = 33 km MB = 4.8 (NEIS)
				D = 48.5
17.	ePn	A	00 42 43	<u>Friaul</u> (VIE)
	ePg	A	43 03	D = 4.1
	eSn	A	43 32	
	eSg	A	43 56	
17.	ePKIKP	A	03 27 12	<u>Tonga Islands Region</u> 17.87 S 172.50 W
	ePKHKP	A	27 15	H = 03 07 29.2 h = 14.7 km
	ePKP2	A	27 18	MB = 5.1 MS = 4.9 (NEIS)
	LmH	B	04 41.0	D = 147.2
	LmV	B	41.5	PKIKPV A 1.8s 60.8 nm
				PKHKPV A 1.8 81.1nm
				PKP2V A 2.0 76.9nm
				LmH B 16 0.2 μm M = 5.0
				LmV B 20 0.4 μm 5.2
17.	eP	A	04 34 46.5	<u>Eastern Kazakh SSR</u> 49.81 N 78.15 E
	ePn	A	36 18	H = 04 26 57.7 h = 0 km MB ≐ 5.0 (NEIS)
				D = 41.2
				PV A 1.0s 35.4nm M = 5.1
17.	eP	A	13 20 16	<u>Bonin Islands Region</u> 28.26 N 139.49 E
				H = 13 08 05.1 h = 424.4 km MB = 4.7
				D = 88.95 Az ≐ 330 (NEIS)
17.	eP	A	16 35 50	<u>Iran - USSR Border Region</u>
				36.39 N 59.04 E
				H = 16 28 41.9 h = 10.9 km MB = 4.7
				D = 36.57 Az = 308 (NEIS)
				PV A 1.3s 15.3nm M = 4.7
17.	eP	A	17 00 23	<u>Andreanof Islands, Aleutian Is.</u>
	epP	A	00 39	51.87 N 175.34 W
	ePP	A	03 26	H = 16 48 31.3 h = 56.7 km MB = 5.4
				D = 77.69 Az = 355 (NEIS)
				h = 64 km
				PV A 1.0s 25.6nm M = 5.2

Day	Phase		h m s	Remarks
18.	LmH	B	06 47.2	Aegean Sea 39.67 N 25.53 E H = 06 38 36.3 h = 4 km MB = 4.7 (NEIS) D = 14.6 LmH B 15s 0.4 µm M = 3.6
18.	eP	A	07 46 28	Tibet 30.33 N 94.77 E H = 07 36 01.7 h = 33 km MB = 4.8 D = 63.06 Az = 315 (NEIS)
18.	eP1	AB	09 31 44	Crete 35.23 N 23.40 E
	eiP2	A	31 49	H = 09 27 40.0 h = 41.5 km
	ePP	B	32 00	MB = 5.2 MS = 5.3 (NEIS)
	eS	B	35 00	D = 17.7
	eSS	B	35 30	P1V A 1.4s 130.2nm M = 4.9
	eScP	A	39 52	P2V A 1.3 240.2nm 5.2
	LmH	B	39.2	PV B 7 2.3 µm 5.4
	LmV	B	40.1	ScPV A 1.3 19.7nm
				LmH B 12 11.5 µm 5.4
				LmV B 14 8.8 µm 5.3
18.	eP	A	10 08 53.5	Crete 35.07 N 23.31 E H = 10 04 43.4 h = 33 km MB = 4.1 D = 17.74 Az = 335 (NEIS) PV A 1.5s 15.1nm M = 3.9
18.	+iP	AB	12 11 36	Kurile Islands 46.63 N 153.71 E
	epP	AB	11 45	H = 11 59 41.2 h = 33 km
	ePP	B	14 36	MB = 5.7 MS = 5.0 (NEIS)
	eS	B	21 22	D = 77.7 h = 35 km
	ePS	B	22 00	PV A 1.3s 248.9nm M = 6.1
	eP'P'	A	38 58.5	PV B 8 1.5 µm 5.3
	LmH	B	48.0	SH B 10 0.5 µm 5.6
	LmV	B	52.5	P'P'V A 1.2 16.3nm
				LmH B 16 3.4 µm 5.8
				LmV B 14 1.9 µm 5.6
18.	eP	A	13 08 46.5	Aleutian Islands Region 50.91 N 174.67 E
	epP	A	08 56.5	H = 12 56 51.9 h = 33 km MB = 5.3 (NEIS) D = 78.0 h = 37 km PV A 1.2s 32.5nm M = 5.2

Day	Phase		h m s	Remarks
18.	LmH	B	15 07.5	LmH B 18s 0.5/um
	LmV	B	09.5	LmV B 12 0.4/um
19.	ePn	A	04 19 09	Central Italy 42.73 N 12.40 E
	ePg	A	19 52	H = 04 17 13.6 h = 33 km
	eSn	A	20 40	D = 7.94 Az = 356 (NEIS)
	eSg	A	21 38	LmH B 12s 0.25/um M = 3.0
	LmH	B	22.2	
	LmV	B	24.2	
19.	ePKP	A	05 27 14	South of Sumbawa Islands 11.15 S 118.39 E
	e	A	27 38	H = 05 08 41.6 h = 33 km
	e	A	27 50	MB = 6.1 MS = 5.4 (NEIS)
	ePP	A	31 50	D = 109.3
	eSKS	B	38 00	LmH B 20s 1.1/um M = 5.4
	LmH	B	06 15.0	LmV B 16 0.4/um 5.1
	LmV	B	18.7	
19.	eP	AB	06 23 20	South of Sumbawa Islands 11.09 S 118.46 E
	epP	AB	23 32	H = 06 08 55.2 h = 33 km MB=7.0 MS=7.9
	Pm	B	24 00	D = 109.17 Az = 320 (NEIS)
	e	B	26 32	h = 43 km
	e	B	27 08	PmV B 20s 31.5/um M = 8.2
	ePP	B	27 35	PPV B 16 22.9/um 7.6
	ePPP	B	30 05	LmH B 25 1365.0/um 8.4
	eSKS	B	33 50	LmV B 19 600.0/um 8.2
	eSKKS	B	34 40	
	eSKKKS	B	35 00	
	ePKKP	A	38 52	
	eSS	B	42 35	
	LmH	B	07 13.6	
	LmV	B	25.6	
19.	eP	A	07 56 35	South of Sumbawa Islands 10.19 S 117.41 E
	epP	A	56 52	H = 07 38 05.4 h = 33 km MB = 5.5
				D = 107.83 Az = 320 (NEIS)
				h = 65 km

Day	Phase		h m s	Remarks
19.	ePP	AB	13 42 33.5	Sumba Island Region 10.80 S 119.17 E
	eSKS	B	48 40	H = 13 23 37.0 h = 33 km
	esSKS	B	49 00	MB = 5.8 MS = 5.7 (NEIS)
	eSP	B	52 00	D = 109.5
	esSP	B	52 30	PPV A 1.8s 54.1nm . M = 6.0
	LmH	B	14 33.5	LmH B 22 2.1 µm 5.7
	LmV	B	39.3	LmV B 22 1.8 µm 5.6
19.	+eP	A	18 07 18	Southern Neváda 37.11 N 116.06 W
	ePP	A	10 22	H = 17 55 00.1 h = 0 km MB = 5.6
				D = 81.24 Az = 31 (NEIS)
				Nuclear explosion SCANTLING
				at the Nevada Test Site (ERDA)
				PV A 1.5s 60.3nm M = 5.4
19.	ePP	A	19 57 53	Sumba Island Region 10.80 S 119.14 E
	LmH	B	20 45.0	H = 19 38 59.7 h = 33 km MB=5.8 MS=5.4
	LmV	B	54.4	D = 109.39 Az = 320 (NEIS)
				PPV A 1.6s 41.2nm
				LmH B 23 1.5 µm M = 5.5
				LmV B 16 0.8 µm 5.4
19.	ePP	A	21 54 00	Sumba Island Region 10.89 S 119.23 E
	LmH	B	22 40.8	H = 21 35 03.3 h = 33 km MB=5.8 MS=5.1
	LmV	B	47.0	D = 109.51 Az = 320 (NEIS)
				LmH B 20s 0.7 µm M = 5.2
				LmV B 20 0.7 µm 5.2
20.	+iP	AB	02 58 37.7	Caribbean Sea 16.61 N 86.85 W
	epP	AB	58 42.5	H = 02 46 11.8 h = 14 km MB=5.3 MS=5.7
	eS	B	03 08 52	D = 82.58 Az = 39 (NEIS)
	ePS	B	09 34	h = 18 km
	eSS	B	14 20	PV A 1.9s 98.5nm M = 5.6
	eSSS	B	17 30	LmH B 18 3.9 µm 5.8
	LmV	B	37.3	LmV B 17 3.3 µm 5.8
	LmH	B	37.4	

Day	Phase		h m s	Remarks
20.	eP	AB	04 04 14.5	Caribbean Sea 16.70 N 86.61 W
	epP	AB	04 24.5	H = 03 51 54.7 h = 36 km MB=5.6 MS=5.9
	ePP	B	07 25	D = 82.36 Az = 39 (NEIS)
	eS	B	14 28	h = 36 km
	esS	B	14 48	PV A 1.5s 37.7nm. M = 5.2
	eSS	B	19 48	pPV A 1.8 250.0nm
	LmH	B	49.0	LmH B 18 3.9/um 5.8
	LmV	B	51.7	LmV B 17 4.2/um 5.8
20.	eP diff	B	09 36 45	South of Sumba Island 11.11 S 119.13 E
	ePKIKP	A	40 42	H = 09 21 50.3 h = 33 km MB=5.7 MS=5.8
	ePP	B	41 20	D = 109.61 Az = 320 (NEIS)
	eSP	B	50 20	LmH B 21s 3.8/µm M = 5.9
	LmH	B	10 27.9	LmV B 16 2.6/um 5.9
	LmV	B	34.6	
20.	LmV	B	11 46.5	LmH B 20s 0.3/um
	LmH	B	46.7	LmV B 16 0.9/um
20.	ePKIKP	A	12 41 07	Santa Cruz Islands 12.42 S 167.12 E
				H = 12 22 11.1 h = 242 km MB = 5.1
				D = 136.95 Az = 337 (NEIS)
				PKIKPV A 1.3s 17.5nm
20.	eP diff	B	19 31 35	South of Sumba Island 11.04 S 119.14 E
	ePKIKP	A	35 30	H = 19 16 32.7 h = 33 km
	ePP	B	35 55	MB = 6.0 MS = 6.1 (NEIS)
	e	B	36 10	D = 109.6
	e	B	37 58	PdiffV B 16s 0.5/um
	e	B	41 35	PKIKPV A 2.0 76.9nm M = 6.6
	eSP	B	44 58	PPV B 15 1.7/um 6.5
	eSS	B	50 40	LmH B 22 11.5/um 6.4
	LmH	B	20 22.4	LmV B 20 8.2/um 6.3
	LmV	B	26.8	
20.	eP	A	22 08 19.5	Central Siberia 64.22 N 99.58 E
				H = 21 59 58.7 h = 0 km MB=5.0 MS=5.5
				D = 45.30 Az = 296 (NEIS)
				PV A 0.9s 23.3nm M = 5.1

Day	Phase		h m s	Remarks
21.	eP	A	03 07 49	Tibet 30.34 N 94.81 E
	e	A	07 53	H = 02 57 22.5 h = 33 km MB=4.9 (NEIS)
				D = 63.1
21.	eP	A	05 31 59.5	Near East Coast of Honshu, Japan
	ePP	A	35 09	35.24 N 141.12 E
	LmH	B	06 11.2	H = 05 19 34.2 h = 41.8 km
	LmV	B	15.1	MB = 5.5 MS = 5.2 (NEIS)
				D = 83.6
				PV A 1.4s 46.5nm M = 5.5
				PPV A 1.4 41.9nm 5.7
				LmH B 15 1.7/um 5.6
				LmV B 15 1.8/um 5.6
21.	eSg	A	11 09 18	Austria 46.23 N 13.02 E
				H = 11 06 53.8 h = 0 km (ISC)
				D = 4.55
21.	eP	A	11 46 27	Near Coast of Guatemala
				13.79 N 90.06 W
				H = 11 33 50.8 h = 83.6 km MB = 4.8 (NEIS)
				D = 86.8
				PV A 1.4s 9.3nm M = 4.9
21.	ePKHKP	AB	13 56 48	South Pacific Cordillera
	ePKP2	B	57 10	55.02 S 136.01 W
	ePP	B	14 00 48	H = 13 36 32.6 h = 33 km MB = 4.8
	eSS	B	21 00	D = 160.6 Az = 89 (NEIS)
	LmH	B	15 13.0	LmH B 18s 5.5/um M = 5.3
	LmV	B	18.7	LmV B 18 0.8/um 5.6
21.	-iPKP2	A	19 55 31	Kermadec Islands 29.97 S 177.91 W
	epP	A	55 45	H = 19 35 05.6 h = 59 km MB = 5.7 (NEIS)
	ePP	B	59 40	D = 158 h = 50 km
	LmH	B	21 35.7	PKP2V A 1.3s 39.3nm
	LmV	B	44.2	LmH B 22 0.7/um
				LmV B 16 0.4/um

Day	Phase		h m s	Remarks
22.	eP	A	18 06 49.5	Afghanistan - USSR Border Region
	ePP	A	08 32	36.69 N 71.41 E
				H = 17 58 47.3 h = 100 km MB = 4.9
				D = 44.26 Az = 308 (NEIS)
23.	ePKHKP	AZ	08 27 08.5	South of Fiji Islands 25.60 S 176.20 W
	ePKP2	A	27 21.5	H = 08 07 12.9 h = 49.4 km MB=5.4 MS=4.9
	LmH	B	09 42.5	D = 154.28 Az = 348 (NEIS)
				LmH B 20s 0.2 µm M = 4.9
23.	ePP	A	10 43 26	South of Sumbawa Island 11.39 S 117.66 E
				H = 10 24 12.1 h = 33 km MB=5.7 MS=4.9 (NEIS)
				D = 108.9
23.	LmH	B	13 24.3	Off East Coast of Honshu, Japan
				40.23 N 143.34 E
				H = 12 36 55.2 h = 17 km MB = 5.0 (NEIS)
				D = 80.0
				LmH B 16s 0.5 µm M = 5.0
24.	eP	AB	03 57 24	Ryukyu Islands 27.02 N 130.02 E
	eS	B	08 00	H = 03 44 47.8 h = 33 km MB = 5.2
	LmH	B	03 34.0	D = 85.51 Az = 326 (NEIS)
	LmV	B	41.6	LmH B 17.5s 2.1 µm M = 5.6
				LmV B 14 0.5 µm 5.1
24.	iP	A	10 23 55	Lake Baikal Region 54.15 N 110.34 E
	LmH	B	49.8	H = 10 14 20.8 h = 31.7 km MB=4.8 MS=4.0
	LmV	B	51.3	D = 55.48 Az = 310 (NEIS)
				PV A 1.4s 37.2nm M = 5.3
				LmH B 18 0.4 µm 4.5
				LmV B 10 0.3 µm 4.7
24.	ePn	A	12 01 20	Austria 46.28 N 13.20 E
	ePg	A	01 39	H = 12 00 10.2 h = 10 km
	eSn	A	02 09	D = 4.50 Az = 347 (NEIS)
	eSg	A	02 30	

Day	Phase		h m s	Remarks
24.	ePKHKP	A	13 51 32	<u>Tonga Islands</u> 17.95 S 175.10 W H = 13 32 08.9 h = 170.1 km MB=4.8 (NEIS) D = 147.0 PKHKPV A 1.3s 15.3nm
25.	ePKP	A	01 41 51	<u>New Hebrides Islands</u> 19.04 S 169.38 E H = 01 22 48.2 h = 254.1 km MB = 4.8 D = 143.85 Az = 336 (NEIS) PKPV A 1.2s 8.1nm
25.	eP	A	03 08 12	<u>Eastern Mediterranean Sea</u> 35.00 N 28.28 E H = 03 03 09.3 h = 10 km MB = 4.2 D = 19.77 Az = 327 (NEIS)
25.	ePKIKP	A	07 55 07	<u>Fiji Islands Region</u> 14.95 S 177.34 W H = 07 35 33.7 h = 33 km MB=5.1 MS=5.2 D = 143.67 Az = 350 (NEIS) traces
25.	ePKP	A	16 40 12	<u>Fiji Region</u> 18.01 S 178.26 W H = 16 21 33.0 h = 580 km MB = 4.3 D = 146.50 Az = 349 (ISC)
25.	ePn	A	18 05 43	<u>Central Italy</u> 42.67 N 12.69 E
	eSn	A	07 12	H = 18 03 44.7 h = 10 km
	eSg	A	08 12	D = 8.01 Az = 355 (NEIS)
25.	eP diff	A	18 19 36.5	<u>Sumba Island Region</u> 10.74 S 119.27 E
	ePKIKP	A	23 42	H = 18 05 10.8 h = 33 km MB=6.1 MS=6.0
	ePP	A	24 04	D = 109.42 Az = 320 (NEIS)
	ePPP	B	26 25	PKIKPV A 1.6s 33.0nm M = 6.3
	ePS	B	33 58	LmH B 18.5 3.7 um 6.0
	ePKKP	A	34 57	LmV B 16 4.1 um 6.1
	eSS	B	39 48	
	LmH	B	19 10.9	
	LmV	B	20.6	

Day	Phase		h m s	Remarks
25.	ePn	A	19 35 24	Central Italy 42.69 N 12.73 E
	eSn	A	36 54	H = 19 33 28.3 h = 10 km
	eSg	A	37 50	D = 8.00 Az = 355 (NEIS)
				PV A 0.9s 25.3nm M = 5.4
25.	ePn	A	20 45 05	Central Italy 42.68 N 12.63 E
	eSn	A	46 30	H = 20 43 07.6 h = 10 km
	eSg	A	47 29	D = 8.00 Az = 355 (NEIS)
25.	eP	A	23 00 43.5	Tibet 30.30 N 94.86 E
				H = 22 50 16.7 h = 33 km MB = 4.9
				D = 63.13 Az = 315 (NEIS)
26.	eP	A	04 59 11	Afghanistan - USSR Border Region
	epP	A	59 52	36.61 N 71.33 E
				H = 04 51 18.2 h = 185.6 km MB = 4.7
				D = 44.25 Az = 308 (NEIS)
				h = 200 km
26.	epP	A	07 27 51	Rat Islands, Aleutian Is.
				51.49 N 175.73 E
				H = 07 15 48.2 h = 34 km
				MB = 4.9 MS = 4.1 (NEIS)
				D = 77.5 h = 33 km
26.	ePP	AB	08 45 36	Sumba Island Region 10.67 S 119.30 E
	ePPP	B	48 00	H = 08 26 37.5 h = 33 km MB=5.6 MS=5.7
	eSKS	B	51 36	D = 109.39 Az = 320 (NEIS)
	eSKKS	B	52 32	PPV A 1.6s 44.0nm M = 5.9
	eSP	B	55 25	LmH B 19 2.4 µm 5.8
	eSPP	B	56 06	LmV B 15 1.1 µm 5.6
	eSS	B	09 01 00	
	LmH	B	32.4	
	LmV	B	39.0	
26.	ePKP	A	14 25 37	New Hebrides Islands 20.46 S 169.79 E
	epPKP	A	26 16	H = 14 06 17.8 h = 163.9 km MB = 5.0
				D = 145.30 Az = 335 (NEIS)
				h = 158 km
				PKPV A 1.6s 38.5nm

Day	Phase		h m s	Remarks
26.	eP diff	B	20 04 45	Southwestern Atlantic Ocean
	ePKIKP	AB	08 33	59.43 S 20.51 W
	ePP	B	09 16	H = 19 50 01.4 h = 33 km
	e	B	11 00	MB = 6.3 MS = 7.1 (NEIS)
	eS diff	B	17 20	D = 112.6
	ePS	B	19 00	LmH B 18s 30.9 /um M = 6.9
	ePKKP	A	19 30	LmV B 17.5 34.1 /um 6.8
	ePPS	B	20 10	
	iSS	B	25 00	
	LmV	B	53.7	
	LmH	B	54.2	
26.	eP	A	23 08 29.5	Northern Sulawesi 0.15 N 123.07 E
	ePP	A	12 50	H = 22 54 44.1 h = 140.4 km MB = 5.6
				D = 103.34 Az = 322 (NEIS)
27.	eP diff	A	07 27 01	Timor 8.06 S 125.30 E
	e	A	30 24	H = 07 12 22.5 h = 25 km MB=6.4 MS=6.8 (NEIS)
	ePKIKP	A	30 52	D = 111.2
	ePP	AB	31 35	PPV B 8s 8.0 /um M = 7.5
	eS diff	B	39 15	PKKPV A 1.5 30.2nm
	eSP	B	41 05	LmH B 20 21.7 /um 6.7
	ePKKP	A	41 58	LmV B 18 18.3 /um 6.7
	ePS	B	42 04	
	ePPS	B	42 08	
	eSS	B	47 45	
	eSSS	B	51 50	
	LmH	B	08 26.7	
	LmV	B	30.9	
27.	ePP	A	11 01 48	Timor 8.29 S 125.10 E
	LmH	B	12 03.0	H = 10 42 32.2 h = 33 km MB=5.5 MS=5.2
	LmV	B	03.8	D = 111.2
				LmH B 20s 0.6 /um M = 5.2
				LmV B 20 0.4 /um 5.0
27.	LmH	B	15 16.5	West Irian 4.32 S 139.49 E
				H = 14 03 43.0 h = 46 km MB = 5.4 (NEIS)
				D = 116.6

Day	Phase		h m s	Remarks
cont. 27.	LmV	B	15 16.5	LmH B 20s 0.4/um M = 5.0
				LmV B 20 0.5/um 5.2
28.	eP	AB	09 48 17	<u>Western Mediterranean Sea</u>
	ePP	AB	48 27	38.21 N 8.21 E
	eS	B	50 36	H = 09 45 14.5 h = 10 km MB=5.1 MS=5.0
	LmH	B	54.1	D = 12.67 Az = 10 (NEIS)
	LmV	B	54.1	PV A 1.3s 41.5nm M = 5.2
				PPV B 9 0.7/um
				LmH B 12.5 19.2/um 5.3
				LmV B 12 13.5/um
28.	ePKIKP	AB	14 31 22.5	<u>Kermadec Islands</u> 29.06 S 177.15 W
	ePKHKP	AB	31 35	H = 14 11 30.3 h = 44 km MB=5.5 MS=5.5
	ePKP2	B	31 52	D = 157.45 Az = 345 (NEIS)
	ePP	B	35 35	LmH B 18s 0.9/um M = 5.5
	eSKSP	B	45 48	LmV B 18 0.4/um 5.3
	ePPS	B	49 00	
	eSS	B	55 10	
	LmH	B	15 49.0	
	LmV	B	54.9	
28.	ePP	A	20 30 08	<u>Admiralty Islands Region</u> 1.08 S 146.23 E
	LmH	B	21 11.5	H = 20 10 05.0 h = 33 km
	LmV	B	19.7	MB = 5.2 MS = 5.5 (NEIS)
				D = 117.6
				LmH B 20s 2.2/um M = 5.8
				LmV B 20 0.4/um 5.0
28.	eP	A	23 58 02	<u>Southern Iran</u> 27.98 N 54.92 E
				H = 23 50 32.3 h = 45.2 km MB = 4.7
				D = 39.68 Az = 317 (NEIS)
29.	+iP	A	14 36 30	<u>Philippine Islands Region</u>
	ePP	AB	39 58	17.44 N 119.87 E
	eSKS	B	46 52	H = 14 23 40.5 h = 12.5 km MB=6.0 MS=6.2
	ePS	B	48 05	D = 87.74 Az = 323 (NEIS)
	eSS	B	53 10	PV A 2.2s 425.3nm M = 6.4

Day	Phase		h m s	Remarks
cont. 29.	LmV	B	15 21.5	LmH B 16s 17.1 µm M = 6.6
	LmH	B	22.9	LmV B 16 21.9 µm 6.7
29.	+iP	AB	21 11 57	Andreanof Islands, Aleutian Is.
	epP	A	12 10	51.56 N 173.97 W
	LmV	B	54.6	H = 20 59 59.2 h = 24.5 km MB=5.4 MS=5.1
	LmH	B	55.0	D = 78.06 Az = 356 (NEIS)
				h = 50 km
				PV A 1.2s 101.6nm M = 5.7
				pPV A 1.4 83.7nm
				LmH B 17 1.4 µm 5.4
				LmV B 18 0.8 µm 5.1
29.	eP	A	22 15 34	Andreanof Islands, Aleutian Is.
	epP	A	15 44	51.67 N 174.02 W
				H = 22 03 37.8 h = 37.5 km MB = 4.6
				D = 77.95 Az = 356 (NEIS)
				h = 37 km
29.	eP	A	22 20 51	Andreanof Islands, Aleutian Is.
	epP	A	21 03	51.67 N 173.94 W
				H = 22 08 53.6 h = 29.5 km MB = 4.8
				D = 77.96 Az = 356 (NEIS)
				h = 48 km
30.	eP	A	07 01 12	Central Alaska 63.16 N 151.11 W
	epP	A	01 43	H = 06 50 39.9 h = 130 km MB = 5.0
				D = 65.72 Az = 12 (NEIS)
				h = 132 km
				PV A 1.0s 13.8nm M = 5.0
				pPV A 1.2 20.3nm
30.	iPg	A	10 56 31.5	German Demokratic Republic
	iSg	A	56 46.8	51°22.3' N 12°53.5' E
				Explosion yield 7 t (CLL)
				D = 1.03

Day	Phase		h m s	Remarks
30.	eP	A	14 48 45	<u>Southern Greece</u> 36.64 N 21.60 E
	LmH	B	54.6	H = 14 45 03.6 h = 36 km MB = 4.6 (NEIS)
	LmV	B	55.9	D = 15.8
				PV A 1.0s 19.7nm M = 4.4
				LmH B 15 1.8/um 4.4
				LmV B 15 0.9/um 4.3
30.	+iP	A	15 24 25	<u>Andreanof Islands, Aleutian Is.</u>
	LmH	B	16 07.8	51.38 N 173.79 W
	LmV	B	10.3	H = 15 12 27.6 h = 33.2 km MB=5.4 MS=5.0
				D = 78.25 Az = 356 (NEIS)
				PV A 1.3s 109.2nm M = 5.7
				LmH B 17.5 1.6/um 5.4
				LmV B 16 0.6/um 5.1
30.	ePKP2	A	20 01 49	<u>Tonga Region</u> 23.24 S 174.69 W
				H = 19 41 44.2 h = 33 km MB = 5.0
				D = 152.21 Az = 351 (ISC)
30.	eP	A	20 56 27	<u>Kodiak Island Region</u> 56.63 N 152.53 W
				H = 20 45 01.7 h = 20 km MB = 4.9 (NEIS)
				D.= 72.4
31.	iP	A	00 54 29	<u>Northern Colombia</u> 7.34 N 76.30 W
	ePP	B	57 30	H = 00 42 05.4 h = 33 km MB=5.7 MS=6.4
	eSKS	B	01 04 40	D = 83.06 Az = 40 (NEIS)
	ePS	B	05 25	PV A 1.1s 48.4nm M = 5.5
	eSS	B	10 05	LmH B 19 9.8/um 6.2
	LmV	B	30.0	LmV B 20 16.3/um 6.4
	LmH	B	32.0	
31.	ePKP2	A	05 50 18	<u>Kermadec Islands Region</u>
	LmV	B	07 01.5	29.39 S 176.88 W
				H = 05 29 59.4 h = 117.3 km. MB = 4.6 (NEIS)
				D = 157.8
				LmV B 20s 0.35/um
31.	eP	A	08 25 39.5	<u>Southern Greece</u> 37.74 N 21.24 E
	LmH	B	32.2	H = 08 22 15.3 h = 72.9 km MB = 4.7

Day	Phase		h m s	Remarks
cont. 31.	LmV	B	08 32.2	D = 14.61 Az = 335 (NEIS) LmH B 14s 1.3 /um LmV B 16 1.6 /um
31.	eP epP	A A	09 10 23 10 36	<u>Andreanof Islands, Aleutian Is.</u> 51.50 N 173.85 W H = 08 58 27.1 h = 43 km MB = 4.8 D = 78.13 Az = 356 (NEIS) h = 48 km PV A 1.4s 23.3nm M = 5.0
31.	e	A	17 47(09)	<u>Poland</u> 50.32 N 19.34 E H = 17 44 50.8 h = 33 km (NEIS) D = 4.9 no time marks
31.	e(PKP2) LmV LmH	A B B	23 24 01 24(57.0) (59.0)	<u>Kermadec Islands Region</u> 29.07 S 176.80 W H = 23 03 39.5 h = 68.6 km MB=5.1 (NEIS) D = 157.8 LmH B 16s 0.4 /um LmV B 16 0.3 /um LmH, LmV no time marks

Day	Phase		h m s	Remarks
1.	eSg	A	01 30 23	Yugoslavia 46.31 N 14.4 E H = 01 27 50.3 h = 0 km (ISC) D = 4.75
1.	+iP	AB	03 06 02.0	Novaya Zemlya 73.38 N 54.58 E
	LmH	B	17.6	H = 02 59 57.5 h = 0 km MB = 5.7
	LmV	B	21.4	D = 29.24 Az = 243 (NEIS) PV A 1.0s 70.9nm M = 5.5 LmH B 14 1.0/um 4.6 LmV B 7 0.5/um 4.7
1.	epP	A	17 49 37.5	Northern Colombia 7.44 N 76.26 W
	LmV	B	18 25.0	H = 17 37 06.8 h = 28.3 km MB=5.3 MS=4.9 D = 82.95 Az = 40 (NEIS) pPV A 1.4s 13.9nm LmV B 21 0.35/um M = 4.7
1.	ePKP2	A	21 06 43	South of Kermadec Islands
	epPKP2	A	06 53	32.53 S 179.62 W H = 20 46 06.8 h = 38 km MB = 5.1 MS = 4.9 (NEIS) D = 160.0 h = 36 km
2.	ePKIKP	A	00 20 52	South of Fiji Islands 22.90 S 179.10 E
	ePKHKP	A	20 58	H = 00 02 11.1 h = 589.6 km MB = 4.9
	ePKP2	A	21 10	D = 150.64 Az = 344 (NEIS) PKHKPV A 1.2s 34.6nm
2.	-eiP	AB	05 54 07	Ryukyu Islands 26.41 N 126.41 E
	ePP	A	57 22	H = 05 41 45.6 h = 97 km MB = 5.6
	epPP	A	57 48	D = 84.16 Az = 324 (NEIS) h = 108 km PV B 8s 0.7/um M = 6.2
2.	LmH	B	10 02.8	Ryukyu Islands 27.01 N 130.17 E H = 09 13 38 h = 3 km MB = 4.9 (ISC) D = 85.6 LmH B 18s 1.7/um M = 5.5

Day	Phase		h m s	Remarks
2.	ePKP	A	10 54 45	South of Sumba Island 11.04 S 119.15 E
	e	A	55 13	H = 10 36 28.3 h = 33 km MB=6.0 MS=5.9
	e	B	55 16	D = 109.57 Az = 320 (NEIS)
	ePP	AB	55 20	LmH B 20s 4.1 μm M = 6.0
	ePPP	B	57 44	LmV B 17 3.0 μm 5.9
	eSKKS	B	11 02 20	
	ePS	B	04 44	
	eSS	B	10 45	
	LmH	B	42.4	
	LmV	B	48.8	
2.	eP	A	17 28 06	Near East Coast of Kamchatka
				52.49 N 158.89 E
				H = 17 16 35.1 h = 33 km MB = 4.9 (NEIS)
				D = 73.58 Az = 339
2.	ePn	A	22 47 59	Federal Republic of Germany
	ePb	A	48 07	48.00 N 9.28 E
	ePg	A	48 10	H = 22 47 14.5 h = 33 km
	e	A	48 16	D = 3.05 Az = 29 (NEIS)
	eSn	A	48 32	
	eiSg	A	48 49	
3.	ePKP	A	12 15 53	Tonga Islands 15.29 S 173.24 W
	epPKP	A	16 07	H = 11 56 18.4 h = 17.9 km MB=5.4 MS=5.1
	LmV	B	13 22.0	D = 144.52 Az = 355 (NEIS)
				h = 50 km
				LmV traces
3.	e(P)	A	15 45 06	Dominican Republic Region
				18.35 N 71.15 W
				H = 15 33 43.4 h = 50.5 km MB = 4.5
				D = 71.49 Az = 42 (NEIS)
				traces
3.	epP	A	22 46 02	Near Coast of Nicaragua 12.54 N 87.53 W
	LmH	B	23 29.5	H = 22 33 07 h = 78.7 km MB = 5.3
	LmV	B	29.5	D = 86.13 Az = 39 (NEIS)
				LmH B 17s 0.4 μm
				LmV B 16 0.5 μm

Day	Phase		h m s	Remarks
4.	eP	A	08 22 21	<u>Tunisia</u> 34.13 N 8.94 E
	e	A	22 24	H = 08 18 26.1 h = 33 km MB = 4.5
	e	A	22 32	D = 16.62 Az = 6 (NEIS)
4.	ePKHKP	A	09 07 56	<u>New Hebrides Islands</u> 13.68 S 166.71 E
	ePKIKP	AB	08 01	H = 08 48 39.2 h = 33 km MB=6.0 MS=6.5
	ePP	B	10 44	D = 137.94 Az = 336 (NEIS)
	ePKS	B	11 35	PKIKPV A 1.8s 121.6nm
	ePKKP	A	20 21	PPV B 7.5 4.2/um M = 6.8
	eSKSP	B	20 48	LmH B 20 9.0/um 6.5
	ePPS	B	23 00	LmV B 18.5 4.9/um 6.3
	eSS	B	28 55	
	LmH	B	10 10.2	
	LmV	B	16.5	
4.	iP	AB	15 52 53	<u>Rat Islands, Aleutian Is.</u>
	Pm	A	52 57	51.21 N 178.39 E
	ePP	B	55 45	H = 15 40 57.3 h = 33.6 km MB=5.6 MS=6.4
	ePPP	B	57 35	D = 77.90 Az = 351 (NEIS)
	eS	B	16 02 40	PmV A 1.6s 142.8nm M = 5.8
	ePS	B	03 25	PV B 11.2 6.7/um 6.9
	LmH	C	35.8	PPV B 10 2.2/um 6.2
	LmV	C	38.1	LmH C 17 23.2/um 6.6
				LmV C 16 18.6/um 6.5
4.	eP	A	16 05 37	<u>Rat Islands, Aleutian Is.</u>
				51.02 N 178.56 E
				H = 15 53 40.8 h = 33 km MB = 5.0
				D = 78.10 Az = 352 (NEIS)
4.	-eP	A	16 52 24	<u>South of Honshu, Japan</u> 33.31 N 140.66 E
	epP	A	52 34	H = 16 39 48.5 h = 16.9 km MB = 5.6
				D = 85.09 Az = 330 (NEIS)
				h = 38 km
				PV A 1.5s 65.3nm M = 5.6
4.	eP	A	16 56 21	<u>Rat Islands, Aleutian Is.</u>
				50.85 N 178.43 E
				H = 16 44 25.2 h = 33 km MB = 5.3 (NEIS)

Day	Phase		h m s	Remarks
cont. 4.				D = 78.3
				PV A 2.5s 92.2nm M = 5.4
4.	+eP	ABC	17 22 27	Rat Islands, Aleutian Is.
	e	A	22 46	51.10 N 178.27 E
	eS	C	32 17	H = 17 10 30.6 h = 31 km MB=5.5 MS=6.4
	ePS	C	33 00	D = 78.00 Az = 351 (NEIS)
				PV A 2.0s 128.2nm M = 5.6
				surface waves superposed by the following earthquakes
4.	eP	A	17 28 11	Rat Islands, Aleutian Is.
				51.26 N 178.40 E
				H = 17 16 15.5 h = 33 km MB = 5.5
				D = 77.85 Az = 351 (NEIS)
4.	eP	ABC	17 36 42	Rat Islands, Aleutian Is.
	Pm	A	36 47	51.14 N 177.95 E
	ePPP	C	41 32	H = 17 24 42.8 h = 7.7 km MB=5.8 MS=6.6
	eS	C	46 44	D = 77.92 Az = 351 (NEIS)
	ePS	C	47 15	PmV A 2.1s 651.7nm M = 6.4
	eSS	C	51 48	LmH C 17.5 55.2 µm 6.9
	LmH	C	18 17.4	LmV C 17 43.8 µm 6.9
	LmV	C	18.3	
4.	eP	A	17 50 19	Rat Islands, Aleutian Is.
				51.22 N 177.78 E
				H = 17 38 24.8 h = 45.5 km MB = 5.3
				D = 77.83 Az = 351 (NEIS)
				PV A 1.4s 37.2nm M = 5.2
4.	eP	A	18 12 08	Rat Islands, Aleutian Is.
	epP	A	12 19	51.12 N 178.25 E
				H = 18 00 11.9 h = 49.5 km MB = 4.9
				D = 77.97 Az = 351 (NEIS)
				h = 41 km
4.	eP	A	18 37 44.5	Rat Islands, Aleutian Is.
				51.20 N 177.79 E

Day	Phase		h m s	Remarks
cont. 4.	epP	A	18 37 56	H = 18 25 49.8 h = 40.7 km MB = 5.3 D = 77.85 Az = 351 (NEIS) h = 44 km PV A 1.2s 40.7nm M = 5.3
4.	eP	A	18 50 19.5	Rat Islands, Aleutian Is. 51.16 N 178.25 E H = 18 38 23.6 h = 35 km MB = 5.0 D = 77.94 Az = 351 (NEIS) PV A 1.4s 18.6nm M = 4.9
4.	eP	A	19 34 57	Rat Islands, Aleutian Is. 51.16 N 177.65 E H = 19 23 00.5 h = 35 km MB = 5.0 MS = 4.7 (NEIS) D = 78.0 PV A 0.8s 15.4nm M = 5.1
4.	eP LmH	A B	23 32 40 24 10.3	Rat Islands, Aleutian Is. 51.18 N 178.25 E H = 23 20 44.9 h = 41 km MB=5.5 MS=5.3 D = 77.92 Az = 351 (NEIS) PV A 2.3s 182.8nm M = 5.7 LmH B 18 1.6/um 5.4
5.	+iP ePn	A A	03 10 49 12 19	Eastern Kazakh SSR 50.09 N 78.96 E H = 03 02 57.8 h = 0 km MB = 5.9 D = 41.60 Az = 298 (NEIS) Underground explosion (UPP) PV A 1.2s 170.7nm M = 5.7
5.	ePP epPP	A A	11 35 57 36 11	South of Sumbawa Islands 11.13 S 118.26 E H = 11 16 59.7 h = 33 km MB=5.7 MS=4.9 D = 109.07 Az = 320 (NEIS)
5.	eP	A	15 26 08.5	Southern Sumatra 3.92 S 103.71 E H = 15 13 05.6 h = 161.6 km MB=5.2 (NEIS) D = 94.3

Day	Phase		h m s	Remarks
6.	ePP	A	04 55 02	Solomon Islands 10.35 S 161.05 E
	epPP	A	55 17	H = 04 33 27.9 h = 61 km MB = 5.5 (NEIS)
	LmH	B	05 53.0	D = 132.7
				LmH B 24s 1.1 μm
6.	ePKIKP	A	09 11 20	Papua New Guinea 6.07 S 143.09 E
	ePP	A	12 45	H = 08 52 29.9 h = 33 km
				MB = 5.4 MS = 5.6 (NEIS)
				D = 120.02
6.	ePKHKP	A	17 56 04	South of Fiji Islands 22.23 S 179.66 W
	ePKP2	A	56 13	H = 17 37 18.2 h = 583.0 km MB = 4.8
				D = 150.29 Az = 345 (NEIS)
				PKHKPV A 1.0s 23.6nm
6.	ePKHKP	A	23 20 09	Fiji Islands Region 21.76 S 179.07 W
	ePKP2	A	20 17	H = 23 01 24.3 h = 593.2 km MB = 5.1
				D = 149.98 Az = 346 (NEIS)
				PKHKPV A 1.4s 46.5nm
				PKP2V A 1.6 33.0nm
7.	LmH	B	02 32.3	South of Sumba Island 11.10 S 119.51 E
	LmV	B	32.4	H = 01 19 23.5 h = 33 km
				MB = 5.5 MS = 4.9 (NEIS)
				D = 109.8
				LmH B 16s 0.4 μm M = 5.1
				LmV B 18 0.6 μm 5.2
7.	ePn	A	03 29 42	Yugoslavia 45.03 N 17.1 E
				H = 03 27 59 h = 0 km
				D = 6.27 Az = 329 (ISC)
7.	LmH	B	05 07.2	Lake Baikal Region 52.30 N 106.69 E
				H = 04 34 10.3 h = 22 km MB = 3.9 (NEIS)
				D = 54.9
				LmH B 16s 0.45 μm M = 4.6

Day	Phase		h m s	Remarks
7.	LmH	B	18 20.3	New Ireland Region 3.71 S 151.30 E
	LmV	B	26.4	H = 17 10 44.1 h = 14 km
				MB = 5.0 MS = 4.8 (NEIS)
				D = 122.2
				LmH B 20s 0.4 μm M = 5.1
				LmV B 18 0.45 μm 5.2
7.	eSg	A	22 56 53	Pyrenees 43.26 N 0.33 W
				H = 22 50 35.1 h = 10 km (CSEM)
				D = 10.7
8.	ePKHKP	A	03 19 07	Fiji Islands Region 20.76 S 177.86 W
	epPKP	A	21 06	H = 03 00 15.2 h = 505.3 km MB=5.1 (NEIS)
				D = 148.3 h c. 530 km
				PKHKPV A 1.2s 24.4nm
9.	eP	A	02 45 38	E. USSR - N. E. China Border Region
	ePP	A	48 15	42.98 N 131.36 E
				H = 02 34 59.5 h = 499.3 km MB = 4.9 (NEIS)
				D = 73.0
				PV A 1.0s 15.7nm M = 4.2
9.	ePg	A	09 05 48.5	Czechoslovakia 50.16 N 14.02 E
	e	A	05 54	H = 09 05 17.3 h = 0 km
	eSg	A	06 10.5	D = 1.61 Az = 289 (ISC)
9.	iPn	A	09 24 06	Austria 46.31 N 13.31 E
	ePg	A	24 26	H = 09 22 56.0 h = 0 km
	iSn	A	24 56	D = 4.49 Az = 346 (ISC)
	eSg	A	25 18	
9.	-iPKHKP	A	17 57 02	Fiji Islands Region 20.11 S 177.70 W
	ePKP2	A	57 07	H = 17 38 16.4 h = 560.6 km MB=4.8 (NEIS)
				D = 148.7
				PKHKPV A 0.9s 38.9nm
10.	eSn	A	00 57 33	Yugoslavia 45.8 N 15.7 E
	e	A	57 38	H = 00 54 41 h = 0 km (ISC)
				D = 6.5

Day	Phase		h m s	Remarks
10.	eP	A	01 00 33	Crete 34.62 N 26.24 E
	e	A	00 37	H = 00 56 09.7 h = 63.7 km MB =4.1 (NEIS
				D = 19.2
10.	ePKHKP	A	01 38 54.5	South of Fiji Islands 22.11 S 179.49 W
	ePKP2	A	39 02.5	H = 01 20 08.4 h = 586.5 km MB=5.1 (NEIS)
	epPKP	A	41 15	D = 150.2
10.	eP	A	06 35 50	Crete 34.93 N 23.02 E
	Pm	A	36 02	H = 06 31 41.8 h = 33 km
	eS	B	39 16	MB = 4.6 MS = 5.1 (NEIS)
	eSS	B	39 32	D = 17.8
	LmH	B	44.5	PV A 2.0s 42.7nm M = 4.3
	LmV	B	44.6	PmV A 2.0 85.5nm 4.6
				LmH B 16 4.2 μm 4.8
				LmV B 14 4.4 μm 5.1
10.	eiPKP	A	09 43 37.5	Tonga Islands 15.69 S 174.94 W
				H = 09 24 29.1 h = 240 km MB = 4.7 (NEIS)
				D = 144.7
				PKPV A 1.1s 32.3nm
10.	eP	A	10 33 52.5	Near Coast of Guatemala
	e(sP)	A	34 28	13.95 N 91.68 W
	LmH	B	11 15.5	H = 10 21 11.5 h = 78.2 km MB=5.6 (NEIS)
	LmV	B	15.5	D = 87.6
				PV A 1.0s 63.0nm M = 5.7
				LmH B 17 0.5 μm
				LmV B 17 0.2 μm
10.	eP	A	13 52 29	Java 6.57 S 107.09 E
	epP	A	53 04	H = 13 39 01.7 h = 104.5 km MB=5.9 (NEIS)
	e(PP)	A	56 30	D = 98.5 h = 143 km
	eSKS	B	14 02 48	PV A 1.8s 40.5nm
	eS	B	03 40	
10.	eP	A	16 09 09.5	Lake Baikal Region 57.29 N 106.24 E
				H = 16 00 03.3 h = 33 km MB = 4.8 (NEIS)
				D = 51.7

Day	Phase		h m s	Remarks
cont. 10.	LmV	B	16 14.0	PV A 0.7s 15.3nm M = 5.0
	LmH	B	16.0	LmH B 16.5 0.6/um 4.7
				LmV B 17 0.45/um 4.7
10.	ePn	A	20 48 08	<u>Austria</u> 46.38 N 13.37 E
	ePg	A	48 27	H = 20 47 00.5 h = 0 km
	eSg	A	49 22	D = 4.42 Az = 345 (ISC)
11.	ePKHKP	A	05 27 29	<u>West of Macquarie Island</u>
	eX	A	27 38	59.63 S 150.29 E
	ePKP2	A	27 46.5	H = 05 07 29.7 h = 33 km
	LmH	B	06 50.7	MB = 5.4 MS = 5.1 (NEIS)
	LmV	B	53.5	D = 155.1
				XV A 1.5s 15.1nm
				PKP2V A 2.0 34.2nm
				LmH B 20 0.4/um M = 5.1
				LmV B 20 0.7/um 5.4
11.	ePKP	AB	14 27 39.5	<u>Tonga Islands</u> 15.39 S 173.21 W
	epPKP	A	27 47.5	H = 14 08 04.6 h = 33 km
	LmH	B	15 30.4	MB = 5.4 MS = 5.6 (NEIS)
	LmV	B	40.0	D = 144.6 h = 29 km
				PKPV A 1.9s 45.5nm
				LmH B 22 1.0/um M = 5.5
				LmV B 18 1.4/um 5.8
				LmH, LmV either belong to this earthquake or to the following one.
11.	ePKP	AB	14 32 03.5	<u>Tonga Islands</u> 15.40 S 173.30 W
	epPKP	A	32 11.5	H = 14 12 29.9 h = 33 km
				MB = 5.3 MS = 5.6 (NEIS)
				D = 144.6 h = 29 km
				PKPV A 1.5s 25.1nm
				PKPV B 15 1.0/um
11.	eP	AB	23 23 28.5	<u>Crete</u> 35.05 N 23.03 E
	Pm	A	23 44	H = 23 19 23.7 h = 33 km
	eS	B	26 50	MB = 5.8 MS = 6.0 (NEIS)
				D = 17.7

Day	Phase		h m s	Remarks
cont. 11.	LmH	B	23 32.4	PmV A 1.7s 521.2nm M = 5.4
	LmV	B	32.4	LmH B 17 59.6/um 5.9
				LmV B 17 77.0/um 6.2
11.	eP	A	23 35 52.5	Crete 35.13 N 23.05 E
	e	A	36 00	H = 23 31 47.5 h = 33 km MB = 4.0 (NEIS)
				D = 17.4
12.	ePP	A	00 08 05	Mediterranean Sea 35.04 N 22.86 E
	e	A	08 08.5	H = 00 03 40.9 h = 37 km MB = 3.9 (NEIS)
				D = 17.8
12.	ePP	A	02 35 07.5	Crete 34.90 N 23.14 E
				H = 02 30 44.3 h = 57 km MB = 4.0 (NEIS)
				D = 17.8
12.	eP	A	03 02 02.5	Crete 34.99 N 23.17 E
	ePP	A	02 15.5	H = 02 57 55.0 h = 36 km MB = 4.5 (NEIS)
	eS	B	05 20	D = 17.8
	LmH	B	10.8	PPV A 1.9s 37.9nm
	LmV	B	10.8	LmH B 16 1.1/um M = 4.2
				LmV B 16 1.2/um 4.4
12.	eP	A	07 08 35	Crete 35.05 N 23.04 E
				H = 07 04 31.2 h = 33 km MB = 4.0
				D = 17.66 Az = 335 (NEIS)
12.	eP	A	14 06 47	South Atlantic Ridge 12.3 S 15.0 W
				H = 13 55 55 h = 33 km MB = 4.7
				D = 66.90 Az = 18 (ISC)
12.	eP	AB	14 29 02	South Atlantic Ridge 12.78 S 14.69 W
	epP	A	29 07.5	H = 14 18 06.6 h = 21 km MB=5.3 MS=5.3
	ePP	B	31 30	D = 67.22 Az = 18 (NEIS)
	eS	B	38 00	h = 21 km
	eSS	B	42 10	PV A 2.5s 153.7nm M = 5.7
	LmH	B	52.0	pPV A 1.5 75.4nm
	LmV	B	57.5	LmH B 24 1.5/um 5.1
				LmV B 20 1.6/um 5.2

Day	Phase		h m s	Remarks
12.	eSn	A	22 25 24	Pyrenees 43.09 N 0.99 W
	eSg	A	26 40	H = 22 20 28.9 h = 33 km (NEIS)
				D = 11.1
12.	eP	A	23 28 41	Eastern Sea of Japan 41.84 N 138.42 E
	epP	A	28 53	H = 23 16 50.7 h = 32 km MB = 5.2 MS=5.1
	LmH	B	24 08.5	D = 76.85 Az = 328 (NEIS)
	LmV	B	08.6	h = 41 km
				PV A 1.2s 24.4nm M = 5.1
				LmH B 13.5 0.6/um 5.1
				LmV B 12 0.7/um 5.2
12.	LmH	B	23 41.5	South Sandwich Islands Region
	LmV	B	42.5	59.44 S 25.93 W
				H = 22 39 58.1 h = 33 km MB=5.3 MS=5.2
				D = 113.6 (NEIS)
				LmH B 24s 0.7/um M = 5.2
				LmV B 24 0.8/um 5.2
13.	eP	A	00 23 48.5	Southern Iran 27.67 N 56.49 E
				H = 00 16 07.4 h = 57 km MB = 4.7
				D = 40.86 Az = 317 (NEIS)
				traces
13.	-iPKP	AB	00 41 27	Tonga Islands 15.45 S 173.29 W
	epPKP	A	41 37	H = 00 21 52.6 h = 33 km MB=5.7 MS = 6.0
	ePP	B	44 30	D = 144.68 Az = 355 (NEIS)
	eSKKKS	B	52 00	h = 34 km
	ePS	B	55 25	PKPV A 2.0s 239.3nm
	eSS	B	01 03 15	PKPV B 12 1.8/um
	LmH	B	48.4	LmH B 18 2.5/um M = 6.0
	LmV	B	49.5	LmV B 18 3.1/um 6.1
13.	e(Sg)	A	02 05 05	West Poland (CLL)
	e	A	05 11	
13.	ePKHKP	A	03 43 48	Tonga Islands Region 22.82 S 175.35 W
				H = 03 23 58.9 h = 33 km MB = 4.3 (NEIS)
				D = 151.6

Day	Phase		h m s	Remarks
13.	ePKP	A	04 19 18	Tonga Islands 15.47 S 173.03 W H = 03 59 44.8 h = 33 km MB = 5.1 (NEIS) D = 144.5 PKPV A 1.7s 30.3nm
13.	eP	A	05 07 25	Hokkaido, Japan Region 41.34 N 142.53 E H = 04 55 25.8 h = 49.2 km MB = 4.8 D = 78.85 Az = 331 (NEIS)
13.	eP	A	13 08 16	Crete 34.95 N 23.07 E
	e	A	08 17.5	H = 13 04 09.9 h = 33 km MB = 4.3 D = 17.76 Az = 336 (NEIS)
14.	eP	A	06 04 10	Southern Sinkiang Provinc, China
	epP	A	04 15	36.97 N 79.63 E H = 05 55 20.7 h = 16 km MB = 4.8 D = 49.26 Az = 309 (NEIS) h = 21 km
14.	ePn	A	08 53 05	Serbia 43.09 N 19.9 E H = 08 50 43.2 h = 0 km D = 9.46 Az = 326 (ISC)
14.	iPg	A	09 14 08.5	D c. 1.1
	iSg	A	14 22.5	
14.	ePn	A	13 39 24	Austria 46.34 N 13.29 E
	ePb	A	39 37	H = 13 38 18.1 h = 10 km
	ePg	A	39 50	D = 4.45 Az = 346 (NEIS)
	eSn	A	40 27	
	eSg	A	40 42	
14.	LmV	B	15 53.5	South Sandwich Islands Region
	LmH	B	55.0	56.38 S 25.66 W H = 14 51 03.9 h = 38 km MB = 5.9 MS = 5.9 (NEIS) D = 110.7 LmH B 19s 2.0/um M = 5.7 LmV B 17 1.8/um 5.7

Day	Phase		h m s	Remarks
14.	eSg	A	18 39 06	West Poland (CLL)
14.	eP	A	18 53 14	Crete 34.99 N 23.06 E H = 18 49 07.6 h = 33 km MB = 4.5 D = 17.72 Az = 335 (NEIS) PV A 0.8s 23.1nm M = 4.4
15.	eP	A	15 57 46	Crete 34.91 N 23.01 E H = 15 53 38.9 h = 33 km MB = 4.5 (NEIS) D = 17.7
16.	ePKP2	A	03 30 09	Kermadec Islands 29.74 S 178.83 W H = 03 10 04.0 h = 206.7 km MB = 5.0 (NEIS) D = 157.7 PKP2V A 1.2s 24.4nm
16.	eP	A	16 10 40.5	Hindu Kush Region 36.45 N 70.67 E H = 16 02 52 h = 200.2 km MB = 4.6 D = 43.93 Az = 308 (NEIS) traces
16.	LmV	B	22 37.6	South Sandwich Islands Region
	LmH	B	39.0	56.38 S 25.88 W H = 21 35 05.9 h = 33 km MB = 4.9 MS = 5.1 (NEIS) D = 111 LmH B 16s 0.5/um M = 5.2 LmV B 20 0.7/um 5.2
16.	iPn	AB	23 49 15	Austria 46.27 N 12.97 E
	iPg	B	49 33	H = 23 48 08.4 h = 25.1 km MB=5.1 MS=5.1
	iSn	B	50 05	D = 4.47 Az = 349 (NEIS)
	iSg	B	50 28	PnV A 0.8s 1652.0nm
	LmV	B	51.1	LmH B 5.8 80.5/um M = 5.5
	LmH	B	51.2	LmV B 8.0 91.4/um
17.	ePn	A	00 22 45.5	D c. 4.0
	ePg	A	23 05	
	eSg	A	23 54	

Day	Phase		h m s	Remarks
17.	ePn	A	00 32 19	Austria 46.26 N 13.01 E
	eSn	A	33 09.5	H = 00 31 13.1 h = 33 km
	eSg	A	33 36	D = 4.49 Az = 449 (NEIS)
17.	ePn	A	05 19 42	Northern Italy 46.53 N 12.81 E
	eSn	A	20 34	H = 05 18 39.4 h = 33 km
	eSg	A	20 57	D = 4.19 Az = 350 (NEIS)
17.	eP	AB	05 37 36	South of Mariana Islands 11.77 N 143.13 E
	epP	A	37 47	H = 05 23 30.2 h = 33 km MB=6.0 MS=6.1
	ePP	A	41 54	D = 104.88 Az = 330 (NEIS)
	epPP	A	42 07	h = 41 km
	eSKS	B	48 05	PPV A 2.0s 76.9nm M = 5.9
	eS	B	49 20	LmH B 20 12.9/um 6.5
	ePS	B	51 05	LmV B 20 10.0/um 6.4
	ePPS	B	52 00	
	eSS	B	56 45	
	LmV	B	06 29.6	
	LmH	B	29.8	
17.	e(Pg)	A	09 00 30	Czechoslovakia 50.75 N 14.42 E
	eSg	A	00 55	H = 09 00.0 explosion of 14.0 t (KHC)
				D = 1.79 Az = 268
17.	eP	A	18 37 14	Southern Alaska 61.03 N 152.92 W
	epP	A	37 51	H = 18 26 29.9 h = 150.3 km MB = 4.8
				D = 67.98 Az = 11 (NEIS)
				h = 153 km
				PV A 1.0s 19.7nm M = 4.9
17.	ePg	A	21 26 26	D c. 4.4
	eSn	A	27 19	
	eSg	A	27 41	
17.	iPn	A	23 17 59	Northern Italy 46.27 N 12.93 E
	iPg	A	18 20	H = 23 16 51.5 h = 10 km
	iSn	A	18 49	D = 4.47 Az = 349 (NEIS)
	iSg	A	19 11	PnV A 0.6s 46.0nm

Day	Phase		h m s	Remarks
cont. 17.	LmH	B	23 19.9	LmH B 8s 0.4/um M = 3.0
	LmV	B	19.9	LmV B 6.5 0.7/um
18.	eP	A	05 56 43	Near Coast of Guatemala 13.56 N 89.95 W
				H = 05 44 09.3 h = 108 km MB = 5.0 (NEIS)
				D = 86.8
				PV A 1.2s 24.4nm M = 5.4
18.	eP	A	06 01 30	Crete 34.92 N 23.31 E
				H = 05 57 19.3 h = 33 km MB = 4.3
				D = 17.87 Az = 335 (NEIS)
				traces
18.	ePn	A	07 03 27	Northern Italy 46.30 N 12.93 E
	ePg	A	03 45	H = 07 02 20.0 h = 0 km (CSEM)
	eSn	A	04 15	D = 4.3
	eSg	A	04 39	
18.	ePn	A	09 59 26	Northern Italy 46.16 N 13.09 E
	ePg	A	59 47	H = 09 58 19.5 h = 10 km (CSEM)
	eSn	A	10 00 17	D = 4.3
	eSg	A	00 41	
18.	ePKIKP	A	10 05 28	New Hebrides Islands 13.58 S 166.75 E
	eSKP	A	09 04	H = 09 46 10.4 h = 73.3 km MB = 5.5
				D = 137.86 Az = 336 (NEIS)
				traces
18.	eP	A	13 16 30	Svalbard Region 76.2 N 7.0 E
				H = 13 11 00
				D = 25.76 Az = 173 (ISC)
18.	ePn	A	21 39 56.5	Austria 46.14 N 13.09 E
	ePg	A	40 14	H = 21 38 47.6 h = 33 km MB = 4.5
	eSn	A	40 46	D = 4.62 Az = 348 (NEIS)
	eSg	A	41 10	

Day	Phase		h m s	Remarks
19.	ePn	A	00 00 47	Federal Republic of Germany
	iPg	A	00 58	48.00 N 9.25 E
	eSn	A	01 20	H = 00 00 00.2 h = 33 km
	iSg	A	01 34	D = 3.06 Az = 29 (NEIS)
19.	ePn	A	00 04 49	Federal Republic of Germany
	eSb	A	05 24	47.8 N 8.8 E
	eSg	A	05 36	H 00 03 40 h = 10 km (ISC)
				D = 3.4
19.	eP	A	00 30 08.5	Southern Iran 29.63 N 51.35 E
				H = 00 23 06 h = 34.7 km MB = 4.7
				D = 36.34 Az = 317 (NEIS)
				PV A 1.2s 12.2nm M = 4.7
19.	eSg	A	02 37 27	Northern Italy 46.2 N 12.6 E
				H = 02 35 03.5 h = 11 km MB = 3.1 (TRI)
				D = 4.5
19.	ePKP	A	05 31 32	Ceram Sea 1.98 S 126.63 E
	ePP	AB	31 52	H = 05 13 09.2 h = 33 km MB=5.9 MS=5.9
	eSKS	B	38 40	D = 107.19 Az = 323 (NEIS)
	eS diff	B	39 20	LmH B 18.5s 1.3/um M = 5.5
	ePS	B	41 00	LmV B 17 2.0/um 5.8
	ePPS	B	42 00	
	eSS	B	47 20	
	LmV	B	06 21.9	
	LmH	B	28.5	
19.	eiP	A	05 45 35.5	Kurile Islands 44.19 N 149.70 E
				H = 05 33 38 h = 55.6 km MB = 4.9
				D = 78.76 Az = 334 (NEIS)
				PV A 1.8s 33.8nm M = 5.0
19.	ePKP	A	06 31 24	Samoa Is. Region 15.81 S 172.33 W
	epPKP	A	31 32	H = 06 11 47 h = 33 km MB = 4.8
				D = 145.10 Az = 356 (NEIS)
				h = 29 km

Day	Phase		h m s	Remarks
19.	ePKP epPKP	A A	13 09 23 09 28	Fiji Islands 16.37 S 178.03 E H = 12 49 46.2 h = 22 km MB=5.5 MS=5.1 D = 144.10 Az = 345 (NEIS) h = 18 km
19.	ePKHKP ePKP2	A A	14 37 34 37 52	Kermadec Islands Region 27.80 S 177.99 W H = 14 17 54.1 h = 206 km MB = 5.1 D = 156.05 Az = 345 (NEIS) PKP2V A 1.3s 21.8nm
19.	eP	A	14 49 51.5	Kurile Islands 44.42 N 149.51 E H = 14 37 52.3 h = 33 km MB = 5.0 D = 78.50 Az = 334 (NEIS) PV A 1.3s 21.8nm M = 5.0
19.	ePn eSg	A A	19 57 32 58 48.5	Northern Italy 46.26 N 13.03 E H = 19 56 26.0 h = 10 km (CSEM) D = 4.4
19.	iP	A	22 29 18	Southern Alaska 60.19 N 152.53 W H = 22 18 24 h = 104.1 km MB = 4.5 D = 68.78 Az = 11 (NEIS) PV A 0.8s 15.4nm M = 4.9
20.	eP epP	A A	02 11 55.5 12 08	Kurile Islands 44.01 N 149.54 E H = 01 59 56.3 h = 48 km MB = 4.7 D = 78.88 Az = 334 (NEIS) h = 56 km
20.	LmH LmV	B B	17 43.4 45.2	East Papua New Guinea Region 6.43 S 147.44 E H = 16 54 16.0 h = 79 km MB = 4.5 (NEIS) D = 122.6 LmH B 20s 0.4 µm LmV B 20 0.4 µm
20.	eSg	A	20 26 43	Yugoslavia 43.11 N 18.74 E H = 20 21 39.2 h = 10 km (CSEM) D = 9.0

Day	Phase		h m s	Remarks
20.	ePn	A	20 30 27	Jugoslavia 43.21 N 18.59 E
	eSn	A	32 06	H = 20 28 18.8 h = 33 km MB = 4.6
	eSg	A	33 08	D = 8.83 Az = 330 (NEIS)
	LmH	A	33.5	
	LmV	A	33.5	
21.	eP	A	03 24 15	Sakhalin Islands 46.11 N 141.33 E
	LmH	B	56.5	H = 03 12 42.5 h = 59 km MB = 4.8
	LmV	B	04 01.7	D = 74.28 Az = 329 (NEIS)
				LmH B 16s 0.5/um
				LmV B 16 0.3/um
21.	ePKHKP	AB	09 47 57	Tonga Island Region 23.50 S 175.23 W
	ePKP2	A	48 16	H = 09 27 59.5 h = 14.9 km
	LmH	B	11 05.1	MB = 5.5 MS = 5.3 (NEIS)
	LmV	B	06.1	D = 157.7
				PKHKPV A 1.8s 47.2nm
				PKP2V A 1.6 71.4nm
				LmH B 20 0.4/um M = 5.1
				LmV B 18 0.5/um 5.3
21.	eP	A	10 47 23.5	Andreanof Islands, Aleutian Is.
	epP	A	47 30	51.37 N 178.36 W
				H = 10 35 26.6 h = 30 km MB = 4.9 (NEIS)
				D = 78.0 h = 24 km
21.	LmV	B	14 10.4	Revilla Gigedo Islands Region
	LmH	B	10.5	20.03 N 109.15 W
				H = 13 15 57.3 h = 33 km
				MB = 5.7 MS = 4.7 (NEIS)
				D = 92.5
				LmH B 16.5s 1.0/um M = 5.3
				LmV B 18 1.2/um 5.4
21.	eP	A	15 01 19	Kodiak Is. Region 56.66 N 152.44 W
				H = 14 49 54.6 h = 20.2 km MB=4.8 (NEIS)
				D = 72.3

Day	Phase		h m s	Remarks
21.	ePKP2	A	17 25 25	<u>Tonga Islands</u> 20.99 S 173.80 W
				H = 17 05 29.3 h = 33 km MB = 4.5 (NEIS)
				D = 150.1
21.	eP	A	17 50 54	<u>Near East Coast of Kamchatka</u>
	epP	A	51 05	55.73 N 162.32 E
	LmH	B	18 22.2	H = 17 39 38.8 h = 48 km
	LmV	B	23.5	MB = 5.1 MS = 4.9 (NEIS)
				D = 71.2 h = 42 km
				LmH B 20s 0.5 um M = 4.8
				LmV B 20 0.7 um 4.9
21.	-iP	AB	21 12 52	<u>Northwest of Kurile Islands</u>
	Pm	A	12 55.5	51.75 N 155.21 E
	epP	AB	13 48	H = 21 01 44 h = 231 km MB = 5.6 (NEIS)
	esP	AB	14 12	D = 73.4 h = 250 km
	ePP	B	15 30	PV A 1.2s 65.0nm M = 5.2
	esPP	B	16 46	PmV A 2.2 425.3nm 5.8
	ePPP	B	17 28	PPV B 12 1.6 um 5.9
	esPPP	B	18 32	
	eS	B	22 05	
	ePS	B	23 05	
	esS	B	23 40	
	esPS	B	24 00	
	eSS	B	26 35	
	esSS	B	28 20	
	ePKPPKS	A	44 00	
22.	ePn	A	07 52 38	<u>Northern Italy</u> 46.21 N 13.09 E
	ePb	A	52 50	H = 07 51 31.5 h = 10 km (CSEM)
	ePg	A	53 03	D = 4.3
	eSn	A	53 28	
	eSb	A	53 43	
	eSg	A	53 53	
22.	ePKIKP	A	08 09 38.5	<u>East of North Is., New Zealand</u>
	epPKP	A	09 48	36.82 S 179.75 W
	ePKP2	A	10 32	H = 07 49 38.7 h = 33 km MB=5.2 (NEIS)
	epPKP2	A	10 42	D = 163.9 h = 36 km
				PKP2V A 2.0s 42.8nm

Day	Phase		h m s	Remarks
23.	ePn	A	03 00 38	<u>Albania</u> 41.50 N 20.07 E
	e	A	00 50	H = 02 58 01.2 h = 23.3 km
	ePb	A	01 15	MB = 4.7 MS = 4.5 (NEIS)
	ePg	A	01 41	D = 10.9
	eSn	A	02 42	LmH B 6s 3.2/um M = 4.8
	eSb	A	03 40	LmV B 9 3.9/um
	eSg	A	04 00	
	LmH	B	04.5	
	LmV	B	05.4	
23.	ePKIKP	A	06 16 23	<u>South of Sumbawa Island</u>
	epPKP	A	16 44	11.21 S 118.22 E
	ePP	AB	16 50.5	H = 05 57 55.6 h = 33 km
	LmH	B	07 04.6	MB = 6.0 MS = 5.4 (NEIS)
	LmV	B	12.6	D = 109.1
				PPV A 1.6s 82.4nm M = 6.2
				LmH B 21 0.9/um 5.3
				LmV B 16 0.4/um 5.1
23.	ePn	A	15 14 53	<u>Northern Italy</u> 46.33 N 12.93 E
	eSn	A	15 40	H = 15 13 44.7 h = 9 km MB = 3.0 (TRI)
	eSg	A	16 07	D = 4.3
23.	ePKIKP	A	21 03 56	<u>Banda Sea</u> 5.76 S 128.83 E
	ePP	A	04 43	H = 20 45 56.0 h = 309 km MB = 5.5 (NEIS)
	e(pPKP)	A	05 18	D = 111.5 (h = 360 km)
				PPV A 1.4s 11.6nm M = 4.9
23.	ePn	A	22 35 54	<u>Northern Italy</u> 44.35 N 7.44 E
	ePb	A	36 21	H = 22 34 09.7 h = 10 km (NEIS)
	eSn	A	37 18	D = 7.1
	eSb	A	37 38	
	eSg	A	38 00	
24.	ePn	A	00 51 00.5	<u>Austria</u> 46.36 N 13.04 E
	eSn	A	51 52	H = 00 49 51.7 h = 0 km
	eSg	A	52 14	D = 4.39 Az = 348 (ISC)

Day	Phase		h m s	Remarks
24.	eP	A	05 13 32	<u>Tunisia</u> 34.23 N 9.27 E
				H = 05 09 41.6 h = 33 km
				D = 16.50 Az = 5 (ISC)
24.	eP	A	20 47 13	<u>Crete</u> 35.07 N 23.22 E
	ePP	A	47 26	H = 20 43 08.9 h = 64.1 MB = 4.3 (NEIS)
	LmH	B	56.0	D = 17.7
	LmV	B	56.0	LmH B 12s 0.3/um
				LmV. B 16 0.5/um
25.	eP	A	03 16 30	<u>Crete</u> 34.89 N 23.15 E
	ePP	A	16 45	H = 03 12 23.5 h = 63.7 km MB = 4.2 (NEIS)
	LmV	B	25.4	D = 17.9
				LmV B 18s 0.6/um
25.	e(PP)	A	08 28 30	<u>South Western Russia</u> 48.44 N 23.0 E
				H = 08 25 02 h = 1 km (ISC)
				D = 12.7
25.	ePKIKP	A	16 33 45	<u>Fiji Islands Region</u> 21.83 S 179.45 W
	iPKHKP	A	33 50	H = 16 15 05.9 h = 605.7 km MB=5.4 (NEIS)
	eiPKP2	A	33 57.5	D = 150.0
	epPKP	A	36 12	PKHKPV A 1.6s 49.5nm
				PKP2V A 1.2 28.5nm
25.	ePP	A	18 50 38	<u>South of Sumbawa Island</u> 11.30 S 117.25 E
	epPP	A	50 48	H = 18 31 39.1 h = 33 km
				MB = 5.6 MS = 4.9 (NEIS)
				D = 108.5
25.	ePP	A	20 01 18	<u>Turkey</u> 38.69 N 31.05 E
	LmV	B	09.6	H = 19 56 56.7 h = 18.1 km MB = 4.3 (NEIS)
	LmH	B	09.8	D = 18.2
				PPV traces
				LmH B 12s 0.3/um M = 3.7
				LmV B 12 0.4/um 4.1

Day	Phase		h m s	Remarks
26.	eP	A	01 48 26	Off East Coast of Kamchatka 52.69 N 159.44 E H = 01 36 55.4 h = 33 km MB = 4.6 (NEIS) D = 73.5 PV A 1.0s 23.6nm M = 5.2
26.	LmV LmH	B B	06 42.6 43.1	West of Macquarie Island 60.04 S 150.59 E H = 04 56 57.1 h = 33 km MB = 5.3 MS = 5.7 (NEIS) D = 155.2 LmH B 17.5s 1.1/um M = 5.6 LmV B 17.5 1.5/um 5.8
26.	eP	A	08 32 49	Near East Coast of Kamchatka 53.38 N 160.75 E H = 08 21 21.7 h = 43.3 km MB=4.8 MS=4.6 D = 73.14 Az = 340 (NEIS) PV A 1.1s 20.2nm M = 5.0
26.	eP LmH LmV	A B B	19 57 40 20 25.7 25.9	Pakistan 25.43 N 68.17 E H = 19 48 48.5 h = 33 km MB = 4.5 D = 49.72 Az = 316 (NEIS) LmH B 16s 0.4/um M = 4.5 LmV B 16 0.5/um 4.7
27.	eP e	A A	14 12 18 12 32	Southern Nevada 37.15 N 116.07 W H = 14 00 00.2 h = 0 km MB = 4.8 D = 81.21 Az = 31 (NEIS) Nuclear explosion COULMMIERS at the Nevada Test Site (ERDA) PV A 1.4s 14.0nm M = 4.8
27.	ePKHKP ePKP2	A A	17 41 56 42 05	Tonga Islands 21.49 S 174.29 W H = 17 22 05.8 h = 33 km MB = 5.0 D = 150.53 Az = 352 (NEIS) PKHKPV A 1.4s 41.9nm

Day	Phase		h m s	Remarks
28.	iPn	A	01 44 22	Northern Italy 46.19 N 12.91 E
	iPb	A	44 33	H = 01 43 13.8 h = 10 km
	iPg	A	44 42	D = 4.55 Az = 350 (NEIS)
	iSn	A	45 13	
	iSb	A	45 25	
	iSg	A	45 40	
28.	ePn	A	01 57 46	Northern Italy 46.16 N 12.89 E
	iPg	A	58 05	H = 01 56 37.4 h = 10 km
	iSn	A	58 37	D = 4.57 Az = 350 (NEIS)
	iSg	A	59 02	
28.	ePKIKP	A	12.31 54	Tonga Islands 21.52 S 174.23 W
	ePKHKP	A	32 00	H = 12 12 10.3 h = 33 km MB=5.6 MS=4.8
	ePKP2	A	32 08	D = 150.57 Az = 352 (NEIS)
				PKHKPV A 1.5s 95.5nm
28.	iPn	A	13 34 46	Northern Italy 46.28 N 12.97 E
	ePg	A	35 06	H = 13 33 38.2 h = 6 km (TRI)
	iSn	A	35 37	D = 4.4
	eSg	A	36 03	
28.	ePn	A	13 41 11	Northern Italy 46.15 N 12.91 E
	ePg	A	41 30	H = 13 40 02.4 h = 10 km
	eSn	A	42 02	D = 4.58 Az = 350 (NEIS)
	eSg	A	42 26	
28.	ePn	A	17 15 55	D c. 4.4
	ePg	A	16 13	
	eSg	A	17 13	
29.	LmV	B	02 56.6	LmH B 14s 0.2/um
	LmH	B	56.7	LmV B 16 0.4/um
29.	ePg	A	06 20 43	Northern Italy 46.30 N 12.97 E
	eSn	A	21 14	H = 06 19 13.1 h = 9 km (TRI)
	eSg	A	21 38	D c. 4.5

Day	Phase		h m s	Remarks
29.	eP	A	08 08 20	Off East Coast of Kamchatka 52.62 N 159.63 E H = 07 56 49 h = 33 km MB = 4.7 (NEIS) D = 73.6
29.	ePg	A	15 36 38	D c. 4.5
	eSn	A	37 29	
	eSg	A	37 39	
29.	ePKHKP	A	18 51 12	Tonga Is. Region 18.30 S 172.78 W H = 18 31 29.4 h = 33 km MB = 5.3 D = 147.54 Az = 355 (NEIS) PKHKPV A 1.4s 30.2nm
30.	eP	A	07 05 14	Western Kazakh SSR 47.80 N 48.15 E H = 06 59 55.6 h = 0 km MB = 5.1 D = 23.87 Az = 291 (NEIS)
30.	epP	A	07 23 18.5	Nicaragua 11.25 N 85.83 W H = 07 10 25.3 h = 66 km MB = 5.2 D = 86.07 Az = 39 (NEIS)
	LmH	B	59.2	LmH B 18s 1.2 µm
	LmV	B	59.2	LmV B 18 1.5 µm
30.	eP	A	10 31 10	Utah 40.52 N 110.44 W H = 10 19 21 h = 5 km MB = 5.0 D = 76.03 Az = 34 (NEIS) h = 13 km
	epP	A	31 13.5	
30.	ePKP	A	11 57 22	Tonga Islands 15.96 S 173.03 W H = 11 37 46.2 h = 33 km MB=5.0 MS=4.5 D = 145.20 Az = 355 (NEIS) h = 39 km PKPV A 1.6s 38.5nm
	epPKP	A	57 33	
30.	eP	A	16 44 33	Western Mediterranean Sea 38.87 N 10.55 E H = 16 41 42.5 h = 10 km D = 11.80 Az = 3 (NEIS)
	e	A	44 38	

Day	Phase		h m s	Remarks
30.	LmH	B	17 08.9	Eastern Caucasus 40.08 N 44.99 E
	LmV	B	12.7	H = 16 50 37.2 h = 9.5 km MB = 4.8
				D = 25.51 Az = 306 (NEIS)
				LmH B 14s 0.5/um M = 4.2
				LmV B 16 0.6/um 4.3
30.	eP	A	19 25 15	Tadzhik - Sinkiang Border Region
	LmH	B	44.5	39.39 N 73.39 E
	LmV	B	45.5	H = 19 17 08 h = 19.4 km MB = 5.0
				D = 43.88 Az = 306 (NEIS)
				LmH B 16s 1.0/um M = 4.8
				LmV B 17 0.9/um 4.8
30.	ePKP	A	21 42 33	Samoa Is. Region 16.04 S 172.93 W
	epPKP	A	42 39	H = 21 22 57.5 h = 33 km MB=5.4 MS=5.5
	LmH	B	22 47.0	D = 145.29 Az = 355 (NEIS)
	LmV	B	48.7	h = 21 km
				PKPV A 1.6s 99.0nm
				PKPV B 8 1.6/um
				LmH B 20 1.0/um M = 5.5
				LmV B 20 1.1/um 5.6

Day	Phase		h m s	Remarks
1.	ePn	A	13 07 43	<u>Poland</u> 51.2 N 18.2 E
	e	A	08 22	H = 13 06 37 h = 33 km
				D = 4.19 Az = 264 (ISC)
1.	eP	A	13 17 54	<u>Nicobar Islands Region</u> 9.48 N 93.71 E
				H = 13 06 08.1 h = 114 km MB = 4.9 (NEIS)
				D = 77.7
				PV A 1.1s 16.1nm M = 4.7
1.	LmH	B	13 53.5	<u>South of Sumbawa Island</u> 10.08 S 117.50 E
	LmV	B	14 01.2	H = 12 52 31.1 h = 33 km MB = 5.6 (NEIS)
				D = 107.8
				LmH B 24s 1.8/um M = 5.5
				LmV B 16 0.6/um 5.3
2.	ePn	A	11 51 02	<u>Northern Italy</u> 46.37 N 12.68 E
	ePg	A	51 21	H = 11 49 58.3 h = 33 km
	iSn	A	51 52	D = 4.34 Az = 351 (NEIS)
	eSg	A	52 11.5	
2.	eP	A	13 16 11	<u>Panay, Philippine Islands</u>
	ePP	A	20 06	11.57 N 121.57 E
	LmH	B	55.9	H = 13 02 57.2 h = 33 km MB=5.4 MS=5.6
	LmV	B	14 01.3	D = 93.39 Az = 323 (NEIS)
				PV A 1.4s 16.3nm M = 5.3
				LmH B 17 3.8/um 5.9
				LmV B 17 2.6/um 5.8
2.	LmH	B	19 45.0	<u>Off Coast of Northern Peru</u>
	LmV	B	45.0	8.98 S 79.18 W
				H = 18 46 35.6 h = 46 km
				MB = 5.3 MS = 4.7 (NEIS)
				D = 98.2
				LmH B 18s 0.4/um M = 5.0
				LmV B 18 0.3/um 4.9
3.	eP	A	04 48 42	<u>North Atlantic Ocean</u> 14.14 N 48.18 W
	LmH	B	05 15.0	H = 04 38 33.7 h = 33 km MB=5.1 MS=4.7
	LmV	B	15.0	D = 60.14 Az = 39 (NEIS)

Day	Phase		h m s	Remarks
3.	ePKP	A	05 08 08.5	Loyalty Islands 20.41 S 168.29 E
	epPKP	A	08 20	H = 04 48 33.6 h = 33 km MB = 5.4
				D = 144.65 Az = 334 (NEIS)
				h = 41 km
				PKPV A 1.2s 24.4nm
3.	ePKIKP	A	05 38 50	New Ireland Region 2.63 S 149.87 E
	LmH	B	06 33.0	H = 05 19 50.2 h = 12.1 km MB=4.9 MS=5.1
	LmV	B	33.0	D = 120.64 Az = 330 (NEIS)
				PKIKPV A traces
				LmH B 20s 0.5/um M = 5.1
				LmV B 20 0.8/um 5.4
3.	ePKP	A	06 23 59	Tonga 16.80 S 173.40 W
				H = 06 04 20.0 h = 33 km
				D = 146.00 Az = 354 (ISC)
				PKPV A 1.0s 19.7nm
3.	epP	A	07 56 32	New Hebrides Islands 19.93 S 169.42 E
				H = 07 36 51.1 h = 47.5 km MB = 4.9
				D = 144.67 Az = 335 (NEIS)
3.	ePKP	A	12 39 59	Loyalty Islands 20.36 S 168.29 E
	e	A	40 10.5	H = 12 20 21.5 h = 10.8 km MB = 5.1
				D = 144.61 Az = 334 (NEIS)
				PKPV A 1.5s 50.3nm
3.	ePKHKP	A	19 22 48	Fiji Islands Region 20.42 S 178.23 W
				H = 19 04 01.5 h = 547.2 km MB = 4.6
				D = 148.85 Az = 348 (NEIS)
				PKHKPV A 0.9s 19.5nm
3.	ePKP2	A	19 56 00	Kermadec Islands Region 30.08 S 176.81 W
	e	A	56 14.5	H = 19 35 30.1 h = 33 km MB = 4.8 (NEIS)
	LmH	B	21 18.0	D = 158.5
	LmV	B	20.0	LmH B 16s 0.2/um M = 4.9
				LmV B 18 0.25/um 5.1

Day	Phase	h m s	Remarks
3.	-eiP A	22 57 42.5	Northern Sumatra 0.48 N 98.73 E
			H = 22 44 52.3 h = 13.4 km MB=5.5 MS=4.7
			D = 87.80 Az = 320 (NEIS)
			PV A 1.6s 49.5nm M = 5.6
4.	eP A	15 51 12.5	Honshu, Japan 36.09 N 139.74 E
	e A	51 14.5	H = 15 38 56.6 h = 66.2 km MB = 5.4
	e A	51 21	D = 82.30 Az = 330 (NEIS)
4.	eP A	21 45 54	Greece 38.78 N 20.39 E
	e A	46 02.5	H = 21 42 45.0 h = 10 km (CSEM)
			D = 13.40
5.	eP AB	05 38 54	Turkey 40.96 N 33.41 E
	Pm A	39 12	H = 05 34 46.8 h = 33 km MB=5.3 MS=5.8
	eS B	42 28	D = 17.96 Az = 310 (NEIS)
	LmH B	46.4	PmV A 2.8s 1437.8nm M = 5.6
	LmV B	48.4	SH B 15 7.1/um 6.1
			LmH B 18 27.6/um 5.6
			LmV B 11.5 28.4/um 5.9
5.	ePKP2 A	10 48 08	Kermadec Islands Region 29.01 S 176.89 W
			H = 10 27 46.3 h = 55.9 km MB=5.4 MS=5.7
			D = 157.45 Az = 346 (NEIS)
5.	ePKHKP A	13 48 42.5	Tonga Islands Region 22.58 S 175.74 W
			H = 13 28 50.6 h = 33 km MB = 4.8
			D = 151.40 Az = 350 (NEIS)
5.	ePKIKP A	14 34 01	Fiji Islands Region 18.58 S 177.72 W
	iPKHKP AB	34 04.5	H = 14 15 24.3 h = 572.6 km MB = 5.6
	ePKP2 A	34 07.5	D = 147.15 Az = 349 (NEIS)
			PKHKPV A 1.2s 179.0nm
5.	e(P) A	16 11 50	Mediterranean Sea 34.7 N 23.0 E
			H = 16 07 35 h = 42 km MB = 4.6
			D = 17.95 Az = 336 (ISC)

Day	Phase		h m s	Remarks
6.	LmH	B	07 43.6	North Atlantic Ocean 56.72 N 34.32 W
	LmV	B	43.6	H = 07 26 52 h = 33 km MB = 4.5
				D = 27.50 Az = 83 (NEIS)
				LmH B 14s 0.9 /um M = 4.6
				LmV B 16 1.0 /um 4.6
7.	LmH	B	05 46.6	South of Sumbawa Islands 9.97 S 117.33 E
	LmV	B	54.5	H = 04 45 43.2 h = 33 km
				MB = 5.7 MS = 5.6 (NEIS)
				D = 107.6
				LmH B 23s 3.1 /um M = 5.8
				LmV B 19 1.6 /um 5.6
7.	ePKP	A	12 29 12	South of Sumbawa Islands 9.95 S 117.32 E
	e(PP)	A	29 46	H = 12 10 43.7 h = 33 km MB=5.9 MS=6.3
	e(SKKS)	B	37 15	D = 107.59 Az = 320 (NEIS)
	LmH	B	13 11.6	LmH P 24.5s 10.1 /um M = 6.3
	LmV	B	21.2	LmV B 17 3.8 /um 6.0
7.	eP	A	12 46 02	Greece - Albania Border Region
				39.19 N 20.78 E
				H = 12 42 58.4 h = 44 km (CSEM)
				D = 13.15
7.	e	A	14 57 26	South of Sumbawa Islands 11.27 S 119.35 E
				H = 14 38 36.6 h = 33 km MB = 5.5
				D = 109.87 Az = 320 (NEIS)
				traces
7.	LmH	B	18 42.5	Sumbawa Is. Region 9.85 S 117.26 E
	LmV	B	46.5	H = 17 36 46.2 h = 33 km MB=5.8 MS=5.8
				D = 107.47 Az = 320 (NEIS)
				LmH B 22s 2.6 /um M = 5.7
				LmV B 20 1.3 /um 5.5
7.	e	A	21 55 05	Sumbawa Is. Region 9.92 S 117.29 E
				H = 21 36 11.3 h = 33 km MB=5.8 MS=5.5
				D = 107.54 Az = 320 (NEIS)
				traces

Day	Phase		h m s	Remarks
7.	LmH	B	23 53.4	Ryukyu Islands 28.87 N 128.19 E
	LmV	B	24 00.2	H = 23 06 04.9 h = 33 km MB=5.1 MS=4.5
				D = 83.07 Az = 325 (NEIS)
				LmH B 17.5s 2.4/um M = 5.6
				LmV B 16 1.2/um 5.4
8.	ePKHKP	A	17 38 11	Fiji Islands Region 21.63 S 179.32 W
	ePKP2	A	38 19	H = 17 19 27.9 h = 605.1 km MB = 5.0
				D = 149.79 Az = 346 (NEIS)
8.	eP	A	21 20 12.5	Luzon, Philippine Islands
	ePP	A	23 57	13.33 N 124.49 E
	eSKS	B	30 40	H = 21 06 52.8 h = 32 km MB=5.4 MS=5.5
	LmH	B	22 05.8	D = 93.68 Az = 324 (NEIS)
	LmV	B	10.5	PV A 1.9s 30.3nm M = 5.4
				PPV A 1.9 37.9nm 5.5
				LmH B 16.5 3.1/um 5.9
				LmV B 15 2.1/um 5.7
9.	eP	A	04 18 21.5	Komandorsky Is. Region 54.83 N 166.01 E
				H = 04 06 55.4 h = 33 km MB=4.9 MS=3.9
				D = 72.74 Az = 343 (NEIS)
				PV A 1.3s 19.7nm M = 5.0
9.	LmH	B	11 04.0	Sumbawa Island Region 9.93 S 117.29 E
	LmV	B	13.0	H = 10 03 21.9 h = 33 km
				MB = 5.6 MS = 5.1 (NEIS)
				D = 107.5
				LmH B 20s 0.6/um M = 5.2
				LmV B 20 0.35/um 4.9
9.	e	A	11 06 53	Novaya Zemlya 73.63 N 53.16 E
				H = 11 00 00.3 h = 0 km MB = 4.5 (NEIS)
				D = 28.99
				traces
10.	ePn	A	06 08 18	France 45.97 N 1.46 W
	ePg	A	09 08	H = 06 05 55.9 h = 33 km
	eSg	A	11 15	D = 9.88 Az = 57 (NEIS)
				PnV A traces

Day	Phase		h m s	Remarks
10.	eP	A	08 53 43	<u>Crete</u> 35.40 N 23.38 E
				H = 08 49 42.5 h = 81.1 km MB = 4.3
				D = 17.47 Az = 334 (NEIS)
				traces
10.	iPg	A	10 56 09.5	<u>German Democratic Republic</u>
	iSg	A	56 25.5	51.37 N 12.89 E
				Explosion, yield 9.5 t (CLL)
				D = 0.85
10.	eP diff	B	12 11 50	<u>South of Tonga Islands</u>
	ePKIKP	AB	13 43	25.86 S 175.41 W
	ePKHKP	AB	13 51	H = 11 53 53.6 h = 33 km MB=6.6 MS=7.2
	e(PKP2)	A	14 05	D = 154.67 Az = 350 (NEIS)
	ePP	B	17 44	PdiffV B 16s 0.5/um
	e	B	26 55	PKIKPV A 3.2 679.0nm
	eSKSP	B	28 08	PKHKPV A 3.1 2272.7nm
	eSPP	B	30 55	PPV B 12 22.0/um M = 7.1
	eSPPP	B	31 48	LmH B 17.5 40.6/um 7.2
	LmH	B	13 41.8	LmV B 17 71.4/um 7.5
	LmV	B	41.9	
10.	ePKIKP	A	13 28 30	<u>South of Tonga Islands</u> 25.98 S 175.49 W
	ePKHKP	A	28 39	H = 13 08 40.7 h = 33 km MB = 5.4
	ePKP2	A	28 55	D = 154.77 Az = 349 (NEIS)
10.	e	A	15 07 33	<u>Poland</u> 50.4 N 19.0 E
	eSg	A	07 50	H = 15 05 20. h = 0 km
				D = 4.71 Az = 276 (ISC)
11.	eP	A	05 15 10	<u>Andreanof Islands, Aleutian Is.</u>
				51.14 N 176.84 W
				H = 05 03 11.6 h = 33 km MB = 4.7
				D = 78.34 Az = 355 (NEIS)
				PV A 1.1s 12.1nm M = 4.8
11.	eP	A	08 07 55	<u>Utah</u> 40.49 N 110.49 W
				H = 07 56 06.5 h = 6 km MB = 4.8
				D = 76.08 Az = 34 (NEIS)
				PV A 1.4s 14.0nm M = 4.9

Day	Phase		h m s	Remarks
11.	LmH	B	15 07.7	East China Sea 29.52 N 128.33 E
	LmV	B	14.5	H = 14 21 10.4 h = 27 km MB = 5.0 (NEIS)
				D = 82.5
				LmH B 18s 1.0 µm M = 5.2
				LmV B 15 0.8 µm 5.3
11.	iPg	A	19 09 06.8	German Democratic Republic
	iSg	A	09 17.5	51.2 N 11.6 E
				H = 19 08 56 h = 33 km
				D = 0.55 Az = 177 (ISC)
11.	ePKIKP	A	21 21 30	West Chile Rise 42.85 S 83.45 W
				H = 21 02 34.7 h = 33 km MB = 4.9 (NEIS)
				D = 124.3
12.	eP	A	20 41 45	Crete 34.98 N 23.99 E
				H = 20 37 34.3 h = 33 km MB = 4.2
				D = 18.06 Az = 334 (NEIS)
13.	ePKHKP	A	00 59 34	West of Maquarie Islands
	LmH	B	02 14.7	54.52 S 144.72 E
	LmV	B	15.4	H = 00 39 36.3 h = 33 km MB=5.3 MS=5.7
				D = 151.66 Az = 282 (NEIS)
				LmH B 18s 0.7 µm M = 5.5
				LmV B 20 1.1 µm 5.6
13.	ePKIKP	A	01 04 29	Fiji Islands Region 18.17 S 178.41 W
	iPKHKP	A	04 32	H = 00 45 56 h = 595.8 km MB = 5.1
				D = 146.62 Az = 348 (NEIS)
				PKHKPV A 1.4s 34.9nm
13.	eP	A	07 09 24	Nicobar Islands Region 9.50 N 93.93 E
				H = 06 57 27.5 h = 33 km MB = 5.0
				D = 77.85 Az = 320 (NEIS)
				PV A 1.4s 14.0nm M = 4.8
13.	eP	A	08 02 44.5	Nicobar Islands Region 9.49 N 93.91 E
				H = 07 50 41.3 h = 33 km MB = 4.8
				D = 77.85 Az = 320 (NEIS)

Day	Phase		h m s	Remarks
13.	eP	A	11 42 58	Burma - India Border Region
	+ipP	A	43 14.5	23.48 N 93.35 E
	LmH	B	12 11.0	H = 11 32 09.3 h = 61 km MB = 5.2
	LmV	B	14.7	D = 67.07 Az = 317 (NEIS)
				h = 65 km
				PV A 1.1s 16.1nm M = 4.9
				pPV A 2.0 119.7nm
				LmH B 20 0.8/um
				LmV B 17 0.9/um
13.	eP	A	20 46 50	Tadzhik SSR 37.30 N 72.06 E
				H = 20 38 52.1 h = 139.7 km MB = 4.6
				D = 44.29 Az = 308 (NEIS)
13.	eP	A	21 30 54	Nicobar Islands Region 9.46 N 93.79 E
				H = 21 18 56.9 h = 33 km MB=5.1 MS=4.9
				D = 77.80 Az = 320 (NEIS)
				PV A 1.5s 22.6nm M = 5.0
13.	LmH	B	24 12.3	Off Coast of Peru 12.25 S 77.96 W
	LmV	B	14.9	H = 23 16 27.2 h = 26 km
				MB = 5.2 MS = 4.5 (NEIS)
				D = 99.1
14.	+eiPKP	AB	05 15 09	Tonga Islands 15.72 S 173.05 W
	LmH	B	06 19.3	H = 04 55 34.8 h = 33 km MB=5.9 MS=5.7
	LmV	B	21.5	D = 144.96 Az = 355 (NEIS)
				PKPV A 1.4s 200.0nm
				PKPV B 7 1.6/um
				LmH B 20 1.3/um M = 5.6
				LmV B 20 1.9/um 5.8
14.	ePKHKP	A	11 11 36	Tonga Islands 19.17 S 175.70 W
				H = 10 52 19.7 h = 250.3 km MB = 5.2
				D = 148.06 Az = 351 (NEIS)
14.	ePKIKP	A	12 48 21	New Hebrides Islands 15.37 S 167.41 E
	e	A	48 28.5	H = 12 29 13.8 h = 125 km MB = 5.7
				D = 139.76 Az = 336 (NEIS)

Day	Phase		h m s	Remarks
14.	eP	A	14 15 30	Turkey 37.42 N 32.0 E
				H = 14 11 00.2 h = 33 km MB = 4.2
				D = 19.65 Az = 319 (NEIS)
14.	LmH	B	20 11.0	South Atlantic Ridge 39.97 S 16.14 W
	LmV	B	11.0	H = 19 16 56.1 h = 33 km MB = 4.8 (NEIS)
				D = 93.3
				LmV B 18s 0.45 µm M = 5.0
14.	iPn	A	20 13 03.9	Northern Italy 46.24 N 12.90 E
	iPg	A	13 23	H = 20 11 58.1 h = 33 km
	iSn	A	13 54	D = 4.49 Az = 349 (NEIS)
	iSg	A	14 17	
15.	ePKHKP	A	21 17 28	South of Fiji Islands 22.37 S 178.24 W
				H = 20 58 15 h = 346.4 km MB = 4.5
				D = 150.74 Az = 347 (NEIS)
16.	eiP	AB	02 11 30	Kurile Islands 47.05 N 153.91 E
	eS	B	21 20	H = 01 59 36.6 h = 33 km MB=5.6 MS=5.6
	eSS	B	26 25	D = 77.39 Az = 336 (NEIS)
	LmH	B	45.6	PV A 1.8s 338.0nm M = 6.1
	LmV	B	53.1	PV B 5 1.7 µm 6.3
				LmH B 17.5 6.0 µm 6.0
				LmV B 16 3.9 µm 5.9
16.	+eP	A	03 19 15	South Atlantic Ridge 18.56 S 12.81 W
	LmV	B	49.7	H = 03 07 50.5 h = 21 km MB = 5.3
	LmH	B	50.0	D = 72.18 Az = 16 (NEIS)
				PV A 2.1s 105.0nm M = 5.5
				LmH B 19 0.7 µm 4.9
				LmV B 18 0.8 µm 5.1
16.	eP	A	04 36 38.5	Southern Alaska 59.88 N 152.55 W
	e	A	37 09	H = 04 25 40 h = 82.2 km MB = 4.6
				D = 69.08 Az = 11 (NEIS)

Day	Phase		h m s	Remarks
16.	eP	A	10 57 07.5	Kurile Islands 47.40 N 153.55 E H = 10 45 17.6 h = 42 km MB = 4.7 D = 76.98 Az = 336 (NEIS) PV A 0.9s 19.5nm M = 5.1
16.	ePKP2	AB	13 34 37	Kermadec Islands Region 30.06 S 176.85 W
	ePP	B	38 12	H = 13 14 05 h = 19.8 km
	eSS	B	58 20	MB = 5.2 MS = 5.7 (NEIS)
	LmH	B	15 02.6	D = 158.2
	LmV	B	10.8	PKP2V A 1.6s 27.5nm PKP2V B 9 0.5 μm LmH B 18 1.0 μm M = 5.6 LmV B 18 1.3 μm 5.8
16.	eP	A	19 18 15	Kurile Islands Region 46.95 W 154.06 E H = 19 06 21.6 h = 45.1 km MB = 4.6 D = 77.53 Az = 337 (NEIS)
16.	eP	A	19 23 02	Kurile Islands 47.08 N 153.93 E
	LmH	B	57.2	H = 19 11 08.9 h = 33 km MB = 5.1
	LmV	B	20 06.2	D = 77.38 Az = 336 (NEIS) PV A 0.9s 31.2nm M = 5.3 LmH B 18 0.8 μm 5.1 LmV B 16 0.4 μm 4.9
16.	eP	A	21 17 19	Kurile Islands 49.42 N 155.43 E H = 21 05 37.3 h = 40.7 km MB=4.9 MS=4.6 D = 75.62 Az = 337 (NEIS)
16.	ePKP	A	21 27 47	Sumbawa Islands Region 9.73 S 117.12 E
	LmH	B	22 10.1	H = 21 09 17.7 h = 33 km MB=5.6 MS=5.8
	LmV	B	19.4	D = 107.29 Az = 320 (NEIS) LmH B 25s 5.5 μm M = 6.1 LmV B 20 2.4 μm 5.8
17.	eP	A	03 57 53	Burma - China Border Region 25.89 N 98.85 E H = 03 46 49.3 h = 33 km MB = 4.7 D = 68.74 Az = 317 (NEIS)

Day	Phase		h m s	Remarks
17.	+ePKIKP	AB	17 46 28.5	North of New Zealand 27.91 S 173.08 E
	ePKHKP	A	46 36.5	H = 17 26 40.4 h = 33 km
	ePKP2	A	46 49	MB = 6.3 MS = 6.7 (NEIS)
	e	B	49 24	D = 153.3
	ePPS	B	03 00	PKIKPV A 1.8s 135.1nm
	eSS	B	09 40	PKIKPV B 7 1.5 μm
	LmH	B	19 03.4	PKHKPV A 2.0 367.5nm
	LmV	B	14.5	LmH B 19 12.4 μm M = 6.7
				LmV B 20 20.7 μm 6.9
17.	ePKHKP	A	19 32 29	North of New Zealand 27.91 S 173.65 E
				H = 19 12 20.2 h = 33 km MB = 5.1 (NEIS)
				D = 153.5
18.	LmH	B	07 07.5	West Irian Region 2.01 N 132.66 E
				H = 06 07 21.8 h = 33 km
				MB = 5.1 MS = 4.3 (NEIS)
				D = 107.5
				LmH B 16s 0.35 μm M = 5.0
18.	eP	A	07 15 29	South of Alaska 54.80 N 154.63 W
				H = 07 03 53.5 h = 33 km MB = 4.9 (NEIS)
				D = 74.3
				PV A 1.1s 14.1nm M = 4.9
18.	eP	A	20 34 14	Kurile Islands Region 46.92 N 154.28 E
	LmH	B	21 08.4	H = 20 22 20.2 h = 33 km MB = 5.1 (NEIS)
	LmV	B	15.5	D = 77.5
				PV A 1.3s 39.3nm M = 5.3
				LmH B 15 0.4 μm 4.8
18.	eP	A	21 23 49.5	Kurile Islands 46.99 N 154.01 E
	e	A	24 34	H = 21 11 55.1 h = 33 km MB = 4.8 (NEIS)
				D = 77.5
				PV A 1.0s 11.8nm M = 4.9
18.	ePKP	A	23 43 14.5	Fiji Islands Region 18.04 S 178.41 W
				H = 23 24 39.2 h = 603.4 km MB=5.3 (NEIS)
				D = 146.5
				PKPV A 2.0s 85.5nm

Day	Phase		h m s	Remarks
19.	eP	A	02 26 38.5	Central Alaska 62.88 N 150.56 W
				H = 02 16 02.6 h = 101.5 km MB=5.0 (NEIS)
				D = 66.0
				PV A 1.6s 27.5nm M = 4.9
19.	ePKHKP	A	02 41 28.5	Tonga Islands 20.75 S 173.96 W
	LmV	B	03 58.3	H = 02 21 40.4 h = 33 km
	LmH	B	58.4	MB = 5.3 MS = 5.5 (NEIS)
				D = 149.8
				PKHKPV A 1.6s 44.0nm
				LmH B 17 0.6 μm M = 5.4
				LmV B 17 0.7 μm 5.5
19.	eP	AB	06 42 42	Southern Iran 27.79 N 54.88 E
	ePP	AB	44 20	H = 06 35 10.9 h = 33 km MB=5.6 MS=5.2
	eS	B	48 45	D = 39.79 Az = 317 (NEIS)
	eSS	B	51 45	PV A 1.3s 26.2nm M = 4.8
	LmH	B	07 03.0	LmH B 16 3.7 μm 5.3
	LmV	B	03.0	LmV B 17 4.2 μm 5.3
19.	ePKHKP	A	08 01 38	Tonga Islands 18.14 S 175.24 W
				H = 07 42 24.5 h = 259.5 km MB = 5.1
				D = 147.11 Az = 352 (NEIS)
				PKHKPV A 1.2s 42.7nm
19.	eP	A	11 48 32	Kurile Islands Region 46.96 N 154.33 E
				H = 11 36 37.8 h = 42 km MB=4.9 MS=3.9
				D = 77.84 Az = 337 (NEIS)
				PV A 1.0s 11.8nm M = 4.9
19.	eP	A	17 38 55	Southern Sinkiang Province, China
	LmH	B	59.3	39.16 N 91.04 E
	LmV	B	18 03.3	H = 17 29 24.8 h = 33 km MB=5.1 MS=4.0
				D = 54.84 Az = 310 (NEIS)
				PV A 1.2s 18.3nm M = 5.0
				LmH B 16 0.6 μm 4.7
				LmV B 12 0.8 μm 5.1

Day	Phase		h m s	Remarks
19.	eP	A	21 32 22	Kurile Islands 49.35 N 155.63 E
	LmH	B	22 07.5	H = 21 20 41.6 h = 61.5 km MB = 5.3
	LmV	B	07.5	D = 75.73 Az = 337 (NEIS)
				PV A 1.6s 32.9nm M = 5.0
				LmH B 18 0.7 μm 5.0
				LmV B 24 0.45 μm 4.7
19.	iP	A	22 51 51	Taiwan Region 22.61 N 121.61 E
	eS	B	23 01 58	H = 22 39 34.1 h = 158 km MB = 5.5
	LmH	B	34.4	D = 84.63 Az = 323 (NEIS)
	LmV	B	34.4	PV A 1.2s 69.1nm M = 5.3
				LmH B 14 0.45 μm
				LmV B 14 0.6 μm
20.	eP	AB	05 51 57	Kurile Islands 47.15 N 154.09 E
	eS	B	06 01 47	H = 05 40 05.7 h = 44 km MB=5.4 MS=5.4
	LmH	B	26.2	D = 77.35 Az = 337 (NEIS)
	LmV	B	34.3	PV A 1.5s 121.0nm M = 5.7
				PV B 8 1.2 μm 5.9
				LmH B 17 4.7 μm 5.9
				LmV B 17 2.9 μm 5.7
20.	eP	A	06 17 16	Kurile Islands 47.16 N 154.09 E
				H = 06 05 22.1 h = 33 km MB = 5.0
				D = 77.34 Az = 337 (NEIS)
				PV A 1.1s 20.2nm M = 5.1
20.	eP	A	08 09 02	Kurile Islands 47.24 N 153.95 E
				H = 07 57 10.1 h = 37.1 km MB = 5.2
				D = 77.24 Az = 336 (NEIS)
				PV A 1.3s 41.5nm M = 5.3
20.	eP	A	08 29 22	Komandorsky Islands Region
	epP	A	29 33	56.43 N 164.13 E
	LmH	B	09 02.1	H = 08 18 07 h = 40 km MB=5.2 MS=4.9
	LmV	B	06.7	D = 70.89 Az = 342 (NEIS)
				h = 42 km
				PV A 1.6s 49.5nm M = 5.3
				LmH B 16 1.7 μm 5.4
				LmV B 15 0.9 μm 5.2

Day	Phase		h m s	Remarks
20.	eP	A	11 26 13	Kurile Islands 47.31 N 153.89 E
				H = 11 14 20.8 h = 39 km MB = 4.9
				D = 77.15 Az = 336 (NEIS)
				PV A 1.3s 26.2nm M = 5.1
20.	e	A	11 54 06	Sumbawa Islands Region 9.78 S 117.10 E
	LmH	B	12 36.3	H = 11 35 23.5 h = 33 km MB=5.3 MS=5.3
	LmV	B	51.7	D = 107.31 Az = 320 (NEIS)
				LmH B 22s 0.7/um M = 5.2
				LmV B 18 0.7/um 5.3
20.	eP	A	12 38 28	Kurile Islands 47.33 N 154.03 E
				H = 12 26 35.7 h = 33 km MB = 4.6
				D = 77.17 Az = 337 (NEIS)
20.	eP	A	12 57 40	Kurile Islands 47.38 N 153.92 E
				H = 12 45 48.3 h = 35.7 km MB = 4.8
				D = 77.10 Az = 336 (NEIS)
20.	LmV	B	23 03.0	Near N. Coast of West Irian
				2.89 S 139.04 E
				H = 21 51 03.4 h = 37 km MB = 5.3 (NEIS)
				D = 115.2
21.	eP	A	00 57 55	Kurile Islands 47.15 N 153.98 E
				H = 00 46 02 h = 33 km MB = 4.8
				D = 77.32 Az = 337 (NEIS)
				PV A 1.0s 15.8nm M = 5.0
21.	LmH	B	01 54.0	Kyushu, Japan 30.94 N 131.51 E
	LmV	B	54.0	H = 01 00 30.1 h = 68.4 km MB = 5.0
				D = 83.01 Az = 326 (NEIS)
				LmH B 18s 0.2/um
				LmV B 18 0.3/um
21.	iPg	A	08 19 27.3	Czechoslovakia 50.60 N 13.86 E
	iSg	A	19 47.5	Explosion
				H = 08 19.0 (KHC)
				D = 1.43 Az = 273

Day	Phase		h m s	Remarks
21.	ePg	A	15 00 30	Czechoslovakia 50.54 N 14.65 E
	eSg	A	00 55	Explosion yield 11 t
				H = 15 00.0 (KHC)
				D = 1.94 Az = 274
21.	eP	A	19 21 36	Fox Islands, Aleutian Is.
				52.35 N 171.44 W
				H = 19 09 47.2 h = 67.3 km MB = 5.3
				D = 77.35 Az = 358 (NEIS)
21.	ePKP2	A	22 34 12	North of New Zealand 27.72 S 173.76 E
				H = 22 14 00 h = 33 km MB = 5.3
				D = 153.38 Az = 334 (NEIS)
22.	eP	A	01 35 30	Northern Colombia 7.14 N 72.92 W
	epP	A	36 07	H = 01 23 27 h = 168.8 MB = 5.3
				D = 81.06 Az = 40 (NEIS)
				h = 151 km
				PV A 2.1s 38.3nm M = 4.8
				pPV A 2.0 42.7nm
22.	eP	AB	10 06 17	Crete 34.95 N 23.16 E
	e	A	06 30	H = 10 02 09.1 h = 33 km MB=5.0 MS=4.3
	eS	A	09 40	D = 17.79 Az = 335 (NEIS)
	LmH	B	13.7	PV A 1.2s 32.6nm M = 4.3
	LmV	B	15.0	LmH B 16.5 2.7/um 4.6
				LmV B 17 3.3/um 4.8
22.	eP	A	12 11 04	Near East Coast of Honshu, Japan
				36.72 N 141.33 E
				H = 11 58 45.7 h = 44 km MB = 4.9
				D = 82.40 Az = 330 (NEIS)
22.	-eP	AB	18 10 08.5	Santiago Del Estero Prov., Argentina
	-epP	A	12 24	27.95 S 62.97 W
	ipP	B	12 28	H = 17 57 17.4 h = 614 km MB = 6.1
	esP	B	13 28	D = 102.12 Az = 39 (NEIS)
	-ePP	B	14 26	h = 633 km
	epPP	AB	16 25	PV A 2.2s 98.2nm M = 6.0

Day	Phase		h m s	Remarks
cont. 22.	iSKS	B	18 19 52	PPV A 2.1s 4118.8nm M = 7.4
	iS	B	21 04	SH B 11 3.3/um 6.3
	eSP	B	22 34	PKKPV A 2.4 151.9nm
	ePS	B	23 59	LmH B 16 1.8/um
	esS	B	24 56	LmV B 17 2.1/um
	ePKKP	A	26 33	
	LmH	B	57.3	
	LmV	B	59.0	
22.	ePKP	A	21 17 07.5	Fiji Islands Region 15.60 S 176.96 W
				H = 20 58 15.9 h = 391.6 km MB = 4.5
				D = 144.37 Az = 351 (NEIS)
				PKPV A 1.2s 20.3nm
22.	ePKHKP	A	23 53 09	South of Fiji Islands 22.03 S 179.13 W
				H = 23 34 14.4 h = 509.6 km MB = 4.7
				D = 150.22 Az = 346 (NEIS)
				traces
23.	ePKHKP	A	03 04 46.5	Fiji Islands Region 21.68 S 179.40 W
	ePKP2	A	04 53.5	H = 02 46 02.2 h = 591.7 km MB = 5.0
	epPKP	A	07 13	D = 149.83 Az = 346 (NEIS)
				pPKPV A traces
23.	ePKIKP	AB	10 51 24	Loyalty Islands Region 21.49 S 170.30 E
	iPKHKP	A	51 25	H = 10 31 53.1 h = 89 km MB = 5.6
	ipPKP	AB	51 47.5	D = 146.43 Az = 335 (NEIS)
	LmV	B	11 50.0	PKHKPV A 1.3s 227.0nm
				LmV B 29 0.9/um
23.	LmH	B	19 42.0	North Atlantic Ridge 52.72 N 31.08 W
	LmV	B	42.0	H = 19 26 25.4 h = 33 km MB=4.5 MS=4.2
				D = 26.27 Az = 77 (NEIS)
				LmH B 15s 0.6/um M = 4.3
				LmV B 15 0.35/um 4.2
24.	ePKP2	A	00 40 37	Kermadec Islands 30.50 S 177.82 W
				H = 00 20 05.7 h = 18.6 km MB = 5.4
				D = 158.8 (NEIS)

Day	Phase		h m s	Remarks
24.	e(P)	A	05 42 55	Crete 34.47 N 26.83 E
				H = 05 38 18.5 h = 33 km MB = 4.4
				D = 19.61 Az = 330 (NEIS)
24.	eP	A	06 04 04.5	North Atlantic Ridge 52.18 N 31.56 W
	LmH	B	13.1	H = 05 58 27.8 h = 33 km MB=4.9 MS=5.0
	LmV	B	14.6	D = 26.68 Az = 76 (NEIS)
				PV A 1.4s 25.6nm M = 4.6
				LmH B 16 2.9 µm 4.9
				LmV B 14 2.5 µm 5.1
24.	eP	A	07 20 51	Alaska Peninsula 56.53 N 161.72 W
	epP	A	21 39	H = 07 09 41.2 h = 198.3 km MB = 4.7
				D = 73.05 Az = 4 (NEIS)
				h = 202 km
				PV A 1.3s 19.7nm M = 4.7
				pPV A 1.3 26.2nm
24.	eP	A	18 46 26	Kurile Islands 47.19 N 154.12 E
				H = 18 34 32.3 h = 30.6 km MB = 5.0
				D = 77.33 Az = 337 (NEIS)
				PV A 1.1s 18.1nm M = 5.0
24.	LmH	B	20 29.8	Balleny Islands Region 63.49 S 172.19 E
	LmV	B	30.5	H = 18 43 42.5 h = 33 km
				MB = 5.1 MS = 5.2 (NEIS)
				D = 163.6
				LmH B 18s 0.5 µm M = 5.3
				LmV B 18 0.6 µm 5.5
25.	eP	A	18 09 02.5	Southern Sinkiang Province, China
				40.82 N 79.15 E
				H = 18 00 35.1 h = 29.1 km MB = 4.7
				D = 46.63 Az = 306 (NEIS)
25.	eP	A	22 07 29	Near East Coast of Honshu, Japan
				36.26 N 141.40 E
				H = 21 55 08 h = 41 km MB = 5.1
				D = 82.83 Az = 330 (NEIS)

Day	Phase		h m s	Remarks
26.	e	A	02 40 21	Fiji Islands Region 15.57 S 177.29 W
	LmV	B	03 57.5	H = 02 20 35.1 h = 33 km MB=4.8 MS=5.5
				D = 144.28 Az = 350 (NEIS)
26.	ePKP	A	11 39 51	Fiji Islands Region 15.55 S 177.40 W
	LmH	B	12 56.4	H = 11 20 16.1 h = 41 km MB=5.0 MS=5.7
	LmV	B	57.2	D = 144.24 Az = 350 (NEIS)
				LmH B 18s 0.8 µm M = 5.5
				LmV B 17 0.7 µm 5.5
26.	eP	A	15 22 54.5	Rat Islands, Aleutian Is.
	LmH	B	16 05.8	51.15 N 178.33 E
	LmV	B	08.2	H = 15 10 58.8 h = 33 km MB=5.6 MS=5.2
				D = 77.96 Az = 351 (NEIS)
				PV A 1.4s 88.4nm M = 5.6
				LmH B 15 0.9 µm 5.2
				LmV B 16 1.1 µm 5.3
26.	eP	A	17 09 42	Iran 31.55 N 51.17 E
				H = 17 02 51.2 h = 47.9 km MB = 4.7
				D = 34.86 Az = 315 (NEIS)
27.	eP	A	00 29 19	Southern Iran 29.74 N 50.69 E
				H = 00 22 22.3 h = 34.2 km MB = 4.8
				D = 35.86 Az = 317 (NEIS)
27.	eP	A	07 03 47.5	Dodecanese Islands 35.46 N 27.61 E
	eX	A	03 56	H = 06 59 27.3 h = 51.9 km MB=4.9 MS=4.8
	eS	B	07 35	D = 19.09 Az = 328 (NEIS)
	LmH	B	11.0	PV A 1.4s 102.2nm M = 4.9
	LmV	B	13.5	XV A 1.5 206.0nm
				LmH B 13.5 3.9 µm 4.9
				LmV B 16 3.2 µm 4.9
27.	ePKHKP	A	11 48 04	South of Fiji Islands 23.59 S 179.92 W
	epPKP	A	50 12	H = 11 29 09.8 h = 531.5 km MB = 5.0
				D = 151.54 Az = 345 (NEIS)
				PKHKPV A 1.5s 22.6nm
				pPKPV A 1.5 27.6nm

Day	Phase		h m s	Remarks
27.	ePKP	A	12 25 55	Fiji Islands Region 16.38 S 177.52 W H = 12 06 19.2 h = 33 km MB = 5.1 D = 145.04 Az = 350 (NEIS)
27.	ePKHKP	A	12 51 11	South Pacific Cordillera 55.31 S 128.97 W H = 12 31 11.8 h = 33 km MB=5.1 MS=5.4 D = 156.05 Az = 85 (NEIS)
27.	eP	A	13 27 11	Dodecanese Islands 35.25 N 27.79 E H = 13 22 41.5 h = 33 km D = 19.34 Az = 328
27.	ePKHKP	A	18 12 56	Fiji Islands Region 20.91 S 179.16 W H = 17 54 15.9 h = 622.5 km MB = 4.8 D = 149.13 Az = 347 (NEIS)
27.	eP eS LmH LmV	AB B B B	22 47 35 50 57 53.7 55.1	Turkey 37.96 N 27.88 E H = 22 43 32.5 h = 24.3 km MB=4.7 MS=4.7 D = 17.17 Az = 323 (NEIS) PV A 1.8s 87.9nm M = 4.6 PV B 11 1.8/um 5.1 SH B 9 2.5/um 6.1 LmH B 13 5.8/um 5.0 LmV B 12 3.7/um 5.0
28.	eP	A	00 45 15	Turkey 37.99 N 27.95 E H = 00 41 11.7 h = 11.8 km MB = 4.0 D = 17.17 Az = 323 (NEIS)
28.	eP	A	13 29 33	Taiwan Region 32.43 N 121.45 E H = 13 16 58.3 h = 25.2 km MB = 5.1 D = 84.68 Az = 323 (NEIS)
28.	ePKHKP ePKP2	A A	23 33 31 33 41	South of Fiji Islands 23.68 S 179.80 W H = 23 14 33.6 h = 501.9 km MB = 4.8 D = 151.66 Az = 345 (NEIS)

Day	Phase		h m s	Remarks
29.	ePn	A	02 50 43	<u>Yugoslavia</u> 46.13 N 14.71 E
	eSg	A	52 02	H = 02 49 24.4 h = 10 km
				D = 4.96 Az = 337 (NEIS)
29.	+iP	A	03 14 46.5	<u>Eastern Kazakh SSR</u> 49.84 N 78.17 E
	ePn	A	16 19.5	H = 03 06 57.7 h = 0 km MB = 5.5
				D = 41.26 Az = 298 (NEIS)
				Underground explosion M = 5.6 (UPP)
				PV A 0.8s 107.8nm M = 5.6
29.	+iP	A	03 14 54.5	<u>Eastern Kazakh SSR</u> 50.06 N 78.91 E
	ePn	A	16 32	H = 03 07 02.9 h = 0 km MB = 5.6
				D = 41.58 Az = 298 (NEIS)
				Underground explosion M = 6.6 (UPP)
				PV A 1.1s 125.0nm M = 5.6
29.	ePKIKP	A	10 34 17.5	<u>New Hebrides Islands</u> 14.43 S 167.26 E
				H = 10 15 12.1 h = 183.9 km MB = 5.1
				D = 138.84 Az = 336 (NEIS)
29.	eP	A	10 45 45	<u>Kurile Islands</u> 47.14 N 153.16 E
				H = 10 33 56.7 h = 59 km MB = 4.5
				D = 77.11 Az = 336 (NEIS)
29.	ePKHKP	A	17 35 40	<u>Fiji Islands Region</u> 20.72 S 178.03 W
				H = 17 16 52.2 h = 538.1 km MB = 4.8
				D = 149.18 Az = 348 (NEIS)
29.	ePKIKP	A	20 34 32	<u>East Papua New Guinea Region</u>
	epPKP	A	34 59	6.22 S 146.64 E
	eSS	B	53 30	H = 20 15 45.1 h = 106 km MB = 5.9
	LmH	B	21 19.0	D = 122.05 Az = 328 (NEIS)
	LmV	B	24.9	LmH B 18s 2.1 μm
				LmV B 20 1.3 μm
30.	eSn	A	00 37 28.5	<u>Albania</u> 41.86 N 20.20 E
				H = 00 32 59.6 h = 10 km (CSEM)
				D = 10.63

Day	Phase		h m s	Remarks
30.	ePKHKP	A	01 23 51	Fiji Islands Region 20.68 S 178.43 W
	ePKP2	A	23 57.5	H = 01 05 06.2 h = 567 km MB = 5.1
				D = 149.07 Az = 348 (NEIS)
30.	ePKP	A	02 09 31	South of Sumbawa Islands
	e	A	09 51	10.21 S 118.73 E
	LmH	B	03 02.0	H = 01 50 59.1 h = 33 km MB=5.7 MS=5.3
	LmV	B	04.1	D = 108.68 Az = 320 (NEIS)
				PKPV A traces
				LmV B 18s 1.2/um M = 5.5
30.	ePKIKP	A	06 44 07	Fiji Islands Region 20.42 S 178.57 W
	iPKHKP	A	44 11.5	H = 06 25 30 h = 600 km MB = 5.6
	iPKP2	A	44 17.5	D = 148.78 Az = 347 (NEIS)
	epPKP	A	46 29	PKHKPV A 0.9s 105.0nm
				PKP2V A 1.5 105.5nm
30.	ePKIKP	A	13 12 40	New Hebrides Islands 14.87 S 166.95 E
	epPKIKP	A	13 07	H = 12 53 22.8 h = 102.8 km MB = 5.6
	eSKP	A	16 05	D = 139.12 Az = 336 (NEIS)
	LmV	B	14 06.5	h = 95 km
				SKPV A 3.5s 375.0nm
				LmV B 20 0.7/um
30.	ePKP2	A	16 46 13.5	Kermadec Islands Region
				27.19 S 176.72 W
				H = 16 25 58 h = 47.4 km MB = 5.2
				D = 155.73 Az = 347 (NEIS)
30.	ePKP	A	22 01 22	Fiji Islands Region 16.34 S 176.05 W
				H = 21 42 24.9 h = 356.1 km MB = 4.6
				D = 145.22 Az = 351 (NEIS)
30.	ePKP2	A	22 47 24	Kermadec Islands Region
	LmV	B	24 06.8	27.39 S 176.40 W
				H = 22 27 01.9 h = 57 km
				MB = 5.3 MS = 4.7 (NEIS)
				D = 155.9

Day	Phase	h m s	Remarks
31.	eP A	09 51 52	Near East Coast of Kamchatka 55.96 N 162.79 E H = 09 40 38.5 h = 65.5 km MB = 4.3 (NEIS) D = 71.1 PV A 1.0s 13.8nm M = 4.8
31.	ePKHKP A	13 27 05.5	Tonga Islands 20.68 S 174.82 W H = 13 07 27.8 h = 85.9 km MB = 4.8 D = 149.67 Az = 352 (NEIS) PKHKPV A 1.8s 67.6nm

Day	Phase		h m s	Remarks
1.	eP	A	04 04 49	Eastern USSR 55.44 N 130.55 E H = 03 54 26 h = 33 km MB = 4.5 D = 62.73 Az = 321 (NEIS)
1.	ePKIKP	A	08 45 16	Tonga Islands Region 22.83 S 174.65 W H = 08 25 22.1 h = 33 km MB=4.9 MS=5.0 D = 151.80 Az = 352 (NEIS) PKIKPV A 1.8s 33.8nm
2.	ePKP	A	01 39 07	Tonga Islands 15.39 S 173.32 W H = 01 19 27.9 h = 30.1 km MB=5.3 MS=4.8 D = 144.61 Az = 355 (NEIS)
2.	eP	A	06 42 17	Off East Coast of Kamchatka 51.91 N 160.13 E H = 06 30 40.3 h = 33 km MB = 4.9 (NEIS) D = 74.5
2.	ePKP	A	11 08 34	Easter Island Cordillera
	LmH	B	12 09.4	49.74 S 116.30 W
	LmV	B	09.6	H = 10 48 51.0 h = 33 km MB = 5.0 MS = 5.4 (NEIS) D = 147.2 LmH B 18s 0.7/um M = 5.4 LmV B 18 0.7/um 4.7
2.	iPn	A	14 43 27	Federal Republic of Germany
	ePg	A	43 42	50.92 N 6.69 E
	iSn	A	44 00	H = 14 42 38.8 h = 25 km
	iSg	A	44 16	D = 3.14 Az = 93 (ISC)
2.	ePKP	A	23 55 40	Fiji Islands Region 17.29 S 179.22 W H = 23 37 03.3 h = 555.1 km MB =5.1 (NEIS) D = 145.7 PKPV A 1.7s 48.5nm
3.	eP	AB	02 25 52.5	Bulgaria 42.12 N 24.03 E
	eS	B	28 20	H = 02 22 56.0 h = 11 km MB = 5.2
	LmH	B	29.9	D = 12.07 Az = 319 (ISC)

Day	Phase		h m s	Remarks
cont. 3.	LmV	B	02 31.0	PV A 1.6s 54.9nm M = 5.4
				LmH B 13.5 29.1 µm 5.4
				LmV B 9 off scale
3.	ePn	A	09 07 21	Yugoslavia 42.78 N 20.74 E
	eSn	A	09 23	H = 09 05 15.5 h = 10 km (CSEM)
				D = 10.05
3.	e	A	12 22 05	Western Poland (CLL)
3.	eP	A	12 39 58	Kurile Islands 44.40 N 149.35 E
				H = 12 28 00.7 h = 44 km MB = 4.6 (NEIS)
				D = 78.4
4.	LmH	B	04 51.5	LmH B 16s 0.4 µm
	LmV	B	51.6	LmV B 16 0.5 µm
4.	eP	AB	10 04 51	Andreanof Islands, Aleutian Is.
	Pm	AB	05 25	51.66 N 175.95 W
	ePP	B	07 32	H = 09 52 55.7 h = 33 km
	ePPP	B	09 45	MB = 5.7 MS = 6.7 (NEIS)
	eS	B	14 25	D = 78.0
	ePS	B	15 25	PmV A 2.0s 128.2nm M = 5.6
	eiSS	B	20 00	PmV B 20 5.8 µm 6.3
	eSSSS	B	25 40	LmH B 19 16.2 µm 6.4
	eP'P'	A	32 09	LmV B 20 15.4 µm 6.4
	LmH	B	45.1	
	LmV	B	45.2	
4.	eP	A	10 14 00.5	Andreanof Islands 51.62 N 175.61 W
				H = 10 02 06.1 h = 52 km MB = 5.3
				D = 77.93 Az = 355 (ISC)
4.	e(P)	A	13 02 31	Near Coast of Guatemala 13.86 N 90.59 W
				H = 12 49 47.5 h = 103.9 km MB = 5.0 (NEIS)
				D = 87.0
4.	iPg	A	13 04 33	D c. 1.6
	iSg	A	04 53	

Day	Phase		h m s	Remarks
4.	eP	AB	18 19 28	Andreanof Islands, Aleutian Is.
	e	A	19 45	51.43 N 175.56 W
	ePS	B	30 15	H = 18 07 31.3 h = 33 km
	eSS	B	34 50	MB = 5.4 MS = 5.4 (NEIS)
	LmH	B	59.7	D = 78.2
	LmV	B	19 04.2	PV A 1.0s 27.6nm M = 5.2
				LmH B 18 1.4/um 5.4
				LmV B 16 1.4/um 5.4
5.	ePP	A	06 24 26	Solomon Islands 10.11 S 161.00 E
	LmH	B	07 21.0	H = 06 02 57.6 h = 70 km MB = 5.6 (NEIS)
	LmV	B	21.3	D = 132.4
				LmH B 24s 0.7/um
				LmV B 24 0.9/um
5.	eP	AB	14 56 00	Andreanof Islands, Aleutian Is.
	ePP	A	58 56	51.54 N 175.55 W
	eS	B	15 05 45	H = 14 44 03.3 h = 33 km
	e	B	06 22	MB = 5.3 MS = 5.6 (NEIS)
	ePS	B	06 38	D = 78.1
	eSS	B	11 25	PV A 1.0s 39.4nm M = 5.4
	LmH	B	29.8	LmH B 20 2.1/um 5.5
	LmV	B	36.5	LmV B 19 1.9/um 5.5
5.	ePg	A	22 56 15	
	eSg	A	56 46	
6.	ePn	A	01 23 39.5	Federal Republic of Germany
	ePg	A	23 51	50.93 N 6.71 E
	iSg	A	24 26	H = 01 22 51.3 h = 27 km
				D = 3.13 Az = 93 (ISC)
6.	eP	A	02 50 58	Near East Coast of Kamchatka
				53.55 N 159.81 E
				H = 02 39 35.4 h = 67.2 km MB = 5.2
				D = 72.78 Az = 339 (NEIS)

Day	Phase		h m s	Remarks
6.	LmH	B	02 55.8	Bulgaria 42.13 N 24.17 E
	LmV	B	56.8	H = 02 48 45.6 h = 23 km MB = 4.6 (ISC)
				D = 12.2
				LmH B 13.5s 0.7/um M = 4.0
				LmV B 12 0.5/um
6.	eP	A	07 46 21	Andreanof Islands, Aleutian Is.
	e	A	46 29	51.26 N 179.81 W
				H = 07 34 25.4 h = 33 km MB = 5.0 (NEIS)
				D = 78.0
				PV A 1.1s 20.2nm M = 5.1
6.	eP	A	17 14 27	Romania 45.45 N 26.44 E
				H = 17 11 51.8 h = 113 km (CSEM)
				D = 10.6
7.	ePn	A	00 23 52.5	Upper Swabia Fed. Rep. of Germany
	i	A	23 56	48.02 N 9.27 E
	ePb	A	24 00	H = 00 23 07.2 (CSEM)
	iPg	A	24 03	D = 3.02
	iSn	A	24 27	
	iSg	A	24 41	
7.	eP	A	08 31 28	Kurile Islands 46.39 N 153.24 E
				H = 08 19 31.1 h = 33 km MB=4.9 MS=4.3
				D = 77.81 Az = 336 (NEIS)
				PV A 2.0s 51.3nm M = 5.2
7.	eP	A	08 38 02	Mariana Islands 15.28 N 144.98 E
	LmH	B	09 07.5	H = 08 24 32.5 h = 256.1 km MB = 5.4
	LmV	B	08.8	D = 102.71 Az = 332 (NEIS)
				LmH B 16s 0.5/um M = 4.9
				LmV B 18 0.8/um 5.1
7.	ePKP	A	13 41 13	Tonga Islands 16.26 S 174.75 W
				H = 13 21 36.7 h = 33 km MB = 4.8
				D = 145.32 Az = 353 (NEIS)
				PKPV A 2.2s 43.6nm

Day	Phase		h m s	Remarks
7.	ePKIKP	A	23 16 13.5	Solomon Islands 7.15 S 156.09 E H = 22 57 15.8 h = 75.2 km MB = 5.7 D = 127.56 Az = 332 (NEIS)
8.	e(P) LmH LmV	A B B	04 00 43.5 38.4 44.2	Luzon, Philippine Islands 12.23 N 123.91 E H = 03 47 20.3 h = 33 km MB=5.2 MS=5.3 D = 94.23 Az = 324 (NEIS) LmH B 24.5s 4.6/um M = 5.9 LmV B 18 2.5/um 5.7
8.	ePKHKP ePKP2	A A	11 57 39 57 43	Tonga Islands Region 18.71 S 172.81 W H = 11 37 55.4 h = 33 km MB = 5.1 D = 147.94 Az = 355 (NEIS)
8.	+iP LmH LmV	A B B	15 11 02 51.5 51.5	Kurile Islands 47.39 N 154.31 E H = 14 59 10.4 h = 33 km MB=5.5 MS=4.6 D = 77.19 Az = 337 (NEIS) PV A 1.4s 121.0nm M = 5.7 LmH B 14 1.9/um 5.6 LmV B 15 1.3/um 5.4
8.	eP	A	21 48 35	Mediterranean Sea 34.76 N 15.61 E H = 21 44 47.7 h = 33 km MB = 4.4 D = 16.14 Az = 351 (NEIS)
9.	eP	A	08 25 36	Kurile Islands 47.51 N 154.30 E H = 08 13 43.5 h = 25.5 km MB = 4.5 D = 77.08 Az = 337 (NEIS)
9.	eS	A	14 20 12	Norwegian Sea 63.17 N 1.9 E H = 14 14 42.3 h = 10 km (ISC) D = 13.61
9.	ePKP epPKP	A A	16 10 31 11 01	New Hebrides Islands 20.54 S 169.65 E H = 15 51 08 h = 124 km MB = 4.9 D = 145.32 Az = 335 (NEIS) h = 110.6

Day	Phase		h m s	Remarks
9.	eP	A	21 26 23.5	Kurile Islands 47.53 N 154.34 E H = 21 14 32 h = 33 km MB = 5.1 D = 77.07 Az = 337 (NEIS) PV A 1.3s 37.1nm M = 5.3
9.	+iP	A	22 12 18	Southern Nevada 37.07 N 116.05 W
	ePP	A	15 15	H = 22 00 00 h = 0 km MB=5.7 MS=4.0 D = 81.27 Az = 31 (NEIS) Nuclear explosion SANDREEF at the Nevada Test Site (ERDA) PV A 1.3s 87.4nm M = 5.6
10.	eP	A	04 16 30.5	Turkey 37.99 N 27.71 E H = 04 12 26.3 h = 33 km MB = 4.0 D = 17.05 Az = 323 (NEIS)
10.	ePKIKP	A	09 19 18	South of Fiji Islands 25.99 S 179.93 W
	ePKP2	A	19 42.5	H = 09 00 21.7 h = 476.5 km MB = 5.1
	LmH	C	10 09.3	D = 153.83 Az = 343 (NEIS)
	LmV	C	15.5	
10.	eP	A	23 18 19	Dodecanese Islands 35.81 N 27.40 E H = 23 13 57.2 h = 33 km MB = 4.1 D = 18.70 Az = 327 (NEIS)
11.	ePg	A	09 29 31.5	Czechoslovakia 50.41 N 13.84 E
	eSg	A	29 51.5	H = 09 29 04.4 h = 0 km D = 1.44 Az = 280 (ISC) Explosion of 4.4 t (KHC)
11.	eP	A	22 13 12	New Guinea 6.80 S 143.69 E
	LmH	B	23 09.8	H = 21 54 20.8 h = 33 km MB = 5.4
	LmV	B	10.4	D = 120.95 Az = 327 (ISC) PV A traces. LmH B 20s 0.7 μm M = 5.3 LmV B 19 1.0 μm 5.5

Day	Phase		h m s	Remarks
12.	eP	A	02 35 33	Fox Islands, Aleutian Is. 53.63 N 170.24 W H = 02 23 47.6 h = 33 km MB = 4.2 D = 76.08 Az = 359 (NEIS) traces
12.	eP e	A A	03 28 40 29 27	Kurile Islands 43.98 N 148.27 E H = 03 16 38.5 h = 18.1 km MB = 5.0 D = 78.50 Az = 334 (NEIS) PV A 1.2s 28.5nm M = 5.2
12.	ePKIKP iPKHKP iPKP2	A A A	19 23 34.5 23 39 23 45	Fiji Islands Region 20.49 S 177.77 W H = 19 04 48.0 h = 507.1 km MB = 5.0 D = 149.00 Az = 348 (NEIS) PKHKPV A 1.8s 169.0nm PKP2V A 1.8 94.5nm
13.	e(Pg) eSg	A A	07 08 32.5 09 13	Poland (CLL)
13.	ePg eSn eSg	A A A	15 48 09 48 36.5 48 41	Federal Republic of Germany 49.5 N 8.9 E H = 15 47 34 h = 0 km D = 2.06 Az = 56 (ISC)
13.	e(P) eSKS ePS eSS LmH LmV	A C C C B B	21 25 38 35 55 37 00 41 50 22 10.2 10.8	Philippine Islands Region 19.20 N 121.20 E H = 21 12 46.3 h = 33 km MB=5.2 MS=5.2 D = 87.11 Az = 323 (NEIS) LmH B 16s 2.2/um M = 5.6 LmV B 16 2.1/um 5.7
14.	eP	A	19 40 50	Fox Islands, Aleutian Is. 52.48 N 170.69 W H = 19 29 1.8 h = 68.6 km MB = 4.9 D = 77.23 Az = 358 (NEIS) PV A 1.4s 14.0nm M = 4.7

Day	Phase		h m s	Remarks
15.	eP	A	05 08 50	Alaska Peninsula 54.95 N 160.03 W
				H = 04 57 14.0 h = 39.2 km MB = 5.1
				D = 74.55 Az = 6 (NEIS)
15.	ePg	A	06 43 34	Czechoslovakia 50.48 N 14.02 E
	eSg	A	43 55	H = 06 43 04.7 h = 0 km
				D = 1.53 Az = 273 (ISC)
15.	ePg	A	12 53 05	Czechoslovakia 50.25 N 12.66 E
				H = 12 52 48.2 h = 0 km
				D = 0.78 Az = 301 (ISC)
				Explosion of 3.3 t (KHC)
16.	eP	A	15 10 52	Japan 36.06 N 140.41 E
				H = 14 58 38.6 h = 106 km MB=5.1 (NEIS)
				D = 82.6
16.	eP	A	19 48 08	Hokkaido, Japan Region 41.91 N 142.28 E
	epP	A	48 27.5	H = 19 36 14.2 h = 68.5 km MB = 5.1
	LmH	C	20 23.0	D = 78.26 Az = 330 (NEIS)
				h = 74.3 km
				LmH C 25s 0.45 μm
17.	ePg	A	09 00 43.5	Czechoslovakia 50.61 N 14.17 E
	eSg	A	01 08	H = 09 00 13.1 h = 0 km
				D = 1.63 Az = 272 (ISC)
17.	iP	A	17 32 54.5	South of Honshu 33.71 N 140.09 E
	e	A	35 48	H = 17 20 32.6 h = 112 km MB = 5.5
	ePP	A	36 10	D = 84.50 Az = 330 (ISC)
	eS	BC	43 00	PV A 1.6s 121.0nm M = 5.6
	LmV	B	18 13.8	PPV A 2.0 76.9nm 5.8
	LmH	B	15.3	LmH B 13 0.7 μm
				LmV B 16 0.6 μm
18.	eP	AB	05 29 59	Tibet 32.69 N 88.39 E
	ePP	B	32 08	H = 05 20 11.3 h = 33 km MB=5.7 MS=6.5
	eS	BC	37 48	D = 57.49 Az = 313 (NEIS)
	eScS	B	39 40	PV A 1.6s 384.6nm M = 6.2

Day	Phase		h m s	Remarks
cont. 18.	eSS	B	05 41 56	PV B 5s 1.6 µm M = 6.3
	LmH	B	54.2	SH B 14 5.9 µm 6.1
	LmV	B	58.7	LmH B 16.5 64.5 µm 6.8
				LmV B 18 56.5 µm 6.8
18.	eP	A	05 43 09	Tibet 32.64 N 88.43 E
				H = 05 33 19.7 h = 33 km MB = 4.6
				D = 57.56 Az = 313 (NEIS)
18.	eP	A	06 47 23	Pakistan 30.25 N 66.27 E
				H = 06 39 02.1 h = 26.9 km MB = 4.9
				D = 45.15 Az = 313 (NEIS)
18.	eP	AB	10 30 56	Southern Sumatra 4.35 S 102.02 E
	ePP	AB	34 40	H = 10 17 41 h = 33 km MB=5.5 MS=5.9
	eSKS	B	41 31	D = 93.59 Az = 320 (NEIS)
	eS	B	42 00	PV A 1.2s 24.4nm M = 5.5
	ePS	B	43 28	LmH B 20 3.9 µm 5.9
	eSSS	C	52 10	LmV B 18 2.5 µm 5.7
	LmH	B	11 19.4	
	LmV	B	24.4	
18.	iPg	A	15 12 53.5	Federal Republic of Germany
	eSg	A	13 13	50.7 N 9.4 E
				H = 15 12 33.3 h = 33 km
				D = 1.4 Az = 90 (ISC)
18.	eP	A	17 33 13	Tibet 32.61 N 88.32 E
	LmH	B	57.3	H = 17 23 24.4 h = 33 km MB = 4.9
	LmV	B	18 02.1	D = 57.51 Az = 313 (NEIS)
				PV A 1.5s 30.2nm M = 5.1
				LmH B 16 0.8 µm 4.9
				LmV B 16 0.5 µm 4.8
18.	eP	A	22 06 05	Eastern Siberia 60.08 N 143.37 E
				H = 21 55 39.7 h = 33 km MB = 4.6
				D = 62.95 Az = 328 (NEIS)
				traces

Day	Phase		h m s	Remarks
18.	eP	A	23 22 38	Tibet 32.70 N 88.42 E
	LmV	B	51.5	H = 23 12 49.5 h = 33 km MB = 4.7
	LmH	B	51.6	D = 57.51 Az = 313 (NEIS)
				PV A traces
				LmH B 19s 0.5 µm M = 4.6
				LmV B 19 0.5 µm 4.7
19.	ePKP	A	06 22 36	Fiji Islands Region 17.81 S 178.68 W
				H = 06 04 04.2 h = 611.9 km MB = 4.7
				D = 146.22 Az = 348 (NEIS)
19.	ePn	A	08 30 01	Austria 47.51 N 12.74 E
	iPg	A	30 13	H = 08 29 10.1 h = 10 km
	eSn	A	30 39	D = 3.23 Az = 347 (ISC)
	eSg	A	30 56	
19.	ePn	A	21 42 43.3	Austria 47.63 N 12.70 E
	ePg	A	42 55.5	H = 21 41 54.2 h = 10 km
	eSn	A	43 22	D = 3.10 Az = 347 (NEIS)
	eSg	A	43 36	
19.	eP	A	22 15 44	Andreanof Islands, Aleutian Is.
				51.49 N 174.32 W
				H = 22 03 48.3 h = 47 km MB = 4.7
				D = 78.11 Az = 356 (NEIS)
19.	ePn	A	23 45 19	Austria 47.65 N 12.83 E
	ePg	A	45 35	H = 23 44 28.6 h = 10 km (NEIS)
	eSg	A	46 14	D = 3.10 Az = 346
20.	eP	A	16 09 30.5	Ryukyu Islands 26.77 N 126.32 E
				H = 15 57 16.3 h = 144.6 km MB = 4.9
				D = 83.83 Az = 324 (NEIS)
21.	eP	A	03 02 47.5	Gulf of California 29.27 N 112.97 W
	eS	C	13 25	H = 02 50 03.4 h = 33 km MB=5.2 MS=5.6
	eSS	C	19 00	D = 86.60 Az = 32 (NEIS)
	LmH	B	40.0	PV A 1.8s 50.7nm M = 5.5
	LmV	B	42.9	LmH B 17.5 11.8 µm 6.4
				LmV B 16.5 7.0 µm 6.2

Day	Phase		h m s	Remarks
21.	ePKP2	A	10 12 36	Kermadec Islands Region 31.45 S 179.89 W H = 09 52 38.6 h = 324 km MB = 5.2 (NEIS) D = 159.0
21.	eP	A	11 52 16	Mindanao, Philippine Islands
	ePP	A	56 21	6.83 N 123.58 E H = 11 39 40.1 h = 601.3 km MB = 5.8 D = 98.36 Az = 323 (NEIS) PV A 2.2s 98.1nm M = 5.8 PPV A 2.0 81.2nm 5.9
21.	e(Sb)	A	12 51 51	Poland 50.15 N 19.00 E
	eSg	A	52 09	H = 12 49 36.3 h = 0 km (ISC) D = 4.75
21.	eP	A	14 46 31.5	Near East Coast of Kamchatka 53.0 N 160.15 E H = 14 35 00.5 h = 33 km MB = 4.9 D = 73.38 Az = 340 (NEIS)
21.	ePg	A	19 28(58)	Switzerland 47.1 N 8.4 E
	eSb	A	29 44	H = 19 27 41 h = 20 km D = 4.10 Az = 30 (ISC)
21.	ePKP2	A	23 25 02	Kermadec Islands Region 29.28 S 179.04 W H = 23 05 12.5 h = 330 km MB = 4.8 (NEIS) D = 157.0
22.	ePKHKP	A	08 59 07	Fiji Islands Region 19.08 S 177.02 W H = 08 39 31.5 h = 89.8 km MB = 5.0 D = 147.76 Az = 350 (NEIS)
22.	ePKHKP	A	13 30 59	Tonga Islands Region 22.16 S 173.98 W H = 13 11 05.5 h = 33 km MB = 4.7 D = 151.24 Az = 353 (NEIS)

Day	Phase		h m s	Remarks
22.	ePKIKP	A	16 15 50.5	Solomon Islands 10.23 S 161.13 E
	epPKIKP	A	16 11	H = 15 56 44.1 h = 91.7 km MB = 5.9
	ePP	B	18 10	D = 132.54 Az = 334 (NEIS)
	ipPP	B	18 37	h = 66 km
	iSKP	B	19 10	PKIKPV A 2.0s 68.4nm
	i	B	19 48	PPV B 6.8 1.7/um M = 6.1
	ePPP	B	21 00	LmH B 22 2.0/um
	ePS	B	28 16	LmV B 22 3.4/um
	e	B	35 44	
	eSS	C	37 00	
	LmH	B	17 12.6	
	LmV	B	15.5	
22.	eP	A	21 28 17	Near Coast of Northern California
	LmH	B	22 03.3	39.45 N 123.26 W
	LmV	B	10.2	H = 21 15 52.5 h = 5 km MB = 5.2
				D = 81.94 Az = 27 (NEIS)
				LmH B 14s 0.5/um M = 5.0
				LmV B 16 0.5/um 5.0
23.	eP	A	09 40 46	San Juan Province, Argentina
	e	A	41 08	31.03 S 67.77 W
	ePP1	B	45 10	H = 09 26 24.7 h = 13.2 km MB=6.3 MS=7.4
	ePP2	A	45 18	D = 107.15 Az = 41 (NEIS)
	ePP3	AB	45 34	PP2V A 2.3s 767.8nm M = 6.9
	ePPS	B	55 00	PP3V A 3.8 6438.0nm 7.6
	ePKKP	A	56 34	LmH B 17.5 219.0/um 7.8
	eSS	B	10 00 16	LmV B 17.5 222.7/um 7.8
	e SPPKP	A	00 40	
	LmV	B	33.8	
	LmH	B	33.9	
23.	e(PKP)	A	13 23 45	San Juan Province, Argentina
				31.07 S 67.72 W
				H = 13 05 02.5 h = 27.1 km MB = 5.6
				D = 107.15 Az = 41 (NEIS)
				(PKP)V A 2.2s 54.5nm

Day	Phase		h m s	Remarks
23.	+eP	A	17 07 11	Fox Islands, Aleutian Is.
	eS	C	17 00	52.20 N 171.55 W
	eSS	C	22 00	H = 16 55 20.4 h = 52.9 km MB=5.5 MS=5.5
	LmH	B	44.6	D = 77.50 Az = 358 (NEIS)
	LmV	B	44.6	PV A 1.4s 84.8nm M = 5.5
				LmH B 18.5 2.2 µm 5.5
				LmV B 19 2.3 µm 5.6
24.	e(PKP)	A	02 17 17	San Juan Province, Argentina
	LmV	B	03 01.8	31.47 S 67.63 W
	LmH	B	02.0	H = 01 58 33.4 h = 33 km MB=5.8 MS=6.0
				D = 107.40 Az = 41 (NEIS)
				(PKP)V A 2.0s 119.7nm
				LmH B 19.5 3.7 µm M = 5.9
				LmV B 20 4.0 µm 6.0
24.	ePKP	A	02 21 13	San Juan Province, Argentina
				31.62 S 67.57 W
				H = 02 02 31.0 h = 23
				MB = 5.7 MS = 6.3 (NEIS)
				D = 107.4
				PKPV A 2.4s 69.1nm
24.	ePKP	A	03 05 07.5	Samoa Islands Region 15.73 S 172.69 W
				H = 02 45 30.4 h = 33 km MB = 4.7
				D = 145.0 Az = 355 (NEIS)
24.	ePKP	A	17 19 32	Tuamotu Archipelago Region
				21.89 S 138.96 W
				H = 16 59 58.5 h = 0 km MB=6.0 MS=4.5
				D = 143.22 Az = 31 (NEIS)
				PKPV A 1.2s 40.7nm
24.	ePKP	A	20 30 26	Fiji Islands Region 17.84 S 178.79 W
				H = 20 11 48.1 h = 548.7 MB = 5.2
				D = 146.23 Az = 348 (NEIS)
				PKPV A 1.4s 37.2nm

Day	Phase		h m s	Remarks
24.	LmH	B	23 18.7	San Juan Province, Argentina
	LmV	B	23.5	31.48 S 67.7 W
				H = 22 19 58.3 h = 51 km MB = 4.4 (ISC)
				D = 107.4
				LmH B 16s 0.9 µm
				LmV B 14.5 0.5 µm
26.	ePKP	A	05 40 20	Fiji Islands Region 17.96 S 178.12 W
				H = 05 21 40.8 h = 563.6 km MB = 5.5
				D = 146.47 Az = 349 (NEIS)
				PKPV A 1.8s 67.6nm
26.	ePKP	A	09 34 11	Tonga Islands 15.27 S 174.40 W
				H = 09 14 51.2 h = 132.7 km MB = 5.3
				D = 144.39 Az = 353 (NEIS)
				PKPV A 1.6s 41.2nm
26.	eP	A	13 22 59	Greece 38.49 N 20.76 E
				H = 13 19 47.2 h = 66.3 km MB = 4.6
				D = 13.62 Az = 336 (NEIS)
				PV A 0.9s 27.2nm M = 5.0
26.	e	A	15 43 39	Tonga Islands 15.33 S 173.57 W
				H = 15 23 50.9 h = 33 km MB = 4.5
				D = 144.53 Az = 354 (NEIS)
26.	eP	A	22 57 58	Northeastern China 39.47 N 117.94 E
	LmH	B	23 31.5	H = 22 46 52.2 h = 33 km MB = 5.1
	LmV	B	31.6	D = 69.53 Az = 319 (NEIS)
				LmH B 15s 1.5 µm M = 5.3
				LmV B 19 1.9 µm 5.4
27.	eP	A	02 33 15	Samar, Philippine Islands
	e	A	33 24	11.80 N 125.47 E
	ePP	A	37 07	H = 02 19 52.3 h = 33 km MB=5.5 MS=5.7
	eSKS	C	43 40	D = 95.48 Az = 324 (NEIS)
	eS	C	44 25	PV A 2.2s 98.2nm M = 5.9
	ePS	BC	45 52	LmH B 17.5 2.7 µm 5.8
	eSS	C	51 00	LmV B 18 3.8 µm 5.9

Day	Phase		h m s	Remarks
cont. 27.	LmH	B	03 15.3	
	LmV	B	20.7	
27.	eP	A	08 48 00.5	Kurile Islands 46.42 N 153.28 E
	eS	BC	57 50	H = 08 36 05.7 h = 33 km MB=5.5 MS=5.7
	eSS	C	09 03 25	D = 77.80 Az = 336 (NEIS)
	LmH	B	30.4	PV A 10.9s 66.1nm M = 5.7
	LmV	B	31.2	PV B 10 2.6/um 6.2
				LmH B 15 7.5/um 6.1
				LmV B 16 5.4/um 6.0
27.	eP	A	10 27 24	Kurile Islands 46.56 N 153.12 E
				H = 10 15 27.8 h = 33 km MB = 4.8
				D = 77.63 Az = 336 (NEIS)
27.	ePKHKP	A	10 39 20.5	Fiji Islands Region 21.00 S 176.43 W
				H = 10 19 54.6 h = 198.6 km MB = 4.2
				D = 149.74 Az = 350 (NEIS)
				PKHKPV A 1.3s 28.4nm
27.	eP	A	10 58 42.5	Aleutian Islands Region 51.34 N 166.34 W
				H = 10 46 43.8 h = 33 km MB=5.0 MS=4.7
				D = 78.37 Az = 1 (NEIS)
				PV A 1.5s 35.2nm M = 5.2
27.	ePKIKP	A	12 58 56	Fiji Islands Region 20.48 S 178.43 W
	ePKHKP	A	59 01.5	H = 12 40 15 h = 558.4 km MB = 5.6
	ePKP2	A	59 07	D = 148.87 Az = 348 (NEIS)
	epPKP	A	13 01 17	
27.	eP	A	15 16 10.5	Alaska Peninsula 58.56 N 155.38 W
	epP	A	16 38.5	H = 15 05 06.8 h = 116 km MB = 4.9
	esP	A	16 47	D = 70.64 Az = 9 (NEIS)
				h = 105 km
27.	LmH	B	18 40.0	Southern Pacific Ocean 41.55 S 90.65 W
	LmV	B	40.5	H = 17 28 04.2 h = 33 km
				MB = 5.3 MS = 4.8 (NEIS)
				D = 127.6

Day	Phase		h m s	Remarks
cont. 27.				LmH B 20s 0.35 µm M = 5.0
				LmV B 20 0.55 µm 5.2
27.	eP	A	20 47 10	<u>Turkey</u> 37.72 N 32.04 E
				H = 20 42 42.6 h = 33.2 km MB = 4.2
				D = 19.45 Az = 318 (NEIS)
				PV A 1.5s 17.6nm M = 4.1
27.	ePKP	A	23 01 22.5	<u>Tonga Islands</u> 15.83 S 174.78 W
				H = 22 42 08.5 h = 205.6 km MB = 4.0
				D = 144.89 Az = 353 (NEIS)
28.	+iP	AB	03 03 24.3	<u>Dodecanese Islands</u> 36.05 N 27.76 E
	eipP	B	03 47	H = 02 59 10.8 h = 85 km MB = 5.6
	eS	B	06 50	D = 18.66 Az = 326 (NEIS)
	LmH	B	13.1	PV A 1.6s 2390.0nm M = 6.2
	LmV	B	13.1	LmH B 12 1.6 µm
				LmV B 11 2.5 µm
28.	eP	A	04 49 10	<u>Mexico - Guatemala Border Region</u>
	ePP	A	52 35	15.34 N 91.43 W
	LmH	B	05 23.3	H = 04 36 52.5 h = 225 km MB=5.1 (NEIS)
	LmV	B	23.3	D = 86.4
				PV A 1.5s 32.7nm M = 4.9
				PPV A 1.2. 12.2nm 4.8
				LmH B 21 0.6 µm
				LmV B 18 0.5 µm
28.	ePKP	AB	06 50 13	<u>San Juan Province, Argentina</u>
	ePS	C	59 32	31.54 S 67.43 W
	ePKKP	A	07 01 26	H = 06 31 29.3 h = 15.7 km MB=5.7 MS=5.8
	eSS	C	05 30	D = 107.20 Az = 41 (NEIS)
	LmH	B	32.6	PKPV A 2.0s 47.0nm
	LmV	B	39.1	PKPV B 10 1.3 µm
				LmH B 18 2.4 µm M = 5.8
				LmV B 17 2.8 µm 5.9

Day	Phase		h m s	Remarks
28.	LmH	C	24 06.8	Taiwan Region 21.14 N 120.85 E H = 23 17 26.7 h = 27.6 km MB = 4.6 D = 85.38 Az = 323 (NEIS) LmH C 21s 0.45 µm M = 4.8
28.	eP	A	24 09 37	Kurile Islands Region 43.80 N 148.08 E H = 23 57 38.7 h = 38 km MB = 4.9 (NEIS) D = 78.5
29.	eP	A	20 20 48	Greece 38.04 N 21.79 E H = 20 17 12.3 h = 44.1 km MB = 3.9 D = 14.53 Az = 333 (NEIS) traces
30.	+iP	AB	04 14 49	Eastern Kazakh SSR 49.96 N 78.93 E
	iPn	A	16 20.5	H = 04 06 57.5 h = 0 km MB = 5.9
	LmV	B	32.6	D = 41.64 Az = 298 (NEIS) Underground explosion M = 6.9 (UPP) PV A 1.0s 256.0nm M = 5.9
30.	ePKIKP	AB	10 34 26	Fiji Islands Region 20.61 S 178.42 W
	iPKHKP	AB	34 30	H = 10 15 43.4 h = 550.1 km MB = 5.5
	iPKP2	A	34 35.5	D = 149.0 Az = 348 (NEIS)
	ePP	BC	37 36	PKIKPV A 2.0s 77.0nm
	ePPP	B	40 54	PKHKPV A 1.6 313.0nm PKP2V A 1.5 115.8nm
30.	LmV	B	13 12.3	South of Mariana Islands 12.50 N 141.49 E
	LmH	B	12.7	H = 12 08 04.9 h = 32 km MB = 5.4 MS = 4.9 (NEIS) D = 103.5 LmH B 16s 0.4 µm M = 5.0 LmV B 20 0.7 µm 5.2
30.	ePKP	A	22 07 58	Fiji Islands Region 17.67 S 178.98 W H = 21 49 18 h = 539.2 MB = 5.2 D = 146.03 Az = 348 (NEIS) PV A 1.2s 28.5nm

Day	Phase		h m s	Remarks
1.	eP	A	21 18 58	<u>Southern Iran</u> 27.66 N 56.57 E
				H = 21 11 17.9 h = 33 km MB = 5.1
				D = 40.91 Az = 317 (NEIS)
2.	ePKIKP	A	04 32 39	<u>East Papua New Guinea Region</u>
	epPKIKP	A	32 57	5.03 S 145.03 E
	e	A	34 25	H = 04 13 53.8 h = 65.5 km MB = 5.7
	LmV	B	05 23.6	D = 120.20 Az = 328 (NEIS)
	LmH	B	25.3	h ≐ 65 km
				LmH B 21s 2.3 μm
				LmV B 24 2.9 μm
2.	+iP	AB	13 08 43.5	<u>Off East Coast of Kamchatka</u>
	eS	C	18 08	52.93 N 159.71 E
	ePS	C	18 34	H = 12 57 10.7 h = 15.1 km MB=5.8 MS=5.1
	LmH	B	43.0	D = 73.35 Az = 339 (NEIS)
	LmV	B	48.0	PV A 1.6s 313.0nm M = 6.1
				PV B 4 1.1 μm 6.2
				LmH B 17 2.4 μm 5.5
				LmV B 10 0.9 μm 5.4
2.	ePKP	A	23 03 18	<u>Loyalty Islands Region</u> 21.62 S 169.99 E
				H = 22 43 41.3 h = 62.9 km
				D = 146.43 Az = 335 (NEIS)
3.	eP	A	05 19 30	<u>South of Honshu Japan</u> 30.30 N 138.39 E
				H = 05 07 32.1 h = 418.8 km MB = 5.2
				D = 86.70 Az = 329 (NEIS)
3.	eP	A	05 42 20	<u>Albania</u> 40.25 N 19.90 E
	LmH	C	46.7	H = 05 39 29.5 h = 27.2 km MB = 5.1
	LmV	C	48.0	D = 11.91 Az = 334 (NEIS)
				LmH C 18s 0.8 μm M = 3.7
3.	eP	A	12 36 46	<u>Costa Rica</u> 9.26 N 84.69 W
	e	A	36 52	H = 12 24 06.7 h = 58.6 km MB = 4.8
	e	A	36 57	D = 86.89 Az = 39 (NEIS)
				PV A 1.2s 28.5nm M = 5.5

Day	Phase		h m s	Remarks
3.	-eP	ABC	13 53 47	Off W. Coast of Northern Sumatra
	epP	A	54 00	3.51 N 95.89 E
	esP	A	54 09	H = 13 41 20.9 h = 41 km MB=5.8 MS=5.9
	ePP	C	57 06	D = 83.67 Az = 320 (NEIS)
	eSKS	C	14 04 05	PV A 1.6s 214.0nm M = 6.0
	eS	B	04 20	PV B 6.5 1.1/um 6.0
	eSS	BC	09 35	LmH B 18 2.4/um 5.6
	eSSS	C	13 00	LmV B 16 1.0/um 5.3
	LmH	B	37.6	
	LmV	B	37.6	
3.	ePKHKP	A	18 19 22	Tonga Islands Region 22.00 S 174.94 W
	ePKP2	A	19 32	H = 17 59 31.3 h = 33 km MB = 5.3
				D = 150.95 Az = 351 (NEIS)
4.	ePKIKP	A	06 10 20	South of Fiji Islands 23.89 S 176.08 W
	ePKHKP	A	10 27	H = 05 50 35.6 h = 55.6 km MB=5.6 MS=6.2
	e	A	10 30	D = 152.63 Az = 349 (NEIS)
	ePKP2	A	10 37	PKHKPV A 1.1s 24.2nm
	ePP	C	14 10	LmH B 18.5 3.0/um
	eSKKS	C	21 00	LmV B 20 3.6/um
	eSKSP	C	24 20	
	ePPPS	C	29 05	
	eSS	C	34 35	
	LmV	B	07 28.2	
	LmH	B	28.7	
4.	eP	A	11 49 50	Sea of Okhotsk 48.25 N 146.59 E
	epP	A	51 22	H = 11 39 02.8 h = 479 km MB = 5.1
				D = 74.17 Az = 332 (NEIS)
				h = 433 km
				PV A 1.2s 36.6nm M = 4.8
4.	ePKIKP	A	14 42 33	Fiji Islands Region 18.29 S 176.36 W
	-ePKHKP	A	42 36	H = 14 23 24 h = 271.6 km MB = 5.2
				D = 147.10 Az = 351 (NEIS)
				PKHKPV A 1.9s 159.1nm

Day	Phase		h m s	Remarks
4.	ePKP	A	15 29 46	New Hebrides Islands 20.60 S 169.34 E H = 15 10 18.4 h = 101.8 km MB = 5.1 D = 145.25 Az = 335 (NEIS)
5.	LmH	B	10 32.6	Ethiopia 12.70 N 40.47 E
	LmV	B	36.4	H = 10 02 57.1 h = 33 km MB = 4.5 (NEIS) D = 44.5 LmH B 16s 0.6/um M = 4.6 LmV B 16 0.6/um 4.7
5.	ePKHKP	A	14 33 48	South of Fiji Islands 23.92 S 175.95 W
	ePKP2	A	34 04	H = 14 13 52 h = 33 km MB=5.5 MS=5.9
	ePKS	BC	37 20	D = 152.68 Az = 349 (NEIS)
	ePP	BC	37 40	PKHKPV A 1.7s 60.6nm
	eSKSP	BC	47 50	LmH B 17 1.9/um M = 5.9
	eSS	BC	57 10	LmV B 17.5 2.6/um 6.1
	LmH	B	15 54.9	
	LmV	B	57.5	
5.	e(PP)	A	16 02 08	San Juan Province, Argentina
	LmV	B	44.2	30.97 S 67.70 W
	LmH	B	44.3	H = 15 43 27.9 h = 32 km MB=5.4 MS=5.6 D = 107.06 Az = 41 (NEIS) traces LmH B 20s 1.3/um M = 5.5 LmV B 22.5 1.7/um 5.6
6.	eP	A	06 31 32	Taiwan 23.07 N 121.71 E H = 06 18 59.4 h = 45.1 km MB = 4.9 D = 84.31 Az = 323 (NEIS) PV A 3.2s 185.2nm M = 5.7
6.	eP	A	11 00 30	Kirgiz SSR 41.43 N 69.73 E
	e(pP)	A	00 35	H = 10 52 53.5 h = 33 km MB = 5.2
	ePP	A	02 07	D = 40.43 Az = 304 (NEIS)
	LmH	B	17.8	(23 km)
	LmV	B	19.9	PV A 1.4s 41.9nm M = 5.0 LmH B 18.5 1.0/um 4.7 LmV B 10 1.0/um 5.0

Day	Phase		h m s	Remarks
6.	ePKP2	A	13 27 35	South of Tonga Islands 24.82 S 175.82 W
	LmH	C	14 48.3	H = 13 07 23.7 h = 33 km MB=4.9 MS=4.7
	LmV	C	50.5	D = 153.59 Az = 349 (NEIS)
				PKP2V A 1.8s 33.8/um
				LmH C 16 0.4/um M = 5.2
				LmV C 18 0.4/um 5.3
6.	ePKP	A	17 23 40	San Juan Province, Argentina
	LmH	B	18 06.0	31.17 S 67.72 W
	LmV	B	06.0	H = 17 05 06.4 h = 18.5 km
				MB = 5.9 MS = 5.9 (NEIS)
				D = 107.23
				LmH B 21s 2.9/um M = 5.8
				LmV B 20 2.7/um 5.8
6.	ePn	A	17 25 55	Czechoslovakia 49.21 N. 15.40 E
	e	A	26 12	H = 17 25 08.8 h = 0 km
				D = 2.84 Az = 302 (ISC)
6.	ePP	A	18 11 31	South of Sumbawa Islands
	ei	A	12 14	11.22 S 118.26 E
	LmH	B	19 04.0	H = 17 52 35.2 h = 33 km MB=5.7 MS=5.6
	LmV	B	04.8	D = 109.15 Az = 320 (NEIS)
				LmH B 20s 1.2/um M = 5.5
				LmV B 20 1.7/um 5.7
7.	ePKHKP	A	06 19 39.5	South of Tonga Islands 24.13 S 175.62 W
	ePKP2	A	19 51.5	H = 05 59 44.3 h = 33 km MB=5.2 MS=4.7
				D = 152.94 Az = 350 (NEIS)
				PKHKPV A 1.5s 27.6nm
7.	LmH	C	09 55.3	Mariana Islands 13.64 N 144.61 E
				H = 08 58 06.2 h = 136 km MB = 5.4 (NEIS)
				D = 104.0
				LmH traces
7.	iPn	A	19 22 15	Austria 46.23 N 13.30 E
	ePg	A	22 31	H = 19 21 06.5 h = 33 km
	iSn	A	23 05	D = 4.56 Az = 346 (NEIS)
	iSg	A	23 30	

Day	Phase		h m s	Remarks
7.	ePP	A	20 48 48	Volcano Islands Region 21.95 N 143.30 E
				H = 20 31 46.3 h = 201 km MB = 5.2 (NEIS)
				D = 96.1
8.	eP	A	00 44 48	Crete 35.21 N 23.38 E
	ePP	A	45 02	H = 00 40 43.6 h = 62.4 km MB = 4.5
				D = 17.63 Az = 335 (NEIS)
8.	ePKP	A	02 37 51	Fiji Islands Region 16.18 S 176.05 W
				H = 02 18 51.3 h = 336.2 km MB = 4.4
				D = 145.07 Az = 351 (NEIS)
				traces
8.	ePKHKP	A	05 13 36	South of Fiji Islands 23.36 S 176.34 W
				H = 04 53 58.10 h = 153.1 km MB = 4.3
				D = 152.07 Az = 349 (NEIS)
8.	ePKIKP	A	06 35 03	South of Tonga Islands 24.15 S 175.60 W
	ePKHKP	A	35 12	H = 06 15 16.2 h = 33 km MB=5.5 MS=6.1
	ePKP2	A	35 17.5	D = 152.96 Az = 350 (NEIS)
	eSKSP	C	49 00	PKHKPV A 2.0s 102.6nm
	eSS	C	58 00	LmH B 18 2.6/um M = 6.0
	LmV	B	07 51.1	LmV B 19 3.0/um 6.1
	LmH	B	54.1	
8.	ePKHKP	A	12 33 27	Tonga Islands 17.79 S 173.71 W
	epPKP	A	34 16	H = 12 14 00.5 h = 150.6 km MB = 5.1
				D = 146.95 Az = 354 (NEIS)
				h = 185 km
8.	eP	A	14 07 45	Sea of Okhotsk 50.43 N 149.81 E
				H = 13 57 04.4 h = 502 km MB = 4.5
				D = 73.19 Az = 334 (NEIS)
9.	ePKIKP	A	05 21 32	South of Fiji Islands 23.52 S 175.96 W
	ePKP2	A	21 55	H = 05 01 38.1 h = 33 km MB=5.1 MS=4.6
				D = 152.29 Az = 350 (NEIS)

Day	Phase		h m s	Remarks
9.	eP	A	15 57 30	Turkey 38.35 N 27.19 E
	ePP	A	57 47	H = 15 53 36.7 h = 18.7 km MB = 4.6
	ePPP	A	57 56	D = 16.53 Az = 323 (NEIS)
	LmH	B	16 03.3	PV A 1.8s 114.9nm M = 4.7
	LmV	B	05.2	LmH B 15 2.3/um 4.5
				LmV B 12 1.7/um 4.6
10.	ePKHKP	A	00 49 09.5	Fiji Islands Region 21.50 S 179.50 W
				H = 00 30 27.8 h = 619 km MB = 4.9 (NEIS)
				D = 149.6
				PKHKPV A 1.0s 11.8nm
10.	eP	AC	05 54 02	Southern Iran 27.69 N 56.57 E
	ePP	BC	55 40	H = 05 46 22.9 h = 46.8 km MB=5.1 MS=5.0
	ePcP	A	56 10	D = 40.89 Az = 317 (NEIS)
	eS	BC	06 00 10	LmH B 19s 1.7/um M = 4.9
	eSS	BC	03.5	LmV B 16 2.0/um 5.2
	LmH	B	14.6	
	LmV	B	14.8	
10.	LmH	B	08 18.0	San Juan Province, Argentina
	LmV	B	18.0	31.19 S 67.64 W
				H = 07 11 56.0 h = 39 km
				MB = 5.6 MS = 4.8 (NEIS)
				D = 107.1
				traces
10.	ePP	A	15 35 30	South of Honshu, Japan 32.04 N 138.86 E
	LmH	B	16 14.2	H = 15 19 28.8 h = 33 km
	LmV	B	15.7	MB = 5.0 MS = 4.7 (NEIS)
				D = 85.5
				LmH B 14.5s 1.0/um M = 5.3
				LmV B 13 1.4/um 5.6
10.	iP	A	23 23 15.5	Kurile Islands 47.59 N 152.84 E
	epP	A	23 45	H = 23 11 37.1 h = 128 km MB = 5.2
	esP	A	24 05	D = 76.60 Az = 336 (NEIS)
	LmH	B	56.8	h = 125 km
				PV A 1.2s 32.5nm M = 5.0
				LmH B 16 1.6/um

Day	Phase		h m s	Remarks
11.	ePn	A	14 32 12	Northern Italy 46.4 N 13.4 E
	ePg	A	32 30	H = 14 31 07.5 h = 10 km (CSEM)
	eSn	A	33 04	D = 4.2
	eSg	A	33 22	
11.	eP	A	16 34 03	Venezuela 9.52 N 69.56 W
	epP	A	34 08	H = 16 22 08.6 h = 18.3 km MB=5.6 MS=5.0
	ePP	A	37 03	D = 77.12 Az = 40 (NEIS)
				h = 18 km
				PV A 1.8s 60.8nm M = 5.4
12.	eP	AZ	02 56 33	Taiwan 23.05 N 121.40 E
	ePcP	A	56 38	H = 02 44 03.4 h = 26.2 km MB = 5.1
	LmH	B	03 34.3	D = 84.16 Az = 323 (NEIS)
	LmV	B	39.2	PV A 1.3s 17.5nm M = 5.1
				LmH B 15.5 3.0 μm 5.8
				LmV B 14 3.7 μm 5.9
12.	ePKHKP	A	06 06 42	Loyalty Islands Region 22.36 S 170.65 E
				H = 05 47 03.2 h = 33 km MB = 5.3
				D = 147.35 Az = 335 (NEIS)
				PKHKPV A 2.2s 87.2nm
12.	ePKIKP	A	08 57 17	Tonga Islands 17.77 S 175.11 W
	iPKHKP	A	57 19.5	H = 08 38 00.2 h = 202.3 km MB = 5.3
	ePKP2	A	57 22	D = 146.76 Az = 352 (NEIS)
	epPKP	A	58 18	PKHKPV A 1.3s 69.9nm
12.	LmV	B	21 41.3	South Pacific Cordillera
	LmH	B	42.5	57.47 S 148.13 W
				H = 20 03 45.1 h = 33 km MB = 5.0
				D = 166.31 Az = 111 (NEIS)
				LmH B 18.5s 1.0 μm M = 5.5
				LmV B 18.5 1.3 μm 5.8
13.	-iP	ABC	01 24 37	North Atlantic Ocean 17.36 N 54.85 W
	ePcP	AB	25 16	H = 01 14 18.6 h = 33 km MB=5.7 MS=6.4
	ePP	B	26 50	D = 61.87 Az = 41 (NEIS)
	ePPP	B	28 15	PV A 2.6s 346.6nm M = 6.0

Day	Phase		h m s	Remarks
cont. 13.	eS	BC	01 33 00	SH B 12s 9.9 µm M = 6.6
	ePS	B	33 10	LmH B 17.5 11.3 µm 6.1
	eScS	B	34 25	LmV B 17.5 14.9 µm 6.3
	eSS	B	37 10	
	eSSS	B	39 50	
	LmH	B	47.5	
	LmV	B	47.5	
	eP'P'	A	53 55	
13.	ePn	A	02 05 40	<u>Northern Italy</u> 45.94N 12.19 E
	e	A	06 10	H = 02 04 28.3 h = 10 km
	eSn	A	06 26	D = 4.72 Az = 356 (ISC)
	e	A	07 07	
13.	ePKIKP	A	03 26 27	<u>Fiji Islands Region</u> 17.80 S 178.79 W
	ePKHKP	A	26 28.5	H = 03 07 47.7 h = 533.6 km MB = 5.3
	ePKP2	A	26 31	D = 146.19 Az = 348 (NEIS)
				PKHKPV A 1.2s 56.9nm
13.	ePKHKP	A	06 47 19	<u>Tonga Islands</u> 18.31 S 173.52 W
				H = 06 27 40 h = 37.7 km MB = 5.2
				D = 147.48 Az = 354 (NEIS)
				PKHKPV A 1.2s 16.3nm
13.	LmV	B	09 56.4	<u>West Caroline Islands</u> 8.07 N 137.03 E
	LmH	B	56.5	H = 08 47 25.7 h = 44 km
				MB = 5.2 MS = 4.9 (NEIS)
				D = 105.0
				LmH B 16s 0.6 µm M = 5.2
				LmV B 17.5 0.9 µm 5.4
13.	e(Sg)	A	14 24 16	<u>Central Italy</u> 43.33 N 12.47 E
				H = 14 20 33.7 h = 33 km
				D = 7.35 Az = 356 (NEIS)
13.	ePg	A	22 13 18	D ca. 4.1
	eSn	A	13 43	
	eSg	A	14 06	

Day	Phase		h m s	Remarks
14.	ePn	A	01 48 36	Northern Italy 45.39 N 12.70 E
	eSn	A	49 27	H = 01 47 26.8 h = 33 km MB = 4.7
	iSg	A	49 51.2	D = 5.31 Az = 352 (NEIS)
14.	eP	A	03 13 28	South Indian Ocean 33.79 S 58.04 E
				H = 03 00 14.6 h = 33 km MB=5.6 MS=4.7
				D = 93.52 Az = 332 (NEIS)
				PV A 1.6s 38.5nm M = 5.6
14.	ePKHKP	A	05 01 20	Kermadec Islands Region
	LmH	B	06 03.8	27.53 S 178.35 W
	LmV	B	06.1	H = 04 41 23.1 h = 44.6 km MB=5.1 MS=5.3
				D = 155.70 Az = 344 (NEIS)
				LmH B 24s 1.3 µm M = 5.6
				LmV B 24 1.4 µm 5.7
14.	eP	A	09 00 58.5	Leyte, Philippine Islands
	ePP	A	04 57	10.00 N 125.29 E
				H = 08 47 51.8 h = 222.6 km MB = 5.3
				D = 96.82 Az = 324 (NEIS)
				PV A 1.3s 26.2nm M = 5.4
14.	eP	A	09 07 52	Off Coast of Hokkaido, Japan
	e	A	08 02	42.27 N 147.55 E
	e	A	08 11	H = 08 55 44.5 h = 20 km MB = 5.1
	LmH	B	43.5	D = 79.79 Az = 333 (NEIS)
	LmV	B	48.8	PV A 2.0s 42.8nm M = 5.1
				LmH B 17 0.9 µm 5.2
				LmV B 16 0.7 µm 5.2
14.	ePKP	A	10 38 07	Tonga Islands 15.31 S 173.14 W
	epPKP	A	38 12	H = 10 18 33.2 h = 33 km MB = 5.0
				D = 144.55 Az = 355 (NEIS)
				h = 18 km
				PKPV A 1.4s 14.0nm
14.	+eP	AB	15 42 18	Southern Nevada 37.14 N 116.09 W
				H = 15 30 00.2 h = 0 km MB = 5.7
				D = 81.23 Az = 31 (NEIS)

Day	Phase		h m s	Remarks
cont. 14.	ePP	A	15 45 23	PV A 1.3s 78.5nm M = 5.6
14.	ePKIKP	A	19 11 07	Fiji Islands Region 21.10 S 179.15 W
	iPKHKP	A	11 12.5	H = 18 52 34.9 h = 659 km MB = 5.6
	iPKP2	A	11 19	D = 149.32 Az = 347 (NEIS)
				PKIKPV A 0.8s 30.8nm
				PKHKPV A 1.5 272.0nm
				PKP2V A 1.4 154.0nm
14.	ePb	A	20 36 03	Northern Italy 44.55 N 10.24 E
	eSn	A	36 48	H = 20 34 09 h = 33 km
	eSb	A	37 09	D = 6.17 Az = 8 (NEIS)
	eSg	A	37 30	
14.	eP	A	23 38 06.5	Kurile Islands 44.15 N 148.61 E
				H = 23 26 10.8 h = 56.9 km MB = 4.7
				D = 78.46 Az = 334 (NEIS)
15.	e	A	00 06 40	Western Poland (VIE)
15.	eP	A	08 10 18	Crete 34.92 N 23.08 E
				H = 08 06 10.8 h = 47 km MB = 4.3 (NEIS)
				D = 17.8
15.	ePKHKP	A	08 55 53	Tonga Islands 21.69 S 173.81 W
	epPKP	A	56 04	H = 08 35 57.4 h = 33 km MB = 4.9
				D = 150.79 Az = 353 (NEIS)
				PKHKPV A 1.9s 53.0nm
15.	eP	A	09 14 10	Kurile Islands 47.04 N 153.75 E
	epP	A	14 20	H = 09 02 18.2 h = 49.6 km MB = 4.6
				D = 77.36 Az = 336 (NEIS)
				h = 37 km
15.	ePKP2	A	11 04 08	Tonga Islands 21.3 S 173.7 W
				H = 10 44 16 h = 54 km
				D = 150.45 Az = 353 (ISC)

Day	Phase		h m s	Remarks
15.	ePg	A	12 40 43	<u>Czechoslovakia</u> 49.4 N 16.7 E
	eSn	A	41 09	H = 12 39 40 h = 0 km
	eSg	A	41 32	D = 3.49 Az = 292 (ISC)
15.	eP	A	15 13 04	<u>Eastern Caucasus</u> 43.24 N 45.17 E
	LmH	C	23.1	H = 15 07 51.8 h = 33 km MB = 4.9
	LmV	C	25.0	D = 23.92 Az = 300 (NEIS)
				PV A 1.8s 57.5nm M = 4.8
				LmH C 18 2.0 µm 4.6
15.	eP	A	15 28 42	<u>Eastern Caucasus</u> 43.64 N 45.37 E
	ePP	A	29 12	H = 15 23 30.7 h = 33 km MB = 4.6
				D = 23.85 Az = 299 (NEIS)
15.	eP	A	16 03 53	<u>South Indian Ocean</u> 2.46 S 85.75 E
				H = 15 51 35.5 h = 33 km MB = 5.0
				D = 81.89 Az = 322 (NEIS)
15.	ePKHKP	A	16 10 55	<u>Tonga Islands Region</u> 23.40 S 175.31 W
	ePKP2	A	11 04	H = 15 51 00.9 h = 33 km MB = 4.9
				D = 152.27 Az = 351 (NEIS)
				PKHKPV A 1.2s 16.3nm
15.	eP	A	23 30 50.5	<u>Tanzania</u> 4.76 S 34.91 E
	e	A	31 10	H = 23 20 53.6 h = 33 km MB=4.8 MS=5.6
	ePcP	A	31 38	D = 58.72 Az = 343 (NEIS)
	LmH	C	24 02.7	LmH C 15s 1.9 µm M = 5.3
	LmV	C	03.1	LmV C 16 1.2 µm 5.2
16.	iPn	A	00 42 04.3	<u>Yugoslavia</u> 46.00 N 15.86 E
	ePg	A	42 28	H = 00 40 43.4 h = 33 km
	iSn	A	43 04	D = 5.44 Az = 330 (NEIS)
	eSb1	A	43 22	
	eSb2	A	43 28	
	iSg	A	43 40	

Day	Phase		h m s	Remarks
16.	eP	A	07 23 40.5	Kurile Islands 43.23 N 146.76 E
	epP	A	23 50	H = 07 11 41.6, h = 38.2 km MB=5.4 MS=4.6
				D = 78.67 Az = 333 (NEIS)
				h = 35 km
				PV A 1.2s 36.6nm M = 5.3
16.	eP	A	07 41 22	Turkey 38.44 N 27.22 E
	Pm	A	41 24	H = 07 37 30.1 h = 34 km
	iX	A	41 28.5	MB = 5.3 MS = 4.2 (NEIS)
	LmH	B	47.1	D = 16.5
	LmV	B	49.1	PmV A 1.8s 358.0nm M = 5.2
				XV A 1.9 29.6nm
				LmH B 13 6.8 µm 5.4
				LmV B 11 5.7 µm 5.5
16.	eP	A	09 20 36	Off East Coast of Kamchatka
				51.63 N 159.46 E
				H = 09 08 59.7 h = 33 km MB=4.7 MS=4.3
				D = 74.51 Az = 339 (NEIS)
16.	ePn	A	10 35 28	Austria 46.71 N 12.99 E
	eSg	A	36 37	H = 10 34 24.10 h = 10 km (NEIS)
				D = 4.2
16.	iP	A	15 22 46.0	Near East Coast of Honshu, Japan
	ipP	A	22 58.5	36.62 N 140.99 E
	LmH	C	54.9	H = 15 10 28 h = 46 km MB=5.6 MS=5.4
	LmV	C	16 02.2	D = 82.35 Az = 330 (NEIS)
				h = 46 km
				PV A 1.4s 102.2nm M = 5.7
				LmH C 23 1.5 µm 5.3
				LmV C 18 1.0 µm 5.3
16.	ePg	A	20 29 08	France 48.52 N 7.44 E
	eSg	A	29 52	H = 20 28 06.3 h = 35.3 km
				D = 3.45 Az = 50 (NEIS)
17.	iPg	A	02 35 21.2	Bleicherode, German Democrat. Rep.
	eiSg	A	35 36	D = 1.1 (MOX)

Day	Phase		h m s	Remarks
17.	-eP	A	11 44 16.5	Fox Islands, Aleutian Is. 52.23 N 170.10 W H = 11 32 24.4 h = 43.9 km MB = 5.0 MS = 5.1 (NEIS) D = 77.5
17.	ePKIKP	A	16 21 37	Fiji Islands Region 21.05 S 178.79 W
	iPKHKP	A	21 43	H = 16 03 00.3 h = 601.8 km MB = 5.1 (NEIS)
	iPKP2	A	21 49.5	D = 149.3 PKIKPV A 2.0s 42.8nm PKHKPV A 1.7 121.1nm PKP2V A 1.3 48.0nm
17.	ePKIKP	A	16 27 27	Tonga Islands Region 23.72 S 175.82 W
	ePKHKP	A	27 34	H = 16 07 50 h = 115.1 km MB = 5.1
	ePKP2	A	27 46	D = 152.51 Az = 350 (NEIS) traces
17.	eP	A	17 39 20	Fox Islands, Aleutian Is.
	LmH	B	18 18.5	52.21 N 170.03 W
	LmV	B	23.0	H = 17 27 27.5 h = 40.5 km MB=5.3 MS=5.5 D = 77.51 Az = 359 (NEIS) PV A 1.0s 43.4nm M = 5.4 LmH B 18 0.8µm 5.1 LmV B 16 0.7µm 5.2
17.	eP	A	23 36 44	Near Coast of Venezuela 10.81 N 65.44 W H = 23 25 11.9 h = 30 km MB = 4.7 D = 73.51 Az = 40 (NEIS)
17.	eP	A	24 06 41.5	Eastern Gulf of Aden 13.13 N 50.94 E
	LmH	B	31.4	H = 23 57 54.9 h = 33 km MB=5.0 MS=4.8
	LmV	B	32.5	D = 49.17 Az = 328 (NEIS) PV A 1.9s 37.9nm M = 5.1 LmH B 17 0.7µm 4.7 LmV B 16 1.0µm 5.0

Day	Phase		h m s	Remarks
18.	iP	A	01 09 29	Kodiak Islands Region 57.61 N 151.26 W
				H = 00 58 11.7 h = 29.3 km MB = 4.7
				D = 71.19 Az = 11 (NEIS)
18.	+iP	A	07 08 42	Kamchatka 55.28 N 160.56 E
				H = 06 57 33.3 h = 118 km MB = 5.1 (NEIS)
				D = 71.1
				PV A 1.4s 46.5nm M = 5.1
18.	eP	AB	16 55 39	Southern Sinkiang Province, China
	ePP	BC	57 36	39.87 N 77.33 E
	eS	BC	17 02 32	H = 16 47 17.1 h = 33 km MB=5.3 MS=5.8
	eSS	BC	05 30	D = 46.07 Az = 306 (NEIS)
	LmH	B	16.4	PV A 1.3s 26.2nm M = 5.0
	LmV	B	16.4	LmH B 14 9.3 µm 5.9
				LmV B 15 16.6 µm 6.2
19.	eP	A	11 04 34.5	Andreanof Islands, Aleutian Is.
				51.19 N 176.44 W
				H = 10 52 38.9 h = 53 km MB = 5.1
				D = 78.31 Az = 355 (NEIS)
				PV A 1.4s 32.6nm M = 5.2
19.	eP	AC	23 41 55.5	Iran 30.95 N 56.47 E
	ePP	C	43 30	H = 23 34 34.2 h = 31.5 km MB=5.4 MS=5.8
	ePcP	A	44 14	D = 38.52 Az = 314 (NEIS)
	eS	BC	47 56	PV A 2.4s 193.4nm M = 5.5
	eSS	BC	50 30	SH C 19 5.2 µm 6.0
	LmH	C	24 01.2	LmH C 19.5 16 µm 5.9
	LmV	C	06.7	LmV C 15 6.2 µm 5.7
20.	ePn	A	01 55 50	Northern Italy 46.91 N 12.57 E
	ePg	A	56 05	H = 01 54 51.8 h = 33 km
	eSg	A	56 57	D = 3.79 Az = 351 (NEIS)
20.	ePn	A	01 57 17	Northern Italy 46.35 N 13.00 E
	ePg	A	57 30	H = 01 56 07.6 h = 6 km (TRI)
	eSg	A	58 23	D = 3.8

Day	Phase		h m s	Remarks
20.	eP	A	07 35 26	Tadzhik SSR 39.79 N 69.33 E
	ePP	A	37 04	H = 07 27 38.9 h = 19.8 km MB = 4.9
				D = 41.10 Az = 305 (NEIS)
				PV A 2.0s 42.7nm M = 4.8
20.	-eiP	A	09 02 09.5	Kurile Islands 48.59 N 153.01 E
	iX	A	02 15	H = 08 50 38.2 h = 140 km MB = 5.8
	iPcP	A	02 22	D = 75.74 Az = 336 (NEIS)
	e	A	02 27	h = 160 km
	epP	A	02 48	PV A 1.6s 527.0nm M = 6.0
	e	A	02 56	XV A 1.5 175.9nm 5.6
	LmV	C	27.6	LmH B 34 1.4 µm
	LmH	C	29.4	LmV B 60 1.2 µm
20.	eP	A	13 28 03	New Hebrides Islands 18.76 S 169.27 E
				H = 13 08 59.2 h = 248.2 km MB = 4.1
				D = 143.56 Az = 336 (NEIS)
20.	eP	A	20 07 08	Sicily 38.55 N 15.62 E
				H = 20 04 16.3 h = 192.9 km MB = 4.7
				D = 12.42 Az = 348 (NEIS)
21.	eP	ABC	01 13 44	Volcano Islands Region 25.51 N 143.11 E
	epP	A	13 56	H = 01 00 32.8 h = 33 km MB=6.2 MS=6.8
	ePP	ABC	17 22	D = 92.92 Az = 331 (NEIS)
	epPP	A	17 35	h = 39 km
	eSKS	BC	24 15	PV A 1.7s 236.1nm M = 6.3
	eS	BC	24 45	SH B 16 8.6 µm 6.7
	eSP	BC	26 00	LmH C 17.5 43.9 µm 7.0
	ePKKP	A	30 57	LmV C 18 26.7 µm 6.7
	eSS	BC	31 00	
	LmH	C	56.4	
	LmV	C	59.8	
21.	eP	A	02 17 03	Kashmir - India Border Region
				32.84 N 76.63 E
				H = 02 08 10.0 h = 33 km MB = 5.1
				D = 50.02 Az = 311 (NEIS)

Day	Phase		h m s	Remarks
21.	ePP	A	04 06 14	San Juan Province, Argentina 31.52 S 67.60 W H = 03 47 32.5 h = 33 km MB = 5.7 D = 107.43 Az = 41 (NEIS) PPV A 1.5s 25.2nm M = 5.7
21.	eP epP LmH LmV	A A C C	05 06 57 07 07 48.6 48.7	Southeast of Shikoku, Japan 30.85 N 132.32 E H = 04 54 31.3 h = 33 km MB = 5.2 D = 83.46 Az = 327 (NEIS) h = 36 km LmH C 19s 1.4/um M = 5.4 LmV C 17 1.2/um 5.4
21.	ePKIKP ePKHKP	A A	05 27 27 27 28.5	Fiji Islands Region 18.18 S 178.55 W H = 05 08 54.4 h = 605.8 km MB = 4.9 D = 146.60 Az = 348 (NEIS) PKHKPV A 1.2s 24.4nm
21.	eP	A	08 36 20.5	Eastern Caucasus 41.95 N 47.92 E H = 08 30 46.3 h = 33 km MB = 4.7 D = 26.32 Az = 302 (NEIS)
21.	eP LmV LmH	A B B	16 51 03 17 22.2 25.3	Off East Coast of Kamchatka 52.93 N 159.80 E H = 16 39 33 h = 33 km MB=5.5 MS=5.0 D = 73.37 Az = 339 (NEIS) PV A 1.2s 118.0nm M = 5.8 LmH B 17 1.7/um 5.4 LmV B 24 2.1/um 5.4
21.	e(PP) LmH LmV	A C C	18 25 07 19 09.3 13.2	Molucca Sea 0.96 S 126.77 E H = 18 06 10.6 h = 20 km MB=5.4 MS=5.1 D = 106.46 Az = 323 (NEIS) LmH C 24s 1.1/um M = 5.3 LmV C 24 0.8/um 5.2

Day	Phase		h m s	Remarks
21.	LmH	B	20 46.5	Hindu Kush Region 36.20 N 68.67 E
	LmV	B	46.5	H = 20 17 13.6 h = 53.1 km MB=4.8 MS=4.8
				D = 42.82 Az = 308 (NEIS)
				LmH B 16s 0.8 µm
				LmV B 18 0.7 µm
21.	ePKP	A	21 33 43	Molucca Sea 0.96 S 126.72 E
				H = 21 15 01.7 h = 33 km MB = 5.6 (NEIS)
				D = 113.5
22.	ePKP	A	02 20 11	Kermadec Islands Region
				27.50 S 178.80 W
				H = 02 00 41.8 h = 253 km MB = 5.2
				D = 155.56 Az = 344 (NEIS)
				PKPV A 2.0s 51.3nm
22.	eP1	ABC	04 57 35	East China Sea 29.55 N 127.81 E
	eP2	A	57 40.5	H = 04 45 14.7 h = 33 km
	e	A	57 47	MB = 5.5 MS = 5.3 (NEIS)
	ePP2	A	05 00 50	D = 82.3
	eS	C	07 52	P2V A 2.4s 332.0nm M = 6.0
	eSS	BC	13 16	LmH C 16 43.7 µm 6.9
	LmH	C	38.5	LmV C 14.5 36.4 µm 6.9
	LmV	C	38.8	
22.	ePKHKP	A	11 15 13	South Pacific Cordillera
	ePKP2	A	15 32	54.94 S 130.61 W
				H = 10 55 08.2 h = 33 km MB = 5.1
				D = 156.96 Az = 85 (NEIS)
22.	eP	A	13 43 00	Atlantic - Indian Rise 34.42 S 55.30 E
	LmH	C	14 23.5	H = 13 29 49.4 h = 33 km MB=5.7 MS=5.1
	LmV	C	23.5	D = 93.05 Az = 334 (NEIS)
				PV A 1.8s 57.5nm M = 5.7
				LmH C 24 1.1 µm 5.3
				LmV C 25 0.9 µm 5.2

Day	Phase		h m s	Remarks
22.	eP	A	14 17 15	<u>Near East Coast of Kamchatka</u> 52.96 N 159.90 E H = 14 05 45.1 h = 33 km MB = 4.9 D = 73.36 Az = 340 (NEIS) PV A 1.0s 19.7nm M = 5.1
22.	e(Sg)	A	20 48 36	<u>Northern Italy</u> 46.57 N 10.40 E H = 20 46 28.8 h = 33 km D = 4.16 Az = 11 (NEIS)
22.	eP	A	22 30 14	<u>Off East Coast of Honshu, Japan</u>
	epP	A	30 24	39.15 N 143.16 E
	LmH	C	23 03.4	H = 22 17 59.9 h = 22.9 km MB=5.3 MS=4.8
	LmV	C	09.2	D = 81.00 Az = 331 (NEIS) h = 36 km PV A 1.5s 55.3nm M = 5.3 LmH C 24 1.3 μm 5.2 LmV C 17 0.9 μm 5.2
22.	ePKP2	A	23 15 02	<u>Fiji Region</u> 19.81 S 177.28 W H = 22 56 16.1 h = 574 km D = 148.44 Az = 349 (ISC)
23.	eP	AB	11 20 39.5	<u>Jan Mayen Islands Region</u>
	eS	BC	24 45	72.02 N 0.50 W
	LmV	B	30.0	H = 11 15 44 h = 10 km MB=4.8 MS=4.7
	LmH	B	30.3	D = 22.13 Az = 159 (NEIS) PV A 1.4s 46.5nm M = 4.7 LmH B 16.5 2.1 μm 4.6 LmV B 18 2.8 μm 4.9
23.	e(P)	A	21 11 17	<u>India - Bangladesh Border Region</u> 23.64 N 92.39 E H = 21 00 25.8 h = 33 km MB = 5.1 D = 66.35 Az = 317 (NEIS)
23.	eP	ABC	21 14 21	<u>Off East Coast of Honshu, Japan</u>
	e	A	14 34	39.13 N 143.16 E
	ePP	A	17 27	H = 21 02 07.5 h = 18.7 km MB=5.6 MS=5.9

Day	Phase		h m s	Remarks
cont. 23.	eS	BC	21 24 28	D = 81.01 Az = 331 (NEIS)
	ePS	B	25 20	PV A 1.8s 162.0nm M = 5.7
	ePPS	B	25 40	PV B 8 2.3 /um 6.2
	LmH	B	53.4	SH B 15.5 3.7 /um 6.3
	LmV	B	54.6	LmH B 15 16.2 /um 6.5
				LmV B 15 13.4 /um 6.5
23.	eP	A	21 21 36	Off East Coast of Honshu, Japan
				39.14 N 143.10 E
				H = 21 09 21.7 h = 23 km MB = 5.4
				D = 80.98 Az = 331 (NEIS)
23.	eP	ABC	21 26 38	Off East Coast of Honshu, Japan
	ePP	B	29 42	39.07 N 143.05 E
	ePPP	B	31 25	H = 21 14 26.7 h = 41 km MB=5.4 MS=6.0
	eS	BC	36 41	D = 81.02 Az = 331 (NEIS)
	ePS	B	37 20	PV A 1.4s 60.5nm M = 5.4
	ePPS	B	37 44	SH B 17.5 6.1 /um 6.4
	LmH	B	22 05.6	LmH B 16 14.5 /um 6.4
	LmV	B	05.7	LmV B 16.5 15.8 /um 6.5
23.	ePP	A	22 19 08	Mariana Islands 18.18 N 145.57 E
				H = 22 02 06.1 h = 603.6 km MB = 5.3
				D = 100.43 Az = 332 (NEIS)
				PPV A 1.3s 43.7nm M = 5.7
23.	eP	A	22 22 49.5	Off East Coast of Honshu, Japan
	epP	A	23 03	39.02 N 143.41 E
				H = 22 10 36.4 h = 32 km MB = 5.1
				D = 81.20 Az = 331 (NEIS)
				h = 50 km
				PV A 1.2s 30.5nm M = 5.2
23.	eP	A	23 19 39	Off East Coast of Honshu, Japan
				39.09 N 143.46 E
				H = 23 07 22.8 h = 14 km MB = 5.0 (NEIS)
				D = 81.1

Day	Phase		h m s	Remarks
24.	ePKP	A	16 08 36	South of Fiji Islands 24.94 S 176.03 W
	e	A	08 43	H = 15 48 32.2 h = 33 km MB=4.8 MS=5.2
	e	A	08 49	D = 153.67 Az = 349 (NEIS)
25.	+iP	A	02 13 34	Tyrrhenian Sea 40.41 N 12.94 E
				H = 02 11 11.3 h = 482 km MB = 4.5
				D = 10.28 Az = 355 (NEIS)
				PV A 0.6s 26.8nm M = 4.9
25.	ePKP	A	04 45 02	Loyalty Islands Region 22.02 S 170.91 E
				H = 04 25 27.7 h = 76 km MB = 5.0
				D = 147.15 Az = 335 (NEIS)
				PKPV A 1.6s 44.0nm
25.	eP1	A	16 26 48.5	Afghanistan - USSR Border Region
	iP2	A	26 50.5	38.92 N 70.80 E
	LmH	B	47.2	H = 16 18 54.7 h = 33 km MB=5.3 MS=4.7
	LmV	B	47.7	D = 42.53 Az = 306 (NEIS)
				P2V A 1.0s 31.8nm M = 5.0
				LmH B 13 1.0/um 4.9
				LmV B 13 1.1/um 4.9
25.	eP	A	18 32 36.5	Off East Coast of Honshu, Japan
				39.13 N 143.38 E
				H = 18 20 21.6 h = 18.1 km MB = 5.0
				D = 81.09 Az = 331 (NEIS)
25.	epP	A	22 46 30.5	Taiwan 24.18 N 121.69 E
	LmH	B	23 27.4	H = 22 33 48.1 h = 40.5 km MB=5.2 MS=4.7
	LmV	B	27.5	D = 83.43 Az = 323 (NEIS)
				LmH B 15s 1.1/um M = 5.4
				LmV B 17 1.0/um 5.3
26.	ePKP2	A	01 17 16	South of Tonga Islands 24.59 S 175.90 W
	LmH	C	02 31.0	H = 00 57 07.4 h = 33 km MB=4.6 MS=5.0
	LmV	C	31.1	D = 153.34 Az = 349 (NEIS)
				LmH C 21s 0.4/um
				LmV C 20 0.45/um

Day	Phase		h m s	Remarks
26.	eP	A	04 10 46.5	Eastern Kazakh SSR 49.88 N 78.14 E
				H = 04 02 57.7 h = 0 km MB = 4.9
				D = 41.23 Az = 298 (NEIS)
				PV A 0.8s 26.9nm M = 5.0
26.	eP	A	09 52 35	Luzon, Philippine Islands
	LmH	B	10 38.4	14.71 N 123.63 E
	LmV	B	38.4	H = 09 39 26.1 h = 33 km MB=5.3 MS=4.3
				D = 92.09 Az = 324 (NEIS)
				LmH B 16s 0.4 µm M = 5.0
				LmV B 17 0.7 µm 5.2
27.	eP	A	06 57 57	South of Honshu, Japan 30.74 N 137.30 E
				H = 06 42 59.2 h = 471.2 km MB=4.9 (NEIS)
				D = 85.84
				PV A 1.5s 35.2nm M = 4.8
27.	ePKP	A	11 56 59	Fiji Islands Region 17.97 S 178.63 W
				H = 11 38 21.3 h = 555.3 km MB = 5.3
				D = 146.39 Az = 348 (NEIS)
				PKPV A 1.6s 126.4nm
27.	eP	A	15 20 37	Southern Alaska 60.39 N 153.70 W
	epP	A	21 19	H = 15 09 51 h = 175 km MB = 5.1
				D = 68.69 Az = 10 (NEIS)
				h = 176 km
				PV A 1.0s 39.4nm M = 5.1
				pPV A 1.6 104.4nm
28.	eiP1	AB	02 53 18	Red Sea 16.66 N 40.28 E
	eiP2	A	53 23	H = 02 45 36.7 h = 33 km MB=5.9 MS=6.6
	eiPP	BC	54 52	D = 40.96 Az = 332 (NEIS)
	eiPPP	BC	55 24	P1V A 1.9s 310.8nm M = 5.7
	e(PcS)	B	58 56	P2V A 1.6 1018.0nm 6.3
	iS	B	59 34	PPV B 15 12.2 µm 6.5
	eSS	B	03 02 45	SH B 15.5 42.5 µm 7.0
	LmH	B	21.6	LmH B 14 27.2 µm 6.3
	LmV	B	25.6	LmV B 14 22.1 µm 6.3

Day	Phase		h m s	Remarks
28.	eP	A	11 18 34.5	Norwegian Sea 72.46 N 3.36 E
				H = 11 13 39 h = 33 km MB = 4.5
				D = 22.20 Az = 166 (NEIS)
				PV A 1.6s 60.4nm M = 4.8
28.	ePKHKP	A	11 39 08	Tonga Islands Region 23.78 S 175.44 W
	ePKP2	A	39 18.5	H = 11 19 14 h = 50.4 km MB = 4.8
				D = 152.62 Az = 350 (NEIS)
28.	eiP	AB	20 37 22	Iceland 64.60 N 17.29 W
	eS	B	41 16	H = 20 32 40.8 h = 10 km MB=5.0 MS=5.2
	LmH	B	47.3	D = 20.59 Az = 119 (NEIS)
	LmV	B	47.7	PV A 1.8s 344.6nm M = 5.4
				PV B 9 3.7 μm 5.8
				PH B 9 2.7 μm 5.5
				SH B 7 6.1 μm 5.7
				LmH B 16 4.9 μm 5.0
				LmV B 15 5.7 μm 5.2
29.	ePKP	A	10 39 16	Tonga Islands 18.04 S 173.92 W
	epPKP	A	39 44	H = 10 19 42.1 h = 98 km MB = 5.2
				D = 147.17 Az = 354 (NEIS)
29.	eP	A	11 59 51	Zaire Republic 0.01 N 29.68 E
				H = 11 50 38 h = 33 km MB=4.8 MS=5.4
				D = 52.74 Az = 346 (NEIS)
29.	LmH	C	12 48.4	Mindanao, Philippine Islands
	LmV	B	13 02.4	8.52 N 126.00 E
				H = 11 55 35.9 h = 53.2 km MB=5.3 MS=5.1
				D = 98.43 Az = 324 (NEIS)
				LmH C 26s 2.0 μm M = 5.5
				LmV B 16 1.0 μm 5.4
29.	eP	A	16 56 26	Greece 38.44 N 22.30 E
	LmH	B	02.5	H = 16 52 56.7 h = 17.6 km MB = 4.7
	LmV	B	02.5	D = 14.36 Az = 332 (NEIS)
				PV A 1.6s 27.5nm M = 4.6
				LmH B 13 2.5 μm 4.5
				LmV B 13 2.8 μm

Day	Phase		h m s	Remarks
29.	eP	A	19 57 22.5	Bonin Islands Region 28.53 N 138.37 E
	epP	A	59 28	H = 19 45 27.4 h = 529 km MB = 5.2
	ePP	A	20 00 56	D = 88.21 Az = 329 (NEIS)
	LmH	B	41.5	h = 583 km
				pPV A 1.5s 30.2nm
30.	eP	A	09 14 37	Fox Islands, Aleutian Is.
				52.15 N 169.59 W
				H = 09 02 44.1 h = 38 km MB=5.0 MS=4.5
				D = 77.58 Az = 359 (NEIS)
				PV A 1.2s 28.4nm M = 5.2
30.	ePKIKP	A	10 57 12	New Britain Region 5.07 S 151.77 E
	ePP	A	59 15	H = 10 38 19.5 h = 68 km MB = 5.9
				D = 123.68 Az = 331 (NEIS)
				PPV A 1.8s 33.8 μm M = 5.2
30.	ePn	A	13 08 23.5	Czechoslovakia 50.80 N 15.9 E
	ePg	A	08 30	H = 13 07 38 h = 0 km
	eSg	A	09 05.5	D = 2.7 Az = 268 (ISC)
30.	+iP	AB	17 37 40	Southern Italy 40.00 N 15.42 E
	iS	B	39 40	H = 17 35 08.9 h = 283 km MB = 5.6
	LmH	B	40.9	D = 10.98 Az = 347 (NEIS)
	LmV	B	42.7	PV A 1.6s 715.0nm M = 5.6
				PV B 8 6.9 μm 6.9
				SH B 7 14.7 μm 5.9
				LmH B 7 6.7 μm
				LmV B 8 5.7 μm
30.	eP	A	18 11 27	Southern Italy 40.00 N 15.40 E
				H = 18 08 51.3 h = 294.8 km MB = 4.4
				D = 10.98 Az = 347 (NEIS)
				PV A 1.0s 31.5nm M = 4.5
30.	ePKP	A	20 27 04.5	Fiji Islands Region 18.10 S 178.25 W
				H = 20 08 32.2 h = 627.8 km MB = 5.0
				D = 146.59 Az = 349 (NEIS)
				PKPV A 1.2s 24.4nm

Day	Phase		h m s	Remarks
30.	eP	A	23 31 21	Pakistan 28.97 N 69.48 E
	LmH	C	53.0	H = 23 22 39.3 h = 17 km MB=4.8 MS=4.9
				D = 48.06 Az = 314 (NEIS)
				PV A 1.6s 27.5nm M = 5.1
				LmH C 20 1.0/um 4.8
31.	eP	A	03 34 13	Southern Sinkiang Province, China
				39.18 N 91.10 E
				H = 03 24 38.6 h = 3.4 km MB = 4.9
				D = 54.86 Az = 310 (NEIS)
				traces
31.	eP	A	08 06 36	Southern Peru 15.30 S 71.68 W
	ePP	A	10 32	H = 07 53 18.0 h = 158 km MB = 5.9
	iSKS	B	17 04	D = 97.50 Az = 40 (NEIS)
	LmV	B	48.9	PV A 2.0s 179.5nm M = 6.2
	LmH	B	49.0	PPV A 1.9 129.0nm 5.8
				LmH B 19 1.7/um
				LmV B 18 2.0/um
31.	ePKP	A	11 13 01	Loyalty Islands Region 22.12 S 169.88 E
				H = 10 53 20.9 h = 45.1 km MB=4.2 MS=4.4
				D = 146.83 Az = 334 (NEIS)
				PKPV A 1.9s 53.0nm
31.	eP	A	11 54 15	Mindanao, Philippine Islands
				8.55 N 126.03 E
				H = 11 40 40.5 h = 46.6 MB = 5.3
				D = 98.42 Az = 324 (NEIS)
31.	e(Sg)	A	12 12 22	Poland 52.01 N 20.20 E
				H = 12 09 35.3 h = 81 km (NEIS)
				D = 5.55

Appendix

Bulletin der Mikroerdbeben im Gebiet des Vogtlandes
aus der Zeit von August 1962 bis Juni 1981

von
H. Neunhöfer und D. Güth +)

Zusammenfassung

Seit 1962 wurden im Vogtland mehr als 1200 Mikrobeben instrumentell nachgewiesen. Es werden die Bedingungen dieser Beobachtungen kurz beschrieben. Danach werden einige Grundlagen der einheitlichen Behandlung und Darstellung der Ereignisse in Form eines Bulletins diskutiert. Schließlich wird das Bulletin selbst vorgelegt.

Summary

Since 1962 in the Vogtland region more than 1200 microearthquakes has been recorded. Briefly, the observational conditions are described. Then, the fundamentals of an unique treatment and representation of the events as a bulletin are discussed. Finally, the bulletin is given.

+) Akademie der Wissenschaften der DDR, Zentralinstitut für Physik der Erde, Mitteilung Nr. 1002

1. Einleitung

In nahezu 20 Jahren seismischer Überwachung ist im Vogtland, einem im Süden der DDR gelegenen Gebiet, das durch das Auftreten von sogenannten Schwarmbeben schon längere Zeit bekannt ist, eine größere Anzahl von Mikrobeben registriert worden. In einigen Arbeiten, so von SCHEID (1965), NEUNHÖFER (1976) und NEUNHÖFER und TITTEL (im Druck), wurden daraus bereits einige wissenschaftliche Schlußfolgerungen gezogen. Die durch MAAZ und NEUNHÖFER (im Druck) vorgestellte Verbesserung der Möglichkeit, nahe Mikrobeben zu orten, hat noch zusätzliche Informationen geliefert. Um nun das Beobachtungsmaterial auch anderen Bearbeitern für deren spezielle Zwecke nutzbar zu machen, haben sich die Autoren entschlossen, ihre Beobachtungsergebnisse nochmals unter generalisierenden Gesichtspunkten zu überarbeiten und in Form eines Bulletins zu veröffentlichen. Es umfaßt den Zeitabschnitt zwischen dem Beginn des größeren Mikrobebenschwarmes von 1962 und dem 30.6.1981.

2. Seismische Stationen und deren Ausrüstung

In der Nähe des Vogtländischen Herdgebietes registriert seit 1956 eine seismische Station, die in Plauen (PLN) aufgestellt ist. Der Erdbebenschwarm von 1962 war der Anlaß, eine noch näher an der Epizentralregion gelegene Registriermöglichkeit zu schaffen. Das erfolgte in der Ortschaft Klingenthal (KLI). Sie wurde später ergänzt durch eine weitere seismische Station in Bad Elster (BDE). Um ganz schwache Mikrobeben im Gebiet des Schwarmes von 1962 nachweisen zu können, wurde schließlich in Eubabrunn (EUB) eine weitere Station installiert, die aber zum Ausschluß von Unruhe nur nachts registriert. Die vier seismischen Stationen überwachen heute das Vogtland bezüglich des Auftretens von Mikrobeben gut, als Ergänzung kann noch die entferntere Hauptstation Moxa (MOX) herangezogen werden.

Vor allem in den ersten Jahren, die das folgende Bulletin umfaßt, waren die Aufzeichnungen in der Nähe des Herdgebietes allein noch nicht für eine detaillierte Bearbeitung ausreichend, so daß entferntere Stationen wie Jena (JEN), Collmberg (CLL) und Sonneberg (SON) unbedingt in die Auswertungen einbezog n

werden mußten. Die relative Lage aller Stationen zum Untersuchungsgebiet zeigt die Abb. 1.
Parallel zum zahlenmäßigen Ausbau des Stationsnetzes im Vogtland ging auch eine Verbesserung der Ausrüstung. Dadurch wurde auch die Nachweisbarkeitsgrenze nach schwächeren Ereignissen hin verschoben. Während zuerst vorwiegend mechanisch-optisch registrierende Seismographen nach Krumbach (K) eingesetzt waren, sind es heute elektromagnetische des Typs VSJ II. Bevorzugt wird nur ein Vertikalseismograph aufgestellt. In Abb. 2 sind die normierten Vergrößerungskurven für die z. Zt. im Vogtland arbeitenden Seismographen dargestellt. Sie sind so abgestimmt, daß sie zwischen 2 und 10 Hz, den vorherrschenden Frequenzen bei Mikrobeben, nahezu maximal vergrößern. Die Vergrößerung an den einzelnen Stationen wurde im Laufe der Zeit wiederholt geändert. Die Tabelle 1 faßt alle während der Berichtszeit verwendeten Vergrößerungen zusammen.

3. Magnitudenbestimmung, Ortung

Die energetische Beurteilung von Erdbeben erfolgt im allgemeinen durch die Angabe der Magnitude. Für größere Erdbeben ist hierfür ein gut fundiertes einheitliches System geschaffen worden, das weltweit in der seismologischen Praxis angewendet wird. Eine Übertragung auf Mikrobeben ist kaum direkt möglich, weil lokale Einflüsse zu stark sind und die Ereignisse nicht weit genug registriert werden können. Um trotzdem auch für nahe Mikrobeben eines bestimmten Untersuchungsgebietes in sich konsistente Magnitudenwerte M angeben zu können, wird von uns die Formel von IIDA (1967)

$$M = \lg A + 1{,}5 \lg t_{S-P} + 1{,}2$$

angewendet, mit deren Hilfe auch die Magnitudenangaben der vorliegenden Arbeit gewonnen worden sind. A bedeutet die maximale Amplitude in Mikrometern, t_{S-P} die Differenz der Einsatzzeiten von S- und P-Wellen. Beim Vergleich mehrerer so berechneter Magnituden eines Ereignisses wurden systematische Abweichungen insbesondere für Moxa und Klingenthal beobachtet, deren statistische Verteilung in Abb. 3 dargestellt ist. Daraus folgt, daß für Moxa die berechnete Magnitude im Mittel um etwa

0,6 zu klein ist, für Klingenthal ist sie im Mittel um 0,4 zu groß. Diese mittleren Abweichungen werden als Korrekturen vor der Berechnung der im Bulletin angegebenen mittleren Magnitude berücksichtigt.

Das Epizentrum der Mikrobeben kann bestimmt werden, wenn von mindestens drei Stationen die Werte t_{S-P} bekannt sind. Von MAAZ und NEUNHÖFER (im Druck) ist ein Verfahren beschrieben worden, das dann nach der Maximum-Likelihood-Methode die Epizentralkoodinaten zu berechnen gestattet. Die Genauigkeit beträgt in unserem Falle etwa 3 km. Die Ergebnisse aller Ortungen aus dem Vogtland sind in der genannten Arbeit zusammengefaßt und gedeutet worden.

4. Aufbau des Bulletins

Die instrumentell nachgewiesenen Mikrobeben sind im Bulletin chronologisch aufgeführt und werden innerhalb eines Jahres durchnumeriert. Falls an mindestens einer Station die Differenz t_{S-P} der Einsätze von S- und P-Wellen ausgemessen werden konnte, wurde nach IIDA (1967) eine Magnitude M errechnet und auch angegeben. Die in Klammern folgende Zahl gibt die Anzahl der Stationen an, für die eine Magnitude berechnet werden konnte, die dann in den angegebenen Mittelwert eingegangen sind. Steht die Magnitude selbst in Klammern, so ist mindestens eine der zugrundeliegenden Amplitudenausmessungen ungenau. In der gleichen Zeile folgen nach MAAZ und NEUNHÖFER (1981) errechnete Epizentralkoordinaten, falls an mindestens drei Stationen t_{S-P} zu bestimmen war.

Die Angaben zu den einzelnen Mikrobeben werden durch Auswerteresultate für die einzelnen Stationen fortgesetzt. Dem Stationscode folgt die Einsatzzeit der P-Welle. Wenn der Zeitdienst es erlaubt, ist der Einsatz auf 0,1 Sekunde genau angegeben. Fehlen die Sekundenangaben überhaupt, dann konnte der Einsatz nur zeitlich ungenau ausgemessen werden. In der nächsten Spalte steht t_{S-P} (in Sekunden), gefolgt von der maximalen Doppelamplitude der P- und S-Welle. Sie ist angegeben in mm Ausschlag im Seismogramm. Klammern um Amplitudenangaben geben Ungenauigkeit an, Klammern allein bedeuten, daß die Registrierung übersteuert ist und nicht ausgemessen werden kann. Die wahre Bodenbewegung kann durch Berücksichtigung der angegebenen Instrumentenvergrößerung und -charakteristik errechnet werden. Da die Perioden der ankommenden Wellen zwischen 0,2 und 0,1 s liegen, kann ohne wesentlichen Fehler mit der maximalen Vergrößerung gerechnet werden.

Literatur

IIDA, K.: Determination of magnitude of microearthquakes. C.R. des Séances de la 14. conf. réunie à Zürich du 25.9. au 6.10.1967

MAAZ, R.; NEUNHÖFER, H.: Ortung naher seismischer Ereignisse. Gerlands Beiträge z. Geophysik, (im Druck)

NEUNHÖFER, H.: Ergebnisse der instrumentellen Aufzeichnung von Mikroerdbeben im Vogtland nach 1962. Z. geol. Wiss., 4 (1976)12, S.1617-1629

NEUNHÖFER, H.; TITTEL, B.: Mikrobeben in der DDR. Z. geol. Wiss., (im Druck)

SCHEID, W.: Die Bearbeitung von Erdbebenschwärmen, durchgeführt an den vogtländischen Schwarmbeben. Bergakademie Freiberg, Dipl.-Arb., 1965

Tabelle 1

a) Vergrößerung der Seismographen im Vogtländischen Stationsnetz

KLI	Vmax
18.9.62 - 29.11.67	800++) (K)
29.11.67 - 9. 1.70	1200
9.1.70 - 4. 9.70	1325
4.9.70 - 22. 6.71	2650
22.6.71 - 3. 9.71	1300
3.9.71 - 5. 3.73	2500
5.3.71 -	4200

EUB	
30.12.76 - 28.6.77	100000
28. 6.77 -	49000

BDE	Vmax
19.3.73 - 29.9.75	1610++)
29.9.75 - 28.6.77	6300
28.6.77 - 23.8.79	15900
23.8.79 -	53000

PLN	
25.10.56 - 13.10.60	4000 (K)
13.10.60 - 18. 9.69	2000 (K)
18. 9.69 -	23000

b) Vergrößerung der benutzten Seismographen benachbarter Stationen

	Vmax	
MOX	300 000	
	100 000	+)
CLL	29 000	(Benioff-Seismograph)
JEN	2 000	(Wiechert-15-t-Seismograph) ++)
SON	2 060	(K)

+) Amplitudenwerte sind mit "+" versehen

++) Horizontalseismograph

Tabelle 2

Koordinaten der verwendeten Stationen

Station	geographische Länge	Breite
BDE	12.237 °E	50.287 °N
CLL	13.004	51.309
EUB	12.390	50.301
JEN	11.599	50.926
KLI	12.470	50.371
MOX	11.616	50.646
PLN	12.164	50.486
SON	11.193	50.378

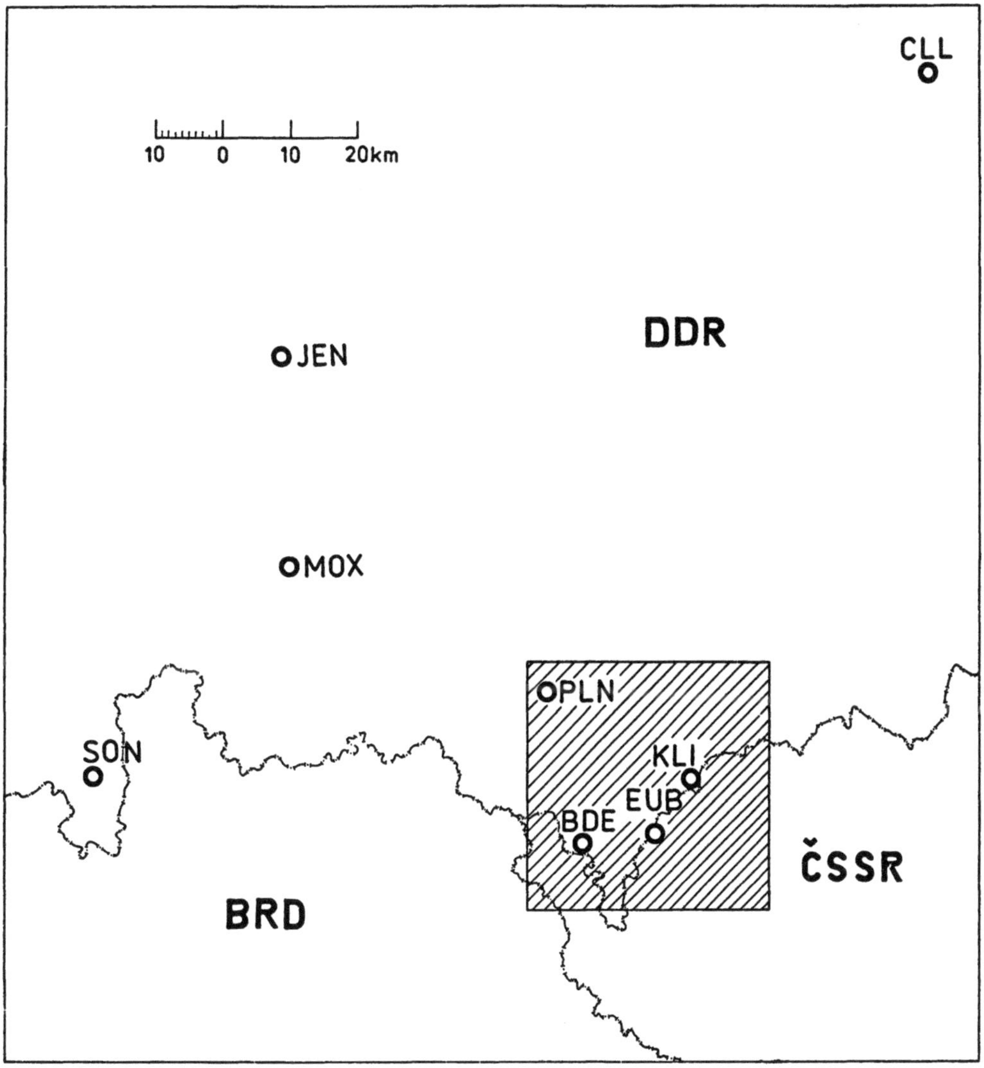

Abb. 1 Lage der verwendeten seismischen Stationen relativ zum Untersuchungsgebiet

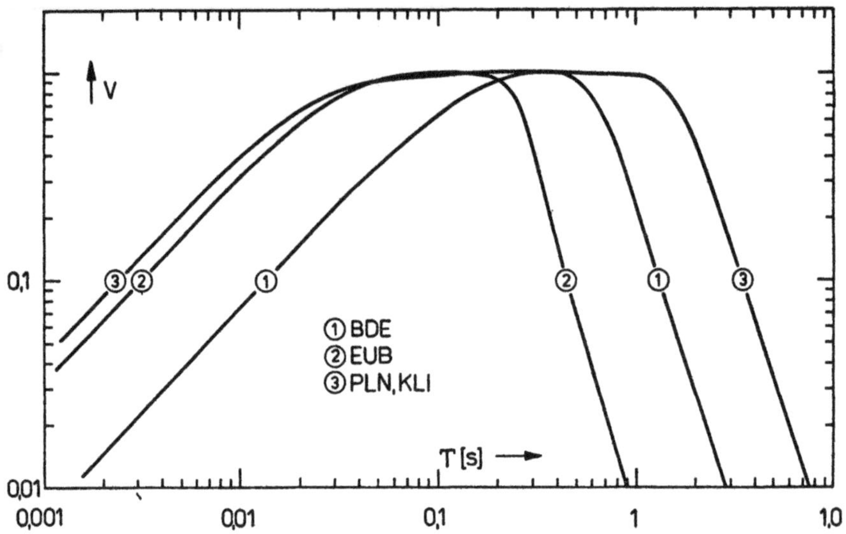

Abb. 2 Normierte Vergrößerungskurven für die im Vogtland z. Z. arbeitenden Stationen

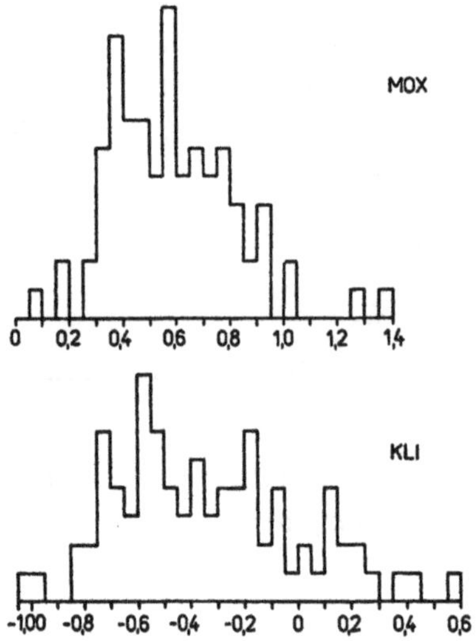

Abb. 3 Abweichungen der berechneten Magnituden vom Mittel für MOX und KLI

1 9 6 2

22.8.62 (1)
M = 1.8(1)
PLN 10 38 1.4
CLL 38 55.7 14.3 2.4 3.8

23.8.62 (2)
PLN 14 39 0.5

23.8.62 (3)
PLN 14 42 0.5

23.8.62 (4)
PLN 17 23 0.5

24.8.62 (5)
PLN 09 05 1.2

25.8.62 (6)
M = 1,7(1)
PLN 20 13 0.7
CLL 13 15.5 14.4 2.0 3.0

25.8.62 (7)
PLN 20 42 0.5

25.8.62 (8)
PLN 20 51 0.4

31.8.62 (9)
PLN 10 24 0.3

31.8.62 (10)
PLN 13 27 0.5

31.8.62 (11)
PLN 20 39 0.4
CLL 39 1.0

1.9.62 (12)
M = 1.5(1)
PLN 03 45 0.5
CLL 45 58.5 14.3 1.2 1.9

1.9.62 (13)
M = 1.6(1)
PLN 05 43 0.6
CLL 43 53.2 14.3 1.5 2.5

1.9.62 (14)
PLN 14 33 0.5

1.9.62 (15)
M = 1.4(1)
PLN 14 41 0.8
CLL 41 27.7 14.4 1.0 1.7

1.9.62 (16)
M = 1.5(1)
PLN 21 45 0.5
CLL 45 12.4 14.3 1.3 2.0

1.9.62 (17)
M = 1.9(1)
PLN 22 08 1.4
CLL 08 38.1 14.3 3.1 5.0

1.9.62 (18)
PLN 22 13 0.3

2.9.62 (19)
M = 1.4(1)
PLN 12 44 0.5
CLL 44 44.0 14.6 1.1 1.8

2.9.62 (20)
M = 1.7(1)
PLN 16 11 0.7
CLL 11 49.9 14.4 1.7 3.0

2.9.62 (21)
PLN 18 08 0.3

3.9.62 (22)
M = 1.4(1)
PLN 03 36 0.6
CLL 36 54.7 14.7 0.8 1.5

3.9.62 (23)
M = 1.5(1)
PLN 04 54 1.5
CLL 54 46.7 14.7 1.2 2.0

3.9.62 (24)
PLN 09 25 0.3

3.9.62 (25)
M = 1.5(1)
CLL 09 43 15.7 14.8 1.4 2.2

3.9.62 (26)
PLN 10 08 0.5

3.9.62 (27)
PLN 11 59 0.6

3.9.62 (28)
M = 1.6(1)
PLN 22 15 0.8
CLL 15 50.2 14.7 2.1 2.5

4.9.62 (29)
M = 1.4(1)
PLN 04 20 0.5
CLL 20 39.9 14.4 1.0 1.5

4.9.62 (30)
M = 1.8(1)
PLN 04 20 1.5
CLL 21 07.3 14.5 3.1 4.2

4.9.62 (31)
PLN 08 57 0.4

4.9.62 (32)
PLN 09 56 0.5

4.9.62 (33)
PLN 10 06 0.4

4.9.62 (34)
PLN 10 07 0.3

4.9.62 (35)
PLN 11 12 0.4

4.9.62 (36)
M = 1.6(1)
PLN 16 12 1.1
CLL 12 56.5 14.4 2.6 2.0

4.9.62 (37)
PLN 16 21 0.3

4.9.62 (38)
M = 1.6(1)
PLN 17 55 1.0
CLL 55 24.6 14.4 2.3 2.5

4.9.62 (39)
PLN 17 55 0.7

4.9.62 (40)
M = 1.5(1)
PLN 22 41 0.5
CLL 41 57.6 14.6 2.0 1.9

5.9.62 (41)
M = 1.3(1)
PLN 02 29 0.3
CLL 29 53.6 14.8 1.3 1.2

5.9.62 (42)
M = 1.4(1)
PLN 02 46 0.7
CLL 46 55.1 14.8 1.5 1.5

5.9.62 (43)
M = 1.8(1)
PLN 04 52 0.3
CLL 52 31.7 13.9 2.7 4.5

5.9.62 (44)
M = 1.4(1)
PLN 07 37 0.6
CLL 37 39.0 14.4 1.3 1.6

5.9.62 (45)
M = 1.3(1)
CLL 08 53 52.8 14.5 1.2 1.4

5.9.62 (46)
M = 1.8(1)
CLL 09 04 59.2 14.1 4.5 3.5

5.9.62 (47)
M = 1.5(1)
CLL 09 05 58.3 14.1 2.0 1.3

5.9.62 (48)
M = 1.6(1)
CLL 15 51 57.5 14.4 2.9 2.0

6.9.62 (49)
M = 1.9(1)
CLL 02 41 07.0 14.4 2.5 5.0

6.9.62 (50)
M = 1.5(1)
CLL 22 56 53.3 14.4 1.2 2.0

7.9.62 (51)
M = 1.5(1)
CLL 09 27 59.9 14.8 1.5 2.2

7.9.62 (52)
PLN 11 20 0.4

7.9.62 (53)
PLN 13 18 0.6

7.9.62 (54)
PLN 13 42 0.4

7.9.62 (55)
M = 1.5(1)
PLN 19 31 1.0
CLL 31 14.8 14.5 1.9 2.1

7.9.62 (56)
PLN 19 31 0.5

9.9.62 (57)
M = 1.5(1)
PLN 03 49 0.6
CLL 49 46.2 14.6 1.1 2.1

9.9.62 (58)
PLN 20 26 0.4

10.9.62 (59)
PLN 10 51 2.5

10.9.62 (60)
PLN 15 11 0.3

10.9.62 (61)
M = 1.3(1)
PLN 16 14 3.3 0.2 0.8

10.9.62 (62)
M = 1.7(2)
PLN 19 42 3.15 0.2 1.2
JEN 42 1.3
CLL 42 50.2 14.2 3.6 4.6

10.9.62 (63)
M = 1.4(1)
PLN 22 43 0.6
CLL 43 33.8 14.5 1.5 1.8

10.9.62 (64)
M = 1.4(1)
PLN 23 10 0.3
CLL 10 21.1 14.4 0.9 1.5

11.9.62 (65)
M = 1.4(1)
PLN 05 18 0.4
CLL 18 48.0 14.4 1.1 1.6

12.9.62 (66)
M = 2.1(2)
PLN 17 11 2.8
SON 11 0.6
JEN 11 35.0 10.7 0.4 1.3
CLL 11 39.3 14.6 6.0 5.0

12.9.62 (67)
M = 1.4(1)
PLN 17 30 1.1
CLL 30 18.4 14.6 1.9 1.6

12.9.62 (68)
M = 1.1(1)
PLN 23 28 0.5
CLL 28 21.8 14.6 1.0 0.8

13.9.62 (69)
M = 2.1(4) 50.289 N 12.358 E
PLN 01 43 3.15 0.4 2.6
SON 43 56.3 10.2 0.3 0.6
JEN 43 57.0 10.8 0.5 1.8
CLL 44 01.5 14.7 9.0 11.0

13.9.62 (70)
PLN 02 40 3.15 0.4 1.4
CLL 40 45.4 3.2

13.9.62 (71)
M = 1.4(1)
PLN 03 11 1.0
CLL 11 57.9 14.6 1.8 1.2

13.9.62 (72)
M = 1.4(2)
PLN 03 44 3.3 0.3 0.7
CLL 44 44.3 14.3 2.3 2.6

13.9.62 (73)
M = 1.5(1)
PLN 04 45 0.8
CLL 45 25.7 14.5 2.0 1.3

13.9.62 (74)
PLN 04 52 0.5
CLL 52 40.5 1.1

13.9.62 (75)
PLN 05 00 0.4
CLL 00 41.6 1.2

13.9.62 (76)
PLN 05 30 0.5

13.9.62 (77)
M = 2.3(4) 50.287 N 12.375 E
PLN 06 31 3.3 1.4 4.3
SON 31 56.0 10.5 0.4 1.9
JEN 31 56.9 10.7 0.9 1.8
CLL 32 01.1 14.8 18.5 11.5

13.9.62 (78)
M = 1.6(1)
PLN 06 52 0.9
CLL 52 45.4 14.7 2.0 2.7

13.9.62 (79)
M = 1.6(1)
CLL 08 58 53.4 14.7 2.3 1.7

13.9.62 (80)
M = 1.3(1)
PLN 14 01 0.4
CLL 02 11.6 13.8 1.5 1.5

13.9.62 (81)
M = 1.4(1)
PLN 15 13 0.6
CLL 13 34.2 14.5 1.7 1.6

13.9.62 (82)
PLN 16 38 0.6

13.9.62 (83)
M = 1.3(2)
PLN 20 16 3.3 0.2 0.5
CLL 16 14.6 2.4 1.5

13.9.62 (84)
PLN 20 37 0.5

13.9.62 (85)
PLN 20 39 0.6

13.9.62 (86)
PLN 23 09 0.5

14.9.62 (87)
PLN 01 00 0.4

14.9.62 (88)
M = 1.5(1)
PLN 01 08 0.8
CLL 08 14.6 2.0 1.6

14.9.62 (89)
M = 1.6(1)
PLN 03 57 1.6
CLL 57 14.2 2.7 1.9

14.9.62 (90)
PLN 05 33 0.3

14.9.62 (91)
M = 1.7(1)
PLN 05 46 0.6
CLL 46 14.2 3.7 2.5

14.9.62 (92)
PLN 06 14 0.7
CLL 14 0.9 0.5

14.9.62 (93)
PLN 09 47 0.3

14.9.62 (94)
PLN 10 46 0.3

14.9.62 (95)
PLN 10 49 0.4

14.9.62 (96)
M = 1.3(1)
PLN 17 14 0.5
CLL 15 00.5 14.6 1.4 1.4

14.9.62 (97)
M = 1.4(1)
PLN 23 41 0.4
CLL 41 27.6 14.2 1.7 0.7

14.9.62 (98)
M = 2.1(4) 50.302 N 12.369 E
PLN 23 48 3.15 0.8 2.7
SON 48 51.9 10.4 0.3 1.1
JEN 48 52.6 10.5 0.4 1.3
CLL 48 56.7 14.6 7.0 5.5

15.9.62 (99)
PLN 00 05 0.4

15.9.62 (100)
M=1.3(2)
PLN 04 27 3.4 0.4 0.7
CLL 28 02.1 14.6 1.6 1.5

15.9.62 (101)
PLN 04 28 0.4

15.9.62 (102)
M = 1.8(2)
PLN 04 29 3.3 0.2 2.6
JEN 29 0.9
SON 29 1.4
CLL 29 49.3 14.8 4.5 3.5

15.9.62 (103)
PLN 04 29 1.1

15.9.62 (104)
M = 1.7(2)
PLN 04 31 3.3 0.2 1.4
CLL 31 43.8 14.5 1.8 1.6

15.9.62 (105)
M = 1.2(1)
PLN 04 32 0.7
CLL 32 49.1 14.9 1.1 0.8

15.9.62 (106)
PLN 04 38 0.4

15.9.62 (107)
M = 2.0(2)
PLN 06 45 3.2 1.2 2.6
CLL 45 53.6 14.7 8.9 7.1

15.9.62 (108)
M = 1.7(1)
PLN 09 22 1.0
CLL 22 13.5 14.7 3.0 1.9

15.9.62 (109)
M = 1.5(1)
PLN 09 53 0.9
CLL 54 05.1 14.5 1.3 2.1

15.9.62 (110)
M = 1.7(1)
PLN 09 59 0.3
CLL 59 17.3 13.3 2.3 4.0

15.9.62 (111)
M = 1.5(1)
PLN 12 07 1.0
CLL 07 17.3 14.4 1.4 2.1

15.9.62 (112)
M = 1.4(1)
PLN 19 41 0.8
CLL 41 31.3 14.6 1.5 1.7

16.9.62 (113)
M = 1.9(3) 50.311 N 12.365 E
PLN 03 19 3.1 0.3 2.0
SON 19 1.4
JEN 19 17.3 10.6 1.1
CLL 19 21.4 14.3 3.9 4.8

16.9.62 (114)
PLN 04 16 0.3

16.9.62 (115)
M = 1.8(1)
PLN 06 03 0.5
JEN 03 1.1
CLL 03 35.8 14.7 4.5 2.8

17.9.62 (116)
M = 1.9(1)
CLL 13 35 27.1 14.7 4.0 5.1

17.9.62 (117)
M = 1.9(1)
CLL 13 48 32.9 14.0 3.6 5.5

17.9.62 (118)
M = 2,2(1)
JEN 14 07
CLL 07 04.0 14.6 10.0 4.3

17.9.62 (119)
M = 1.6(1)
CLL 14 27 40.7 14.6 2.4 1.5

17.9.62 (120)
M = 1.8(1)
JEN 14 41
CLL 41 55.1 14.2 4.5 3.0

17.9.62 (121)
M = 2.0(1)
JEN 16 15
CLL 15 29.0 14.7 4.1 5.8

17.9.62 (122)
M = 1.6(1)
CLL 16 29 38.8 14.9 1.9 2.8

17.9.62 (123)
M = 1.3(1)
JEN 16 44
CLL 44 25.8 14.3 6.0 3.2

17.9.62 (124)
M = 1.6(1)
CLL 19 24 19.8 14.7 2.3 1.2

17.9.62 (125)
M = 1.5(1)
JEN 20 25
CLL 25 30.9 14.3 2.0 1.0

17.9.62 (126)
M = 2.7(3) 50.295 N 12.358 E
SON 22 18 54.6 10.3 0.6 3.8
JEN 18 56.0 10.4 1.1 4.9
CLL 18 59.5 14.7 32.0 21.5

17.9.62 (127)
M = 1.5(1)
CLL 22 31 35.4 14.6 1.8 2.0

17.9.62 (128)
M = 1.6(1)
CLL 23 26 08.4 14.6 2.0 2.3

17.9.62 (129)
M = 1.3(1)
CLL 23 53 46.8 14.9 0.6 1.2

18.9.62 (130)
M = 1.5(1)
CLL 00 01 42.8 14.3 1.2 2.3

18.9.62 (131)
M = 1.6(1)
CLL 00 15 23.8 14.7 1.8 2.6

18.9.62 (132)
M = 2.1(2)
SON 00 16 0.6
JEN 16 30.2 10.6 0.3 1.6
CLL 16 33.1 14.6 5.5 4.0

18.9.62 (133)
M = 2.2(3) 50.296 N 12.375 E
SON 00 30 02.9 10.4 1.4
JEN 30 04.7 10.5 0.3 1.5
CLL 30 08.4 14.6 3.5 4.5

18.9.62 (134)
M = 2.2(2)
SON 01 17 0.8
JEN 17 14.0 10.6 0.3 1.6
CLL 17 17.0 14.5 9.0 6.0

18.9.62 (135)
M = 1.7(1)
CLL 01 37 34.0 15.3 2.5 3.2

18.9.62 (136)
M = 1.4(1)
CLL 02 26 38.9 14.3 1.8 1.5

18.9.62 (137)
M = 1.5(1)
CLL 04 07 28.0 14.8 1.9 2.2

18.9.62 (138)
M = 1.9(1)
CLL 04 14 09.1 14.8 2.5 5.0

18.9.62 (139)
M = 1.4(1)
CLL 04 31 53.3 14.2 1.6 1.0

18.9.62 (140)
M = 1.4(1)
CLL 06 07 08.5 14.6 0.7 1.5

18.9.62 (141)
M = 1.3(1)
CLL 06 14 01.5 14.8 0.5 1.3

18.9.62 (142)
M = 1.7(1)
CLL 07 19 20.6 15.0 1.5 2.9

18.9.62 (143)
M = 2.8(3) 50.276 N 12.329 E
SON 07 42 09.9 10.3 0.6 4.6
JEN 42 11.0 10.2 1.4 3.9
CLL 42 15.2 15.2 12.5 35.8

18.9.62 (144)
M = 2.4(4) 50.287 N 12.384 E
PLN 10 19 3.15 1.2 4.5
SON 19 49.2 10.6 2.4
JEN 19 50.5 10.9 1.3 4.5
CLL 19 53.3 14.8 16.0 9.5

18.9.62 (145)
M = 1.5(1)
PLN 10 39 0.8
CLL 39 44.4 14.5 2.0 1.4

18.9.62 (146)
PLN 10 41 0.8

18.9.62 (147)
M = 2.0(2)
PLN 12 44 3.15 0.4 3.5
CLL 44 47.4 14.5 3.7 8.5

18.9.62 (148)
PLN 13 36 0.7

18.9.62 (149)
M = 2.2(3) 50.280 N 12.332 E
PLN 14 48 3.25 0.3 3.5
SON 48 1.5
JEN 48 32.0 10.8 0.9 1.5
CLL 48 35.4 14.8 8.0 11.0

18.9.62 (150)
M = 1.8(2)
PLN 15 28 3.3 0.3 1.6
CLL 29 09.8 14.8 2.3 6.0

18.9.62 (151)
M = 1.9(2)
KLI 16 16 1.15 0.8 12.2
PLN 16 0.7
CLL 17 06.7 15.0 2.0 5.5

18.9.62 (152)
KLI 16 25 1.5

18.9.62 (153)
M = 1.7(2)
KLI 16 26 1.2 1.5 18.0
PLN 26 0.4
CLL 26 16.5 14.9 1.6 1.0

18.9.62 (154)
KLI 16 44 1.2

18.9.62 (155)
KLI 16 46 1.4

18.9.62 (156)
KLI 16 47 0.9

18.9.62 (157)
KLI 16 56 4.0

18.9.62 (158)
KLI 16 57 1.7

18.9.62 (159)
KLI 17 05 1.2

18.9.62 (160)
M = 1.6(1)
KLI 17 20 1.2 0.6 7.0

18.9.62 (161)
KLI 17 21 2.1

18.9.62 (162)
KLI 17 23 1.9

18.9.62 (163)
KLI 17 30 1.4

18.9.62 (164)
KLI 17 30 1.3

18.9.62 (165)
M = 1.7(2)
KLI 17 56 1.25 1.0 14.0
PLN 56 0.7
CLL 56 16.5 14.6 0.6 2.5

18.9.62 (166)
KLI 17 56 1.9

18.9.62 (167)
KLI 17 58 6.2

18.9.62 (168)
M = 1.4(1)
KLI 18 03 1.12 1.5 5.0
PLN 03 0.4
CLL 03 0.9

18.9.62 (169)
KLI 18 06 2.9

18.9.62 (170)
M = 1.6(1)
KLI 18 13 1.1 0.7 8.0

18.9.62 (171)
KLI 19 03 1.1

18.9.62 (172)
KLI 19 25 1.8

18.9.62 (173)
KLI 19 27 1.1

18.9.62 (174)
KLI 19 28 1.3

18.9.62 (175)
KLI 19 38 1.2

18.9.62 (176)
KLI 20 04 1.8

18.9.62 (177)
KLI 20 19 1.8

18.9.62 (178)
KLI 20 20 1.4

18.9.62 (179)
KLI 20 23 2.2

18.9.62 (180)
M = 1.6(1)
KLI 20 41 1.15 0.5 8.0

18.9.62 (181)
KLI 20 43 4.8

18.9.62 (182)
KLI 20 47 2.4

18.9.62 (183)
KLI 21 56 1.9

18.9.62 (184)
KLI 22 22 2.3

18.9.62 (185)
KLI 22 23 4.9

18.9.62 (186)
KLI 22 23 1.7

18.9.62 (187)
KLI 22 23 3.6

18.9.62 (188)
KLI 22 45 1.3

18.9.62 (189)
KLI 22 55 1.9

18.9.62 (190)
M = 1.5(1)
KLI 23 09 1.15 0.5 5.9

18.9.62 (191)
KLI 23 26 2.6

18.9.62 (192)
KLI 23 45 1.5

18.9.62 (193)
M = 1.9(3) 50.312 N 12.401 E
KLI 23 59 1.15 2.5 25.0
PLN 59 3.3 0.3 1.7
SON 59 0.9
JEN 59 1.1
CLL 59 15.6 14.4 2.0 6.2

19.9.62 (194)
KLI 00 04 1.4

19.9.62 (195)
M = 2.0(3) 50.312 N 12.401 E
KLI 00 06 1.15 0.9 17.0
PLN 06 3.3 0.4 1.3
SON 06 0.9
JEN 06 0.9
CLL 06 53.3 14.4 1.7 3.5

19.9.62 (196)
KLI 00 07 3.9

19.9.62 (197)
KLI 00 36 1.0

19.9.62 (198)
KLI 00 40 1.5

19.9.62 (199)
M = 1.6(1)
KLI 01 02 1.2 1.7 8.2
PLN 02 0.5
CLL 02 57.8 2.0

19.9.62 (200)
KLI 01 02 5.8

19.9.62 (201)
KLI 01 02 3.1

19.9.62 (202)
KLI 01 03 2.1

19.9.62 (203)
KLI 01 03 1.4

19.9.62 (204)
M = 1.7(2)
KLI 01 04 1.2 1.0 20.0
PLN 04 0.8
CLL 04 39.9 14.6 1.0 1.7

19.9.62 (205)
KLI 01 05 2.9

19.9.62 (206)
KLI 01 05 1.6

19.9.62 (207)
KLI 01 12 2.6

19.9.62 (208)
KLI 01 14 1.3

19.9.62 (209)
KLI 01 14 1.7

19.9.62 (210)
KLI 01 14 1.5

19.9.62 (211)
KLI 01 14 0.7

19.9.62 (212)
KLI 01 14 1.4

19.9.62 (213)
KLI 01 14 1.4

19.9.62 (214)
KLI 01 15 6.5

19.9.62 (215)
KLI 01 15 2.3

19.9.62 (216)
KLI 02 02 4.5

19.9.62 (217)
M = 1.5(1)

KLI	02 03		1.15	0.7	6.1
PLN	03			0.6	
CLL	03 59.9			1.0	

19.9.62 (218)
M = 1.3(1)

KLI	02 04		1.15	0.4	3.8

19.9.62 (219)
KLI 02 06 1.6

19.9.62 (220)
KLI 02 07 6.6
PLN 07 0.6

19.9.62 (221)
KLI 02 07 3.6

19.9.62 (222)
KLI 02 08 2.1

19.9.62 (223)
KLI 02 09 2.0

19.9.62 (224)
KLI 02 50 1.6

19.9.62 (225)
KLI 02 57 6.0

19.9.62 (226)
KLI 03 04 1.3

19.9.62 (227)
M = 1.6(2)

KLI	03 06		1.2	0.6	11.0
PLN	06				0.4
CLL	07 06.9	14.7	1.5		1.0

19.9.62 (228)
KLI 03 12 3.0

19.9.62 (229)
M = 1.6(1)

KLI	03 13		1.1	0.4	7.9
PLN	13				0.4
CLL	13 23.7			1.0	

19.9.62 (230)
KLI 03 13 2.0

19.9.62 (231)
M = 1.5(1)

KLI	03 29		1.1	0.5	6.9

19.9.62 (232)
M = 1.2(1)

KLI	04 31		1.05	0.6	3.5

19.9.62 (233)
KLI 04 51 1.4

19.9.62 (234)
M = 1.3(1)

KLI	04 56		1.05	0.6	5.1

19.9.62 (235)
KLI 04 57 0.9

19.9.62 (236)
KLI 05 04 2.1

19.9.62 (237)
KLI 05 14 1.2

19.9.62 (238)
KLI 06 28 2.5

19.9.62 (239)
KLI 06 42 1.7

19.9.62 (240)
KLI 07 59 3.8

19.9.62 (241)
KLI 08 02 1.0
PLN 02 0.5

19.9.62 (242)
KLI 08 05 1.7

19.9.62 (243)
KLI 08 16 3.8

19.9.62 (244)
PLN 09 18 0.8 1.9

19.9.62 (245)
KLI 09 26 1.4

19.9.62 (246)
M = 1.4(1)
KLI 09 26 1.05 0.6 6.6

19.9.62 (247)
KLI 09 28 2.3

19.9.62 (248)
KLI 10 13 2.5

19.9.62 (249)
KLI 11 09 2.6
PLN 09 1.4

19.9.62 (250)
M = 1.1
KLI 11 59 1.1 0.6 2.7

19.9.62 (251)
KLI 12 01 2.8

19.9.62 (252)
KLI 12 32 1.6

19.9.62 (253)
KLI 12 36 1.4

19.9.62 (254)
KLI 12 36 2.1

19.9.62 (255)
PLN 15 38 0.5

19.9.62 (256)
M = 1.2(1)
PLN 16 45 0.9
CLL 45 14.9 14.8 0.6 1.1

19.9.62 (257)
KLI 17 25 2.6

19.9.62 (258)
KLI 18 17 2.2

19.9.62 (259)
M = 1.5(2)
KLI 18 47 1.1 1.4 8.2
PLN 48 0.5
CLL 48 09.3 14.3 0.5 1.6

19.9.62 (260)
KLI 19 17 1.0

19.9.62 (261)
M = 1.2(1)
KLI 19 24 1.15 0.9 3.0
PLN 24 0.5
CLL 24 1.3

19.9.62 (262)
KLI 19·40 1.9

19.9.62 (263)
KLI 20 35 1.3

19.9.62 (264)
M = 1.6(2)
KLI 20 58 1.1 0.4 11.0
PLN 58 0.6
CLL 58 41.3 16.4 1.8 2.4

19.9.62 (265)

KLI	22 29				1.4

19.9.62 (266)
M = 1.5(1)

KLI	22 43				4.2
PLN	43				0.5
CLL	43	29.1	14.6	1.2	1.0

19.9.62 (267)
M = 2.5(5) 50.310 N 12.386 E

KLI	23 16		1.05	5.6	65.0
PLN	16		3.1	1.4	9.2
SON	16	21.1	10.2	0.6	3.6
JEN	16	21.5	10.8	1.3	4.5
CLL	16	25.6	14.6	22.5	23.0

19.9.62 (268)

KLI	23 20				3.7

20.9.62 (269)
M = 1.6(3) 50.308 N 12.401 E

KLI	00 39		1.05	2.6	13.0
PLN	40		3.3	0.6	1.4
CLL	40	13.0	14.6	2.5	2.5

20.9.62 (270)

KLI	01 15				1.7

20.9.62 (271)

KLI	02 02				2.6

20.9.62 (272)

KLI	02 16				1.8

20.9.62 (273)

KLI	02 31				1.4

20.9.62 (274)

KLI	02 42				1.0

20.9.62 275)

KLI	02 46				2.0

20.9.62 (276)

KLI	02 47				5.2

20.9.62 (277)

KLI	02 48				3.2

20.9.62 (278)
M = 1.6(1)

KLI	02 50		1.1	0.8	9.6

20.9.62 (279)

KLI	04 40				1.1

20.9.62 (280)

KLI	05 08				1.4

20.9.62 (281)

KLI	05 08				2.6

20.9.62 (282)

KLI	05 09				1.6

20.9.62 (283)
M = 1.5(1)

PLN	09 35				0.6
CLL	36	00.4	14.3	1.9	2.3

20.9.62 (284)

KLI	16 20				2.7

20.9.62 (285)

KLI	18 35				1.9

20.9.62 (286)

KLI	19 25				3.0

20.9.62 (287)
M = 1.6(1)

KLI	19 28		1.2	0.4	7.2
PLN	28				0.5
CLL	29				1.0

20.9.62 (288)

KLI	19 31				2.8

20.9.62 (289)

KLI	22 01				3.5

21.9.62 (290)
KLI 00 43 1.4

21.9.62 (291)
KLI 01 00 2.0

21.9.62 (292)
KLI 01 03 1.2

21.9.62 (293)
KLI 01 08 1.0

21.9.62 (294)
KLI 01 22 3.6

21.9.62 (295)
KLI 01 28 5.0

21.9.62 (296)
KLI 01 36 1.7

21.9.62 (297)
KLI 01 40 2.7

21.9.62 (298)
KLI 01 43 1.5

21.9.62 (299)
M = 2.2(2)

KLI	02 12		1.2	2.0	39.9
PLN	12				2.5
SON	12				1.6
JEN	12				0.9
CLL	13	01.9	14.5	6.0	9.2

21.9.62 (300)
KLI 02 12 3.0

21.9.62 (301)
KLI 02 20 1.8

21.9.62 (302)
KLI 02 24 2.5

21.9.62 (303
KLI 02 24 2.5

21.9.62 (304)
KLI 02 28 1.3

21.9.62 (305)
KLI 02 29 3.8

21.9.62 (306)
M = 1.5(1)
KLI 02 29 1.2 0.4 5.8

21.9.62 (307)
KLI 02 54 2.1

21.9.62 (308)
KLI 03 38 3.7

21.9.62 (309)
KLI 03 42 2.2

21.9.62 (310)
KLI 03 45 3.0

21.9.62 (311)
KLI 03 56 2.0

21.9.62 (312)
M = 1.2(1)
KLI 04 04 1.15 0.4 3.3

21.9.62 (313)
KLI 04 16 1.0

21.9.62 (314)
M = 1.6(3) 50.318 N 12.371 E

KLI	04 19		1.2	1.2	38.0
PLN	19		3.0	0.2	0.3
SON	19				1.0
JEN	19				1.3
CLL	19	17.7	14.5	3.5	4.0

21.9.62 (315)
KLI 04 19 1.5

21.9.62 (316)
KLI 04 25 1.2

21.9.62 (317)
KLI 05 30 3.2

21.9.62 (318)
KLI 05 48 2.5

21.9.62 (319)
M = 2.4(5) 50.312 N 12.377 E

KLI	05	50		1.05	4.5	40.5
PLN		50		3.1	0.8	4.6
SON		50	53.4	10.3	0.4	2.3
JEN		50	54.3	10.4	0.7	2.5
CLL		50	58.3	14.8	10.5	22.6

21.9.62 (320,
KLI 06 15 1.5

21.9.62 (321)
M = 1.6(1)
CLL 08 36 57.6 14.8 1.8 2.3

21.9.62 (322)
KLI 09 39 0.8

21.9.62 (323)
M = 1.8(4) 50.309 N 12.400 E

KLI	09	47		1.1	4.0	18.0
PLN		47		3.2	0.2	0.8
SON		47	10.0	10.5		1.1
CLL		47	15.0	14.6	4.2	5.0

21.9.62 (324)
KLI 09 49 2.1

21.9.62 (325)
KLI 09 59 1.7

21.9.62 (326)
KLI 10 00 1.3

21.9.62 (327)
KLI 10 01 1.2

21.9.62 (328)
KLI 10 05 1.1

21.9.62 (329)
M = 1.4(1)

KLI	10	23		1.15	0.4	5.5
PLN		23				0.6
CLL		23	55.6		0.7	

21.9.62 (330)
KLI 10 58 1.5

21.9.62 (331)
KLI 11 36 1.5

21.9.62 (332)
M = 1.6(2)

KLI	11	38		1.2	0.6	6.0
CLL		38	28.6	14.6	3.6	2.2

21.9.62 (333)
PLN 13 39 0.5

21.9.62 (334)
KLI 13 48 1.2

21.9.62 (335)
KLI 13 49 1.2

21.9.62 (336)
M = 1.4(1)
KLI 14 07 1.1 0.5 5.0

21.9.62 (337)
M = 1.4(2)

KLI	14	32		1.1	0.9	4.5
CLL		32	11.4	14.6	2.0	1.2

21.9.62 (338)
M = 1.3(2)

KLI	14	43		1.2	1.1	3.7
PLN		43				0.6
CLL		43	22.2	14.5	1.8	1.3

21.9.62 (339)
KLI 14 49 3.1

21.9.62 (340)
KLI 16 57 1.6

21.9.62 (341)
M = 1.0(1)
KLI 17 14 1.25 0.5 2.0

21.9.62 (342)
M = 1.4(1)
KLI 17 23 1.3 1.0 4.4

21.9.62 (343)
M = 1.8(2)
KLI 17 39 1.25 0.9 17.0
PLN 39 0.2
CLL 40 01.9 14.6 3.0 2.2

21.9.62 (344)
KLI 18 24 1.8

21.9.62 (345)
KLI 18 46 0.9

21.9.62 (346)
KLI 18 58 2.0

21.9.62 (347)
KLI 20 49 1.2

21.9.62 (348)
KLI 22 07 1.6

21.9.62 (349)
KLI 23 21 3.4

22.9.62 (350)
KLI 01 09 1.1

22.9.62 (351)
KLI 02 55 2.2

22.9.62 (352)
KLI 03 43 3.4

22.9.62 (353)
KLI 03 46 1.6

22.9.62 (354)
KLI 03 46 1.8

22.9.62 (355)
KLI 03 53 1.6

22.9.62 (356)
KLI 03 57 1.6

22.9.62 (357)
KLI 04 12 1.8

22.9.62 (358)
KLI 04 51 2.6

22.9.62 (359)
KLI 04 57 1.6

22.9.62 (360)
KLI 04 59 2.2

22.9.62 (361)
KLI 05 05 1.3

22.9.62 (362)
M = 1.0(1)
KLI 05 09 1.05 0.8 2.6

22.9.62 (363)
KLI 05 11 1.4

22.9.62 (364)
KLI 05 18 1.3

22.9.62 (365)
KLI 05 49 1.4

22.9.62 (366)
KLI 06 03 1.2

22.9.62 (367)
M = 1.5(1)
KLI 07 03 1.25 1.1 5.2

22.9.62 (368)
KLI 07 17 0.9

22.9.62 (369)
KLI 07 29 1.2

22.9.62 (370)
M = 1.4(1)
KLI 08 30 1.2 1.1 5.0

22.9.62 (371)
KLI 08 31 2.1

22.9.62 (372)
KLI 09 16 4.2

22.9.62 (373)
KLI 09 16 1.2

22.9.62 (374)
KLI 09 16 9.6

22.9.62 (375)
KLI 09 17 2.8

22.9.62 (376)
KLI 09 17 2.2

22.9.62 (377)
M = 1.4(1)
KLI 09 21 1.1 0.9 5.9
PLN 21 0.5

22.9.62 (378)
KLI 09 27 1.4

22.9.62 (379)
M = 1.6(1)
KLI 12 04 1.2 0.7 8.5
PLN 04 0.9

22.9.62 (380)
M = 1.9(2)
KLI 12 43 1.2 3.0 17.0
PLN 43 3.1 0.2 2.6
JEN 43 1.7

22.9.62 (381)
M = 1.3(1)
KLI 13 11 1.15 0.6 4.0
PLN 11 0.6

22.9.62 (382)
KLI 13 26 5.6

22.9.62 (383)
KLI 15 14 1.3

22.9.62 (384)
KLI 16 26 2.4
PLN 26 0.4

22.9.62 (385)
KLI 16 57 3.6

22.9.62 (386)
KLI 17 04 3.6

22.9.62 (387)
M = 1.3(1)
KLI 17 15 1.3 3.2

22.9.62 (388)
M = 1.5(1)
KLI 17 56 1.2 0.8 5.6
PLN 56 0.3
JEN 56

22.9.62 (389)
M = 1.3(1)
KLI 17 57 1.2 1.5 4.2

22.9.62 (390)
KLI 19 15 1.0

22.9.62 (391)
KLI 20 44 1.2

22.9.62 (392)
KLI 20 45 0.7

22.9.62 (393)
KLI 20 45 1.1

22.9.62 (394)
KLI 21 56 1.4

22.9.62 (395)
M = 1.3(1)
KLI 22 25 1.35 2.9

22.9.62 (396)
KLI 22 56 1.3

23.9.62 (397)
KLI 00 11 2.1

23.9.62 (398)
KLI 01 54 1.2

23.9.62 (399)
KLI 02 00 1.7

23.9.62 (400)
KLI 02 01 0.9

23.9.62 (401)
M = 1.4(1)
KLI 02 09 1.2 0.4 4.5
PLN 09 0.4

23.9.62 (402)
KLI 02 12 1.0

23.9.62 (403)
M = 1.2(1)
KLI 02 12 1.2 0.4 3.0

23.9.62 (404)
KLI 02 13 1.0

23.9.62 (405)
KLI 02 13 1.1

23.9.62 (406)
KLI 02 36 1.5

23.9.62 (407)
KLI 03 55 1.3

23.9.62 (408)
KLI 04 26 1.7

23.9.62 (409)
M = 1.3(1)
KLI 04 31 1.2 0.4 3.5

23.9.62 (410)
M = 1.8(1)
KLI 04 35 1.25 0.8 11.0
PLN 35 0.4

23.9.62 (411)
KLI 04 45 3.8

23.9.62 (412)
KLI 05 27 5.6

23.9.62 (413)
KLI 06 05 3.9

23.9.62 (414)
M = 2.0(1)
KLI 06 34 1.15 1.5 21.0
PLN 34 0.8
SON 34 0.6

23.9.62 (415)
KLI 06 34 1.4

23.9.62 (416)
KLI 07 14 3.9

23.9.62 (417)
M = 1.5(1)
KLI 07 41 1.05 0.8 7.0

23.9.62 (418)
KLI 08 01 2.1

23.9.62 (419)
KLI 09 33 1.1

23.9.62 (420)
KLI 09 33 2.0

23.9.62 (421)
KLI 09 33 1.8

23.9.62 (422)
KLI 09 36 1.6

23.9.62 (423)
M = 1.5(1)
KLI 09 38 1.1 1.1 6.5

23.9.62 (424)
KLI 09 39 1.3

23.9.62 (425)
KLI 09 39 0.8

23.9.62 (426)
KLI 09 49 1.6

23.9.62 (427)
M = 1.4(1)
KLI 10 35 1.15 0.4 4.8

23.9.62 (428)
KLI 10 39 3.7

23.9.62 (429)
KLI 10 44 1.4

23.9.62 (430)
KLI 11 00 1.4

23.9.62 (431)
KLI 11 02 3.6

23.9.62 (432)
KLI 11 03 1.2

23.9.62 (433)
KLI 11 19 1.3

23.9.62 (434)
KLI 12 40 1.6

23.9.62 (435)
M = 1.4(2)
KLI 13 27 1.3 1.4 7.2
PLN 27 0.4
CLL 27 38.1 14.6 1.0 0.8

23.9.62 (436)
KLI 13 37 2.7

23.9.62 (437)
KLI 13 39 2.9

23.9.62 (438)
M = 1.8(2)
KLI 14 21 1.25 2.7 12.0
PLN 21 1.2
JEN 21
CLL 21 24.1 14.2 4.0 3.1

23.9.62 (439)
KLI 16 40 4.2

23.9.62 (440)
KLI 16 40 7.5

23.9.62 (441)
KLI 19 02 2.2

23.9.62 (442)
KLI 19 16 1.8

23.9.62 (443)
M = 1.3(1)
KLI 19 19 1.1 0.6 4.1

23.9.62 (444)
KLI 20 40 3.0

23.9.62 (445)
KLI 20 40 2.5

23.9.62 (446)
KLI 20 45 3.0

23.9.62 (447)
KLI 22 55 1.6

23.9.62 (448)
M = 1.3(1)
KLI 22 57 6.5
PLN 57 0.7
JEN 57
CLL 57 49.2 14.6 2.2 1.2

23.9.62 (449)
KLI 23 14 1.6

24.9.62 (450)
KLI 01 09 2.9

24.9.62 (451)
KLI 01 10 1.3

24.9.62 (452)
KLI 01 11 1.9

24.9.62 (453)
KLI 01 13 4.0

24.9.62 (454)
KLI 01 13 3.2

24.9.62 (455)
KLI 01 47 1.9

24.9.62 (456)
KLI 02 26 1.0

24.9.62 (457)
KLI 02 41 0.7

24.9.62 (458)
KLI 04 43 0.9

24.9.62 (459)
KLI 04 50 1.6

24.9.62 (460)
KLI 05 43 2.4

24.9.62 (461)
KLI 05 49 1.1

24.9.62 (462)
PLN 10 55 1.5

24.9.62 (463)
M = 1.6(2)
PLN 13 52 3.1 0.2 1.5
SON 52 0.8
CLL 52 18.0 14.6 3.0 2.5

24.9.62 (464)
M = 1.4(1)
PLN 18 41 0.5
CLL 41 52.1 14.0 1.8 0.9

25.9.62 (465)
KLI 14 58 3.2

25.9.62 (466)
KLI 14 59 4.4

25.9.62 (467)
KLI 15 13 1.6

25.9.62 (468)
KLI 15 17 5.5

25.9.62 (469)
KLI 16 14 1.3

25.9.62 (470)
KLI 20 58 4.2

25.9.62 (471)
M = 1.2(2)
KLI 21 16 1.2 0.8 4.5
PLN 16 0.5
CLL 17 02.1 14.8 1.6 0.8

25.9.62 (472)
KLI 21 34 1.0

25.9.62 (473)
KLI 21 37 2.5

25.9.62 (474)
KLI 21 46 1.4

25.9.62 (475)
M = 1.6(2)
KLI 22 48 1.15 1.0 12.0
PLN 48 0.8
CLL 48 13.7 14.8 2.0 1.6

25.9.62 (476)
KLI 22 03 1.4

25.9.62 (477)
KLI 23 00 2.9

25.9.62 (478)
KLI 23 23 2.5

25.9.62 (479)
KLI 23 23 1.8

26.9.62 (480)
KLI 02 32 1.7

26.9.62 (481)
KLI 04 39 1.5

26.9.62 (482)
PLN 13 03 0.6

27.9.62 (483)
M = 1.4(1)
PLN 12 18 0.5
CLL 18 28.0 14.5 1.8 0.9

27.9.62 (484)
KLI 16 30 5.2

27.9.62 (485)
KLI 16 47 1.5

27.9.62 (486)
KLI 16 47 2.3

27.9.62 (487)
KLI 16 56 6.8

27.9.62 (488)
M = 1.4(1)
KLI 17 10 1.2 0.4 4.8
PLN 10 0.5

28.9.62 (489)
PLN 06 21 0.5

28.9.62 (490)
KLI 16 10 1.4

28.9.62 (491)
KLI 16 12 1.3

28.9.62 (492)
KLI 16 19 0.4

28.9.62 (493)
KLI 16 59 1.5

28.9.62 (494)
M = 1.9(3) 50.306 N 12.373 E
KLI 17 03 1.15 1.2 22.0
PLN 03 3.1 0.4 2.6
SON 03 1.1
JEN 03 1.3
CLL 03 52.3 14.8 5.0 5.0

28.9.62 (495)
KLI 17 03 5.0

28.9.62 (496)
KLI 17 14 1.1

28.9.62 (497)
KLI 17 16 3.8

28.9.62 (498)
KLI 17 37 0.4

28.9.62 (499)
KLI 17 37 3.5

28.9.62 (500)
M = 2.3(5) 50.325 N 12.406 E
KLI 17 38 1.1 3.0 22.0
PLN 38 3.15 0.4 6.6
SON 38 55.4 10.7 0.4 1.8
JEN 38 56.4 10.4 0.6 2.2
CLL 39 00.7 14.3 8.0 11.0

28.9.62 (501)
KLI 17 43 1.0

28.9.62 (502)
M = 1.3(1)
KLI 18 38 1.2 0.8 3.8
PLN 38 0.4
CLL 38 1.0

28.9.62 (503)
KLI 18 57 2.2

28.9.62 (504)
M = 1.3(1)
KLI 18 58 1.15 0.5 4.0
PLN 58 0.5

28.9.62 (505)
KLI 20 41 2.0

28.9.62 (506)
M = 1.0(1)
KLI 20 44 1.1 0.4 2.0
PLN 44 0.3

28.9.62 (507)
KLI 22 38 2.1

28.9.62 (508)
M = 1.3(1)
KLI 22 45 1.15 3.9

29.9.62 (509)
KLI 00 03 1.2

29.9.62 (510)
KLI 00 03 1.1

29.9.62 (511)
KLI 00 03 0.8

29.9.62 (512)
KLI 00 04 2.2

29.9.62 (513)
KLI 00 30 1.5

29.9.62 (514)
KLI 00 34 2.3

29.9.62 (515)
KLI 00 48 1.1

29.9.62 (516)
KLI 00 52 1.8

29.9.62 (517)
KLI 00 59 2.3

29.9.62 (518)
M = 1.2(1)
KLI 02 40 1.15 3.6

29.9.62 (519)
M = 1.2(1)
KLI 02 41 1.15 0.6 3.6
PLN 41 0.5

29.9.62 (520)
KLI 02 43 2.7

29.9.62 (521)
KLI 02 46 2.3

29.9.62 (522)
KLI 02 48 2.4

29.9.62 (523)
M = 1.6(2)
KLI 02 50 1.15 0.5 19.0
PLN 50 0.8
CLL 50 24.0 14.5 1.1 1.2

29.9.62 (524)
PLN 07 41 0.4

29.9.62 (525)
PLN 07 42 0.3

29.9.62 (526)
M = 1.4(1)
PLN 10 35 0.6
CLL 35 53.9 14.2 1.5 1.8

29.9.62 (527)
M = 1.4(1)
PLN 10 38 0.5
CLL 38 50.5 14.7 1.0 1.5

30.9.62 (528)
PLN 09 38 0.7

30.9.62 (529)
KLI 18 50 1.6

30.9.62 (530)
KLI 18 58 1.9

30.9.62 (531)
KLI 19 35 0.9

30.9.62 (532)
KLI 19 53 2.5

30.9.62 (533)
KLI 22 01 6.7

30.9.62 (534)
KLI 22 05 1.8

30.9.62 (535)
KLI 22 10 1.1

1.10.62 (536)
M = 1.1(1)
KLI 01 32 1.1 0.7 2.6

1.10.62 (537)
KLI 01 35 1.4

1.10.62 (538)
KLI 02 12 0.9

1.10.62 (539)
KLI 02 13 1.9

1.10.62 (540)
M = 1.6(3) 50.305 N 12.398 E
KLI 02 15 1.05 1.3 5.2
PLN 15 3.3 0.3 2.5
CLL 15 42.5 14.7 2.8 2.3

1.10.62 (541)
KLI 04 07 3.4

1.10.62 (542)
KLI 04 07 2.6

1.10.62 (543)
KLI 04 07 1.6

1.10.62 (544)
KLI 04 45 1.0

1.10.62 (545)
KLI 04 46 1.2

1.10.62 (546)
KLI 04 49 2.3

1.10.62 (547)
KLI 04 49 0.6

1.10.62 (548)
KLI 04 56 1.6

1.10.62 (549)
KLI 04 57 1.6

1.10.62 (550)
KLI 04 58 1.1

1.10.62 (551)
KLI 05 02 1.6

1.10.62 (552)
KLI 05 02 3.4

1.10.62 (553)
M = 1.4(1)
PLN 05 09 0.9
CLL 09 13.7 14.5 0.8 1.5

1.10.62 (554)
M = 1.3(1)
PLN 05 47 0.7
CLL 47 31.8 14.7 1.4 1.3

1.10.62 (555)
M = 1.6(1)
PLN 20 00 0.6
CLL 00 44.5 14.2 2.5 2.6

2.10.62 (556)
KLI 16 34 2.1

2.10.62 (557)
KLI 19 15 1.8

2.10.62 (558)
KLI 19 26 1.6

2.10.62 (559)
KLI 19 44 2.8

2.10.62 (560)
KLI 21 20 1.5

2.10.62 (561)
KLI 21 30 1.5

2.10.62 (562)
KLI 21 31 3.2

2.10.62 (563)
KLI 21 41 2.0

3.10.62 (564)
KLI 00 56 2.0

3.10.62 (565)
KLI 01 43 1.5

3.10.62 (566)
PLN 10 56 1.3

3.10.62 (567)
KLI 13 29 1.6

3.10.62 (568)
KLI 13 38 1.6

3.10.62 (569)
KLI 13 47 1.0

3.10.62 (570)
KLI 13 56 1.1

3.10.62 (571)
KLI 13 57 2.6

3.10.62 (572)
KLI 13 59 1.4

3.10.62 (573)
KLI 14 39 1.6

3.10.62 (574)
KLI 15 17 1.6

3.10.62 (575)
KLI 15 35 2.9

3.10.62 (576)
KLI 15 54 2.4

3.10.62 (577)
KLI 16 14 2.8

3.10.62 (578)
KLI 16 18 2.8

3.10.62 (579)
KLI 16 18 1.7

3.10.62 (580)
M = 2.0(3) 50.320 N 12.359 E

KLI	16	20		1.25	1.5	29.0
PLN		20		3.1	0.4	2.6
SON		20				1.0
JEN		20	20.3	10.2		2.6
CLL		20	23.7	14.5	9.0	5.6

3.10.62 (581)
KLI 16 39 1.5

3.10.62 (582)
KLI 17 05 1.4

3.10.62 (583)
KLI 17 12 2.5

3.10.62 (584)
M = 1.7(2)

KLI	17	32		1.25	0.7	13.0
PLN		32				0.9
CLL		33	05.6	13.9	2.4	2.0

3.10.62 (585)
KLI 17 55 3.8

3.10.62 (586)
M = 1.5(2)

KLI	18 00		1.2	0.7	13.0
PLN	00				0.3
CLL	00	28.2	14.2	0.7	0.8

3.10.62 (587)
KLI 18 06 2.7

3.10.62 (588)
M = 1.7(2)

KLI	18 23		1.3	1.5	14.0
PLN	23				0.4
CLL	23	32.3	14.5	2.0	1.7

3.10.62 (589)
KLI 19 02 1.7

3.10.62 (590)
KLI 19 03 2.2

3.10.62 (591)
KLI 19 04 1.1

3.10.62 (592)
M = 1.4(1)
KLI 19 07 1.3 0.4 4.6

3.10.62 (593)
M = 1.3(1)

KLI	19 23		1.2	1.1	6.8
PLN	23			0.7	
CLL	23	40.7	14.6		

3.10.62 (594)
KLI 19 55 2.4

3.10.62 (595)
M = 1.5(1)

KLI	19 57	1.25	0.7	5.5
PLN	57			0.3

3.10.62 (596)
M = 1.3(1)

KLI	19 57	1.2	0.5	3.6
PLN	57			0.3

3.10.62 (597)
KLI 20 29 1.4

3.10.62 (598)
KLI 20 52 1.3

3.10.62 (599)
KLI 20 56 1.1

3.10.62 (600)
KLI 20 56 1.2

3.10.62 (601)
KLI 21 02 1.3

3.10.62 (602)
KLI 21 57 1.5

3.10.62 (603)
KLI 22 01 1.4

3.10.62 (604)
KLI 23 02 1.8

3.10.62 (605)
M = 1.5(1)
KLI 23 08 1.2 0.5 5.6

3.10.62 (606)
KLI 23 11 1.6

4.10.62 (607)
KLI 00 19 1.7

4.10.62 (608)
KLI 01 35 1.2

4.10.62 (609)
KLI 01 49 1.1

4.10.62 (610)
KLI 01 49 2.0

4.10.62 (611)
KLI 01 58 1.9

4.10.62 (612)
KLI 02 09 2.3

4.10.62 (613)
KLI 02 10 2.3

4.10.62 (614)
KLI 02 10 2.0

4.10.62 (615)
KLI 02 47 1.4

4.10.62 (616)
M = 1.3(1)
KLI 03 09 1.2 0.3 4.1

4.10.62 (617)
KLI 03 12 5.2

4.10.62 (618)
KLI 03 37 2.1

4.10.62 (619)
KLI 03 55 2.7

4.10.62 (620)
KLI 05 26 4.7

4.10.62 (621)
KLI 05 41 1.2

4.10.62 (622)
KLI 05 41 1.5

4.10.62 (623)
KLI 06 23 3.0

4.10.62 (624)
KLI 06 23 1.1

4.10.62 (625)
KLI 06 23 4.2

4.10.62 (626)
M = 1.4(1)
KLI 07 00 1.1 0.5 5.6
PLN 00 0.6

4.10.62 (627)
KLI 07 03 1.7

4.10.62 (628)
KLI 07 15 1.9

4.10.62 (629)
M = 1.7(1)
KLI 07 54 1.2 0.7 9.4
PLN 54 0.7

4.10.62 (630)
KLI 08 10 2.5

4.10.62 (631)
M = 2.6(4) 50.304 N 12.395 E
KLI 08 27 1.1 4.0 41.5
SON 27 48.0 10.4 0.6 3.3
JEN 27 48.8 10.6 1.4 4.1
CLL 27 52.5 14.7 38.0 18.0

4.10.62 (632)
KLI 08 36 2.2

4.10.62 (633)
KLI 08 42 2.0

4.10.62 (634)
KLI 09 56 6.2

4.10.62 (635)
KLI 10 00 5.8

4.10.62 (636)
KLI 10 00 4.0

4.10.62 (637)
M = 1.5(2)
KLI 10 36 1.2 0.7 7.0
PIN 36 1.0
CLL 36 13.8 14.3 2.1 1.8

4.10.62 (638)
M = 1.2(1)

KLI	11	23		1.2	0.6	3.5
PLN		23			0.5	

4.10.62 (639)

KLI	11	26				3.1

4.10.62 (640)

KLI	11	26				2.0

4.10.62 (641)
M = 2.2(5) 50.307 N 12.397 E

KLI	12	05		1.15	3.5	30.0
PLN		05		3.1	1.0	2.5
SON		05	40.4	10.6		1.3
JEN		05	41.3	10.7	0.8	1.8
CLL		05	44.4	14.7	8.5	7.0

4.10.62 (642)

KLI	12	06				1.4

4.10.62 (643)

KLI	12	07				1.6

4.10.62 (644)
M = 1.9(1)

KLI	12	29		1.1	0.5	13.0
PLN		29			0.9	
CLL		29	39.5	14.6	8.0	6.5

4.10.62 (645)

KLI	12	49				3.5

4.10.62 (646)

KLI	13	04				3.0

4.10.62 (647)

KLI	13	21				5.0

4.10.62 (648)

KLI	13	21				6.0

4.10.62 (649)

KLI	14	05				1.6

4.10.62 (650)

KLI	17	05				3.1

4.10.62 (651)
M = 1.9(5) 50.314 N 12.386 E

KLI	18	28		1.1	4.0	34.0
PLN		28		3.1	0.4	1.8
SON		28	33.9	10.5	0.4	1.5
JEN		28	35.0	10.4	0.3	1.5
CLL		28	38.3	14.7	0.7	1.1

4.10.62 (652)
M = 1.7(1)

KLI	18	40		1.15	0.5	10.0
PLN		40			0.4	

4.10.62 (653)

KLI	19	31				2.7

4.10.62 (654)

KLI	19	38				4.7

4.10.62 (655)

KLI	19	47				2.5

4.10.62 (656)
M = 1.8(2)

KLI	19	47		1.15	1.1	15.5
PLN		47				0.8
CLL		48	02.7	14.8	2.2	3.3

4.10.62 (657)

KLI	19	48				4.5

4.10.62 (658)

KLI	19	55				2.0

4.10.62 (659)

KLI	19	59				1.6

4.10.62 (660)

KLI	20	17				2.5

4.10.62 (661)

KLI	20	22				4.5

4.10.62 (662)

KLI	21	11				1.8

4.10.62 (663)

KLI	21	11				1.4

4.10.62 (664)
M = 1.7(1)
KLI 21 16 1.15 0.7 11.0
PLN 16 0.5

4.10.62 (665)
KLI 21 37 1.0

4.10.62 (666)
KLI 21 57 2.9

4.10.62 (667)
KLI 22 00 3.8

5.10.62 (668)
KLI 00 18 2.4

4.10.62 (669)
KLI 01 02 4.7

4.10.62 (670)
KLI 01 02 3.0

4.10.62 (671)
KLI 01 26 3.0

4.10.62 (672)
KLI 01 40 2.0

4.10.62 (673)
PLN 02 32 0.4

4.10.62 (674)
KLI 03 11 2.6

4.10.62 (675)
KLI 03 11 1.5

4.10.62 (676)
KLI 03 11 1.0

4.10.62 (677)
KLI 03 12 5.2

4.10.62 (678)
KLI 03 24 5.4

4.10.62 (679)
KLI 03 25 4.3

4.10.62 (680)
KLI 04 17 6.7

4.10.62 (681)
KLI 05 11 1.5

4.10.62 (682)
KLI 06 18 1.3

4.10.62 (683)
KLI 06 23 1.0

4.10.62 (684)
KLI 06 28 2.3

4.10.62 (685)
KLI 06 46 1.7

4.10.62 (686)
KLI 06 57 3.1

4.10.62 (687)
KLI 06 57 3.0

4.10.62 (688)
KLI 08 44 1.4

4.10.62 (689)
M = 1.4(1)
KLI 08 48 1.1 0.5 5.1
PLN 48 0.4

4.10.62 (690)
KLI 09 09 1.0

4.10.62 (691)
KLI 09 09 1.8

5.10.62 (692)
KLI 09 36 1.6

5.10.62 (693)
KLI 09 46 1.3

5.10.62 (694)			
KLI 11 07			1.2
5.10.62 (695)			
KLI 11 09			2.0
5.10.62 (696)			
KLI 11 17			2.3
5.10.62 (697)			
KLI 11 21			1.2
5.10.62 (698)			
M = 1.5(1)			
KLI 11 23	1.2	0.5	5.5
PLN 23			0.9
5.10.62 (699)			
KLI 13 55			1.9
5.10.62 (700)			
M = 1.5(1)			
KLI 15 17	1.1	0.5	7.4
PLN 17			0.7
5.10.62 (701)			
PLN 16 05			0.6
5.10.62 (702)			
KLI 16 09			1.4
5.10.62 (703)			
KLI 18 13			1.3
5.10.62 (704)			
KLI 19 00			1.0
5.10.62 (705)			
KLI 19 04			0.9
5.10.62 (706)			
KLI 19 05			2.1
5.10.62 (707)			
KLI 19 14			4.0
5.10.62 (708)			
KLI 22 31			1.3
5.10.62 (709)			
KLI 23 26			1.7
6.10.62 (710)			
KLI 02 04			2.6
6.10.62 (711)			
KLI 02 10			1.1
6.10.62 (712)			
KLI 02 28			1.8
6.10.62 (713)			
KLI 02 28			1.1
6.10.62 (714)			
KLI 05 37			1.8
6.10.62 (715)			
KLI 05 38			1.3
6.10.62 (716)			
KLI 05 42			1.5
6.10.62 (717)			
KLI 06 56			2.3
6.10.62 (718)			
KLI 06 57			1.9
6.10.62 (719)			
KLI 07 28			1.3
6.10.62 (720)			
KLI 07 37			1.7
6.10.62 (721)			
KLI 07 45			1.6
6.10.62 (722)			
KLI 14 38			1.6

6.10.62 (723)
KLI 16 48 1.1

7.10.62 (724)
KLI 00 27 2.6

7.10.62 (725)
KLI 00 30 2.4

7.10.62 (726)
KLI 00 37 2.0

7.10.62 (727)
M = 1.6(1)
KLI 01 20 1.05 1.8 10.0
PLN 20 0.9

7.10.62 (728)
KLI 04 19 1.9

7.10.62 (729)
KLI 12 04 0.8

8.10.62 (730)
M = 1.4(2)
KLI 11 33 1.05 0.3 3.0
PLN 33 2.2
CLL 33 11.4 14.5 3.8 2.6

8.10.62 (731)
KLI 13 02 6.1

8.10.62 (732)
KLI 13 42 1.6

8.10.62 (733)
KLI 13 51 1.7

8.10.62 (734)
M = 1.7(1)
KLI 14 07 1.2 0.7 9.0
PLN 07 0.7

8.10.62 (735)
KLI 14 13 2.2

8.10.62 (736)
KLI 14 23 2.8

8.10.62 (737)
M = 1.4(1)
KLI 14 41 1.15 0.3 5.5
PLN 41 0.8

8.10.62 (738)
KLI 14 44 2.6

8.10.62 (739)
KLI 14 56 1.5

8.10.62 (740)
M = 1.6(1)
KLI 22 10 1.1 0.4 9.0
PLN 10 0.5

8.10.62 (741)
M = 1.6(3) 50.329 N 12.392 E
KLI 23 51 1.15 1.0 12.5
PLN 51 3.1 0.3 1.3
JEN 51
CLL 51 15.9 14.1 1.5 1.8

9.10.62 (742)
KLI 05 56 1.8

9.10.62 (743)
KLI 05 57 2.8

9.10.62 (744)
KLI 05 57 2.6

9.10.62 (745)
KLI 06 05 1.15 0.6 5.3
PLN 05 0.4

9.10.62 (746)
M = 1.5(1)
CLL 10 09 11.0 14.7 0.6 2.2

9.10.62 (747)
KLI 13 09 1.3

9.10.62 (748)
KLI 18 05 6.0

9.10.62 (749)
M = 1.8(2)
KLI 18 13 1.15 0.8 9.0
PLN 13 0.9
CLL 13 10.9 14.4 2.7 4.8

9.10.62 (750)
KLI 18 13 1.8

9.10.62 (751)
KLI 18 13 3.2

10.10.62 (752)
M = 1.8(2)
PLN 09 53 3.15 0.5 2.1
SON 53 0.9
JEN 53
CLL 54 02.0 14.3 3.5 6.0

10.10.62 (753)
KLI 12 31 1.8

11.10.62 (754)
PLN 11 04 1.8

11.10.62 (755)
KLI 12 35 1.4

11.10.62 (756)
PLN 12 52 0.6

11.10.62 (757)
KLI 15 16 1.5

13.10.62 (758)
KLI 00 15 1.05 0.8 5.3

13.10.62 (759)
KLI 00 18 1.5

13.10.62 (760)
M = 1.9(3) 50.315 N 12.385 E
KLI 00 18 1.05 5.0 23.0
PLN 18 3.1 0.4 2.3
SON 18 1.4
JEN 18 1.4
CLL 19 01.3 14.6 3.3 6.7

14.10.62 (761)
KLI 05 34 2.6

14.10.62 (762)
KLI 08 39 1.2

15.10.62 (763)
KLI 05 52 2.0

15.10.62 (764)
M = 1.0(1)
KLI 13 16 1.1 0.3 2.0

15.10.62 (765)
M = 0.9(1)
KLI 13 16 1.1 0.2 1.8

15.10.62 (766)
KLI 20 08 2.2

15.10.62 (767)
KLI 22 45 1.7

16.10.62 (768)
KLI 13 23 1.0

16.10.62 (769)
M = 0.9(1)
KLI 15 21 1.0 0.2 2.0

17.10.62 (770)
KLI 05 34 1.1

17.10.62 (771)
KLI 05 42 1.0

17.10.62 (772)
KLI 14 32 1.1

17.10.62 (773)
KLI 14 32 1.1

18.10.62 (774)
KLI 16 44 1.1

19.10.62 (775)
KLI 07 51 1.3

19.10.62 (776)
M = 0.5(1)
KLI 08 40 0.8 0.5 1.2

19.10.62 (777)
KLI 09 46 1.3

20.10.62 (778)
KLI 12 48 1.7

20.10.62 (779)
KLI 14 33 1.3

26.10.62 (780)
M = 1.0(1)
KLI 05 28 1.1 0.6 2.0

26.10.62 (781)
M = 0.9(1)
KLI 15 24 1.1 0.8 1.6

26.10.62 (782)
KLI 15 25 1.1

27.10.62 (783)
KLI 05 18 1.5

28.10.62 (784)
M = 1.3(1)
KLI 03 10 0.8 0.5 6.5

28.10.62 (785)
M = 1.4(1)
KLI 20 08 1.0 0.2 6.2

28.10.62 (786)
KLI 20 15 2.0

28.10.62 (787)
KLI 22 44 1.8

29.10.62 (788)
KLI 22 23 2.0

1.11.62 (789)
KLI 07 51 1.3

1.11.62 (790)
KLI 08 08 1.2

1.11.62 (791)
KLI 10 28 1.3

18.11.62 (792)
M = 1.1(1)
KLI 08 56 1.1 0.2 3.0

18.11.62 (793)
KLI 11 47 2.0

19.11.62 (794)
KLI 11 26 1.3

22.11.62 (795)
KLI 13 40 1.4

23.11.62 (796)
M = 1.2(1)
KLI 10 53 1.1 0.2 3.2

23.11.62 (797)
KLI 22 49 2.6

24.11.62 (798)
M = 1.1(1)
KLI 00 25 0.6 0.6 7.5

24.11.62 (799)
KLI 02 32 1.8

24.11.62 (800)
KLI 03 08 1.6

24.11.62 (801)
KLI 03 09 2.3

24.11.62 (802)
KLI 03 10 2.2

24.11.62 (803)
KLI 03 22 4.0

24.11.62 (804)
KLI 03 23 1.8

24.11.62 (805)
KLI 05 40 2.0

24.11.62 (806)
KLI 08 06 2.0

24.11.62 (807)
KLI 15 26 2.5

26.11.62 (808)
KLI 09 19 1.5

26.11.62 (809)
KLI 09 38 1.6

26.11.62 (810)
KLI 10 07 1.3

27.11.62 (811)
M = 0.7(1)
KLI 07 09 1.1 0.4 1.0

27.11.62 (812)
M = 0.7(1)
KLI 07 22 1.1 0.4 1.2

27.11.62 (813)
M = 0.8(1)
KLI 09 47 1.1 0.4 1.4

27.11.62 (814)
KLI 13 16 1.[illegible]

27.11.62 (815)
KLI 13 17 1.6

27.11.62 (816)
M = 1.0(1)
KLI 13 18 1.1 0.3 2.0

27.11.62 (817)
M = 1.8(1)
KLI 15 11 1.2 0.7 12.0
PLN 11 2.0
CLL 11 33.2 14.4

27.11.62 (818)
M = 1.1(1)
KLI 15 14 1.2 0.3 2.2

28.11.62 (819)
M = 1.0(1)
KLI 12 39 1.1 0.8 2.0

28.11.62 (820)
KLI 12 42 1.8

28.11.62 (821)
M = 1.5(1)
KLI 13 27 1.1 1.0 7.0
PLN 27 0.4

28.11.62 (822)
M = 1.0(1)
KLI 13 29 1.0 0.5 2.7
PLN 29 0.3

28.11.62 (823)
M = 0.9(1)
KLI 13 37 1.1 0.5 1.7

28.11.62 (824)
M = 1,1(1)
KLI 18 18 1.1 0.5 2.8

29.11.62 (825)
M = 0.9(1)
KLI 23 54 1.1 0.4 1.8

30.11.62 (826)
M = 1.5(1)
KLI 00 15 1.2 0.6 5.5
PLN 15 0.4

30.11.62 (827)
KLI 00 19 1.3

30.11.62 (828)
KLI 00 32 1.5

30.11.62 (829)
KLI 01 08 1.3

30.11.62 (830)
M = 1.4(1)
KLI 01 10 1.2 0.3 4.3

30.11.62 (831)
M = 1.3(1)
KLI 01 32 1.2 0.4 4.0

30.11.62 (832)
M = 1.9(1)
KLI 01 45 1.0 1.0 18.0
PLN 45 0.7
CLL 45 48.1 14.4

30.11.62 (833)
KLI 01 45 1.7

30.11.62 (834)
M = 1.3(1)
KLI 01 53 1.1 0.5 4.0

30.11.62 (835)
M = 1.3(1)
KLI 01 53 1.2 0.5 4.0

30.11.62 (836)
KLI 01 54 2.0

30.11.62 (837)
KLI 02 37 1.6

30.11.62 (838)
KLI 02 38 1.1 1.5

30.11.62 (839)
M = 1.2(1)
KLI 02 39 1.1 0.7 3.6

30.11.62 (840)
M = 1.1(1)
KLI 02 50 1.1 0.4 2.7

30.11.62 (841)
KLI 03 33 1.5

30.11.62 (842)
KLI 03 36 1.4

30.11.62 (843)
M = 1.5(1)
KLI 03 37 1.1 1.7 7.0
PLN 37 0.4

30.11.62 (844)
KLI 03 37 2.0

30.11.62 (845)
KLI 03 53 1.9

30.11.62 (846)
M = 1.5(1)
KLI 03 54 1.2 1.3 6.0
PLN 54 0.7
CLL 54

30.11.62 (847)
M = 1.2(1)
KLI 04 19 1.1 0.4 3.2
PLN 19 0.4

30.11.62 (848)
KLI 04 23 1.5

30.11.62 (849)
KLI 04 23 2.0

30.11.62 (850)
M = 1.0(1)
KLI 04 49 1.1 1.1 2.4

30.11.62 (851)
M = 1.6(1)
KLI 05 22 1.1 1.1 8.5
PLN 22 1.0
CLL 22 09.3 14.5

30.11.62 (852)
KLI 06 15 1.4

30.11.62 (853)
KLI 06 27 2.3

30.11.62 (854)
M = 1.1(1)
KLI 06 28 1.0 1.0 3.0

30.11.62 (855)
KLI 06 34 1.2

30.11.62 (856)
KLI 08 44 1.7

30.11.62 (857)
KLI 12 09 1.3

30.11.62 (858)
KLI 12 15 1.5

30.11.62 (859)
KLI 14 59 1.4

30.11.62 (860)
KLI 18 22 1.5

30.11.62 (861)
KLI 20 43 4.0

30.11.62 (862)
M = 1.9(1)
KLI 20 45 1.1 2.0 16.0
PLN 45 0.7
CLL 45 55.6 14.5

4.12.62 (863)
M = 0.7(1)
KLI 15 50 0.7 0.15 2.2

15.12.62 (864)
M = 1.2(1)
KLI 13 50 0.7 1.5 6.5

1 9 6 3

17.1.63 (1)
M = 0.6(1)
KLI 06 53 0.45 1.2 3.1

28.1.63 (2)
M =-0.1(1)
KLI 14 59 0.4 0.2 0.8

4.2.63 (3)
M = 1.2(1)
KLI 19 11 0.65 1.7 7.5
PLN 19 11 0.8

17.2.63 (4)
M = 0.1(1)
KLI 21 04 0.45 0.2 1.1

17.2.63 (5)
M = 0.9(1)
KLI 23 38 0.8 0.5 2.5

17.2.63 (6)
M = 0.3(1)
KLI 23 38 0.9 0.2 0.55

17.2.63 (7)
M = 0.8(1)
KLI 23 39 1.15 0.5 1.3

17.2.63 (8)
M = 0.1(1)
KLI 23 39 1.1 0.1 0.3

17.2.63 (9)
M = 0.8(1)
KLI 23 39 1.1 0.7 1.3

17.2.63 (10)
M = 0.8(1)
KLI 23 40 0.9 1.3 1.7

17.2.63 (11)
M = 0.9(1)
KLI 23 41 1.3 0.5 1.2

17.2.63 (12)
M = 0.8(1)
KLI 23 41 1.4 0.5 1.0

28.2.63 (13)
M = 1.5(1)
KLI 22 12 1.15 0.6 7.0

17.3.63 (14)
M = 1.1(1)
KLI 08 01 1.3 0.3 1.9

18.3.63 (15)
M = 1.8(2)
KLI 04 45 1.1 1.1 18.0
PLN 45 3.15 0.4 2.2

18.3.63 (16)
M = 1.7(2)
KLI 04 54 1.15 0.7 14.0
PLN 54 3.3 0.7 1.7

18.3.63 (17)
KLI 04 55 4.2

18.3.63 (18)
KLI 05 04 2.8

18.3.63 (19)
KLI 05 32 3.2

19.3.63 (20)
M = 1.9(1)
KLI 03 13 1.25 1.0 14.0
PLN 3.3 0.55

19.3.63 (21)
M = 1.6(1)
KLI (18.00) 1.5 0.5 5.5

19.3.63 (22)
KLI (18 20) 1.5

11.6.63 (23)
KLI 14 17 1.6

12.6.63 (24)
M = 1.5(1)
KLI 17 28 1.0 0.5 7.7

12.6.63 (25)
M = 1.0(1)
KLI 18 28 (0.9) 0.15 3.0

13.6.63 (26)
KLI 14 54 1.6

13.6.63 (27)
KLI 14 55 1.4

13.6.63 (28)
KLI 15 19 1.3

15.7.63 (29)
M = 2.1(3) 50.431 N 12.506 E
KLI 01 57 1.2 7.0 22.0
PLN 57 3.3 0.2 4.6
JEN 57 33 10.2 1.0 1.4

18.7.63 (30)
KLI (07 00) 6.0 21.0

18.7.63 (31)
KLI 11 00 4.5

18.7.63 (32)
M = 1.0(1)
KLI 13 20 1.25 0.3 1.8

28.7.63 (33)
KLI 01 30 1.5

24.10.63 (34)
M = 1.4(1)
KLI 01 00 1.2 0.15 4.5

1964

2.8.64 (1)
M= 1.3(1)
KLI 00 27 0.75 2.0 8.5

5.9.64 (2)
M = 0.8(1)
KLI 23 14 0.75 0.6 2.5

8.9.64 (3)
M = 0.8(1)
KLI 00 35 0.6 0.3 3.3

[illegible].12.64 (4)
M = 1.1(1)
KLI 07 42 0.65 3.5 6.5

1965

10.1.65 (1)
M = 0.7(1)
KLI 02 17 0.6 0.6 2.7

12.1.65 (2)
M = 1.0(1)
KLI 08 56 0.9 0.9 3.0

20.2.65 (3)
M = 0.8(1)
KLI 21 19 0.85 0.15 2.2

20.2.65 (4)
M = 0.9(1)
KLI 21 19 0.75 0.15 3.1

20.2.65 (5)
KLI 21 59 1.4

20.2.65 (6)
KLI 22 44 2.6

1.5.65 (7)
M = 1.3(2)
KLI 09 08 0.8 2.0 11.0
PLN 08 3.0 1.5 0.7

12.5.65 (8)
M = 0.7(1)
KLI 08 08 0.55 0.4 3.4

1966

14.9.66 (1)
M = 1.6(1)
KLI 03 54 0.75 2.5 15.0
PLN 54 2.2

16.11.66 (2)
M = 1.3(1)
KLI 05 14 1.7 0.6 2.1

1967

19.3.67 (1)
M = 0.6(1)
KLI 00 36 0.8 0.4 1.4

19.3.67 (2)
M = 0.7(1)
KLI 03 53 0.45 1.1 4.5

19.3.67 (3)
M = 1.0(1)
KLI 05 06 0.6 1.1 5.0

1968

14.1.68 (1)
M = 1.7(1)
KLI 23 14 1.5 4.0 11.0

15.1.68 (2)
M = 1.3(1)
KLI 02 41 1.1 4.0 7.0

26.11.68 (3)
M = 1.1(1)
KLI 01 14 1.25 1.2 3.5

26.11.68 (4)	M = 1.5(1)	KLI 22 36	1.3	1.5	7.5
26.11.68 (5)	M = 1.2(1)	KLI 22 40	1.35	1.5	4.0
26.11.68 (6)	M = 1.3(1)	KLI 22 41	1.3	1.3	4.8
26.11.68 (7)	M = 1.3(1)	KLI 23 03	1.2	1.2	6.4
26.11.68 (8)	M = 1.2(1)	KLI 23 03	1.3	1.7	4.6
26.11.68 (9)	M = 1.1(1)	KLI 23 04	1.2	0.7	3.6
26.11.68 (10)	M = 1.2(1)	KLI 23 09	1.3	1.1	4.2
26.11.68 (11)	M = 1.4(1)	KLI 23 13	1.3	1.6	6.8
26.11.68 (12)	M = 1.4(1)	KLI 23 14	1.25	2.0	6.5
26.11.68 (13)	M = 1.0(1)	KLI 23 16	1.3	0.7	2.4
26.11.68 (14)		KLI 23 29			1.5
26.11.68 (15)	M = 1.1(1)	KLI 23 49	1.3	0.6	3.5
26.11.68 (16)		KLI 23 49			5.2
26.11.68 (17)	M = 1.5(1)	KLI 23 49	1.3	1.5	7.
26.11.68 (18)	M = 1.1(1)	KLI 23 56	1.3	0.8	36
27.11.68 (19)	M = 1.6(1)	KLI 00 17	1.3	3.5	9.5
27.11.68 (20)	M = 1.1(1)	KLI 00 18	1.3	1.0	[illegible].2
27.11.68 (21)	M = 1.4(1)	KLI 00 27	1.1	2.0	3.5
27.11.68 (22)		KLI 01 03			2.9
27.11.68 (23)	M = 1.3(1)	KLI 01 03	1.3	1.2	4.8
27.11.68 (24)		KLI 01 03			1.7
27.11.68 (25)	M = 1.4(1)	KLI 01 04	1.3	1.3	7.2
27.11.68 (26)	M = 1.2(1)	KLI 01 08	1.3	0.8	4.4
27.11.68 (27)		KLI 01 13			1.5
27.11.68 (28)	M = 1.3(1)	KLI 01 38	1.3	1.2	5.5
27.11.68 (29)	M = 1.1(1)	KLI 01 48	1.1	1.0	4.4

27.11.68 (30)
M = 1.1(1)
KLI 06 22 1.3 0.7 3.0

27.11.68 (31)
M = 1.6(1)
KLI 10 54 1.3 3.0 11.5

27.11.68 (32)
M = 1.1(1)
KLI 21 37 1.3 1.4 3.5

28.11.68 (33)
M = 0.7(1)
KLI 00 06 1.3 0.4 1.4

28.11.68 (34)
KLI 00 06 1.6

28.11.68 (35)
M = 0.7(1)
KLI 00 07 1.3 1.2 1.3

28.11.68 (36)
M = 1.[illegible](1)
KLI 01 05 1.2 1.0 6.0

28.11.68 (37)
M = 1.2(1)
KLI 01 05 1.3 0.8 4.2

28.11.68 (38)
M = 1.1(1)
KLI 01 10 1.25 0.8 3.2

28.11.68 (39)
M = 1.1(1)
KLI 01 10 1.3 1.0 3.0

28.11.68 (40)
M = 1.1(1)
KLI 01 11 1.3 1.2 3.6

28.11.68 (41)
M = 1.0(1)
KLI 01 19 1.3 1.0 2.8

1 9 6 9

19.2.69 (1)
M = 1.5(1)
KLI 12 13 1.5 1.5 7.5

1 9 7 2

24.12.72 (1)
M = 0.2(1)
KLI 14 30 0.75 0.8 2.0

1 9 7 3

17.1.73 (1)
M = -0.1(1)
KLI 14 00 0.6 0.8 1.5

6.2.73 (2)
M = 0.0(1)
KLI 15 29 (0.5) 2.2
MOX 29 2.0

2.3.73 (3)
PLN 09 39 1.6
MOX 39 1.1+

2.3.73 (4)
PLN 15 49 1.6

3.3.73 (5)
M = 2.2(1)
PLN 05 36 ( ) ( )
MOX 36 49.0 7.0 3.0+ 22.5+

3.3.73 (6)
M = 0.4(1)
PLN 05 41 2.8 0.5 1.5
MOX 42 0.8 2.0

3.3.73 (7)
M = 0.4(2)
PLN 05 43 3.3 0.5 1.2
MOX 43 48.5 6.9 1.1 1.2

3.3.73 (8)
M = 0.5(2)

PLN	05	48		2.9	0.7	1.4
MOX		48	18.0	6.9	1.0	2.3

3.3.73 (9)
M = 0.6(2)

PLN	07	08		3.1	1.0	1.5
MOX		08	02.3	7.3	0.9	2.3

3.3.73 (10)
M = 1.7(1)

PLN	07	41			( )	( )
MOX		41	06.5	8.0	7.6	19.0

3.3.73 (11)

PLN	10	17				
MOX		17				2.8

3.3.73 (12)

PLN	10	18				
MOX		18				3.2

3.3.73 (13)
M = 2.5(1)

PLN	10	53			( )	( )
MOX		53	54.0	7.0	3.3+	40.0+

3.3.73 (14)
M = 0.7(2)

PLN	11	00		3.0	1.3	2.6
MOX		00	10.0	6.5	1.2	3.0

3.3.73 (15)
M = 0.8(2)

PLN	11	03		3.0	0.8	2.8
MOX		03	29.5	7.0	2.2	4.5

4.3.73 (16)
M = 0.9(2)

PLN	00	14		2.8	2.0	4.0
MOX		14	35.5	7.5	1.4	4.5

4.3.73 (17)
M = 1.2(2)

PLN	06	24		2.9	5.0	9.0
MOX		24	49.3	7.2	2.6	7.0

4.3.73 (18)
M = 1.6(1)

PLN	07	14		3.0	( )	( )
MOX		14	33.2	7.6	8.0	18.0

4.3.73 (19)
M = 0.9(2)

PLN	14	33		3.1	1.8	4.0
MOX		33	40.0	7.3	1.5	4.0

8.3.73 (20)
M = 0.1(1)

KLI	04	13		0.75		2.3

9.3.73 (21)
M = 0.6(3) 50.374 N 12.379 E

KLI	07	51		0.75	3.5	14.0
PLN		51		2.9	0.4	1.7
MOX		51	57.4	7.2	1.4	1.8

9.3.73 (22)
M =-0.1(1)

KLI	11	27		0.5	1.2	2.7

10.3.73 (23)
M = 0.0(1)

KLI	16	33		0.8	1.0	1.8

10.3.73 (24)
M = 1.1(3) 50.403 N 12.452 E

KLI	21	46		0.7	3.6	18.0
PLN		46		2.9	1.9	6.6
MOX		46	57.5	8.0	5.0	8.0

10.3.73 (25)
M =-0.2(1)

KLI	21	47		0.7		1.5

10.3.73 (26)

KLI	21	49				1.2

10.3.73 (27)
M = 1.3(1)

KLI	21	50				(20.0)
PLN		50				7.0
MOX		50	11.5	7.9	3.0	8.0

10.3.73 (28)
M =-0.1(1)
KLI 21 53 0.7 1.2 1.7

10.3.73 (29)
M = 1.4(3) 50.358 N 12.436 E
KLI 21 59 0.75 6.5 37.0
PLN 59 2.9 2.1 12.7
MOX 58 18.6 8.4 10.0 16.0

10.3.73 (30)
• 50.348 N 12.319 E
KLI 22 00 0.8 4.2 13.0
PLN 00 2.95 0.5 2.6
MOX 00 09.0 7.0 2.0 3.5

10.3.73 (31)
KLI 22 01 1.7

10.3.73 (32)
KLI 22 04 1.4

10.3.73 (33)
KLI 22 06 1.5

10.3.73 (34)
M =-0.1(1)
KLI 22 06 0.8 1.5

10.3.73 (35)
M = 0.1(1)
KLI 22 23 0.85 1.0 2.2

11.3.73 (36)
M = (1.5)(3) 50.360 N 12.387 E
KLI 06 58 (0.7) 18.0
PLN 58 3.1 8.7 (40.0)
MOX 58 28.9 7.5 1.0+ 6.8+

11.3.73 (37)
M = 0.0(1)
KLI 07 16 (0.75) 0.8 2.0

11.3.73 (38)
M = 0.5(2)
KLI 07 42 0.8 2.6 5.6
PLN 42 1.4
MOX 43 03.2 7.7 1.0 1.5

11.3.73 (39)
M = (2.1)(2)
KLI 09 05 ( ) ( )
PLN 05 2.9 9.1+ (70.0)
MOX 05 34.1 7.4 1.8+ 11.5+

11.3.73 (40)
M = 0.3(1)
KLI 09 21 0.8 2.0 3.6
PLN 0.9

11.3.73 (41)
M = 0.7(3) 50.259 N 12.267 E
KLI 11 03 0.75 4.5 13.5
PLN 03 2.9 1.0 2.2
MOX 03 39.2 7.0 1.0 2.9

11.3.73 (42)
M = 0.5(2)
KLI 11 18 0.7 2.3 6.6
PLN 18 1.6
MOX 18 29.5 7.0 1.2 1.6

11.3.73 (43)
M = 2.3(1)
KLI 12 17 ( ) ( )
PLN 17 ( ) ( )
MOX 17 28.5 7.5 3.0+ 32.0+

11.3.73 (44)
M = 2.7(1)
KLI 12 17 ( ) ( )
PLN 17 ( ) ( )
MOX 17 32.5 7.5 7.0+ 80.0+

11.3.73 (45)
KLI 12 18 16.0

11.3.73 (46)
M = 0.8(3) 50.386 N 12.414 E
KLI 12 21 0.75 6.0 13.0
PLN 21 3.1 2.1 2.6
MOX 21 28.5 7.4 1.8 3.5

11.3.73 (47)
KLI 12 22 1.3
PLN 1.0

```
11.3.73  (48)
M =  -0.2(1)
KLI   12 23            0.8  0.5  1.2

11.3.73  (49)
KLI   12 25                      3.0

11.3.73  (50)
KLI   12 25                      1.1
MOX      25                      1.7

11.3.73  (51)
M = 0.0(1)
KLI   12 28            0.8  1.2  2.0

11.3.73  (52)
KLI   12 30                      1.2

11.3.73  (53)
KLI   12 30                      1.4

11.3.73  (54)
M = (0.6)(3)
KLI   12 32            0.7  5.8  (10.0)
PLN      32            2.8  0.5    1.8
MOX      32 38.0       7.5  0.8    2.5

11.3.73  (55)
M = 0.5(2)
PLN   12 38            3.0  0.7  1.5
MOX   12 38 36.2       7.2  1.4  1.6

11.3.73  (56)
M = 0.5(2)
PLN   12 47            3.0  0.7  1.6
MOX      47 07.5       7.7  1.1  1.7

11.3.73  (57)
M = -0.1(1)
KLI   14 13            0.7  0.7  2.0

11.3.73  (58)
M = 0.4(2)
KLI   14 16            0.8  1.2  5.0
PLN      16                      1.5
MOX      16 18.5       7.1  1.3  1.8

11.3.73  (59)
KLI   14 41            0.7  1.0  2.5

11.3.73  (60)
KLI   15 22                      3.0

11.3.73  (61)
M = 0.7(3)  50.068 N  12.130 E
KLI   16 52            0.75 0.7  3.1
PLN      52            3.1  1.2  5.7
MOX      52 48.0       7.0  1.0  3.5

11.3.73  (62)
M = 0.3(1)
KLI   18 11            0.85 1.4  3.2

11.3.73  (63)
M = 0.0(1)
KLI   22 17            0.7  0.5  2.6
PLN      17                      1.4

12.3.73  (64)
KLI   04 19                      1.5

12.3.73  (65)
M = 0.7(2)
KLI   04 19            0.75 3.5  7.5
PLN      19                 1.3
MOX      20 07         7.2  1.2  3.4

13.3.73  (66)
M = 0.1(1)
KLI   02 07            0.75 0.7  2.7

13.3.73  (67)
M = 0.2(1)
KLI   03 20            0.75 0.7  3.1

17.3.73  (68)
M = 0.1(1)
KLI   01 02            0.7  1.5  3.0
MOX      02                      1.4

18.3.73  (69)
M = 0.5(1)
KLI   01 45            0.8  1.1  5.4
PLN      45                      1.6
```

21.3.73 (70)
M = 0.4(1)
KLI 03 32 0.8 2.2 4.2
PLN 32
MOX 32 1.8

3.4.73 (71)
M = 1.3(2)
KLI 12 16 2.2 1.8 4.0
PLN 16 2.85 4.5 27.0

9.4.73 (72)
M = 1.2(3) 50.552 N 12.395 E
PLN 15 39 2.0 10.5 43.0
KLI 39 3.1 2.0 4.0
MOX 39 23.0 7.4 1.5 2.1

16.4.73 (73)
M = 0.2(1)
KLI 00 03 0.7 1.2 3.2

28.4.73 (74)
KLI 12 36 4.0

28.4.73 (75)
KLI 12 36 1.2 12.0
PLN 36 1.1 1.3

5.5.73 (76)
M = -0.1(1)
KLI 10 33 0.7 1.2 2.1

5.5.73 (77)
M = 0.2(1)
KLI 10 33 0.7 1.8 3.4

5.5.73 (78)
M = -0.2(1)
KLI 10 33 0.7 1.0 1.4

5.5.73 (79)
M = 0.5(1)
KLI 10 35 0.75 3.6 7.1

5.5.73 (80)
M = -0.2(1)
KLI 10 51 0.7 0.5 1.6

5.5.73 (81)
M = 0.0(1)
KLI 11 19 0.7 1.5 2.1
PLN 1.7

16.5.73 (82)
M = 0.3(1)
KLI 10 39 0.6 1.8 5.5

19.5.73 (83)
M = 0.6(1)
KLI 15 35 1.4 2.4 3.0
PLN 35 (1.0)

21.5.73 (84)
M = 0.9(1)
KLI 18 16 1.8 8.2 4.2

23.5.73 (85)
M = 0.8(3) 50.412 N 12.410 E
KLI 06 40 0.9 6.0 11.5
PLN 40 2.75 2.2 3.0
MOX 40 37.5 7.3 1.6 4.0

6.6.73 (86)
M = 0.5(1)
KLI 15 05 1.45 1.8 2.4

7.6.73 (87)
M = 0.9(2)
KLI 15 34 1.6 2.3 7.0
PLN 34 3.8 4.4
MOX 35 03.0 7.4 0.9 2.6

8.6.73 (88)
M = 1.5(4) 50.345 N 12.395 E
KLI 02 47 0.8 11.0 38.0
BDE 47 1.6 0.7 5.0
PLN 47 3.0 5.3 13.0
MOX 47 49.5 7.9 5.8 12.5

8.6.73 (89)
M = 0.9(1)
KLI 16 40 0.8 5.5 15.0
PLN 40 2.9 3.7 5.0
MOX 40 54.2 2.3 7.2

8.6.73 (90)
M = 0.8(3) 50.360 N 12.414 E
KLI 18 24 0.8 1.2 8.0
PLN 24 3.3 1.1 2.7
MOX 24 39.5 7.6 1.2 3.6

8.6.73 (91)
M = 0.3(2)
KLI 21 08 0.7 (1.3) 3.1
MOX 08(20.5) (6.8) 1.3

8.6.73 (92)
M = 0.5(1)
KLI 23 57 0.7 3.3 7.3
MOX 57 2.5

9.6.73 (93)
M = 1.2(3) 50.359 N 12.386 E
KLI 02 49 0.8 3.5 20.0
BDE 49 1.7 0.3 3.3
MOX 49 43.5 7.6 1.6 6.1

9.6.73 (94)
M = 0.9(1)
KLI 02 50 0.8 3.6 15.0
BDE 50 2.0
MOX 50 2.4

9.6.73 (95)
M = (0.3)(1)
KLI 02 50 (0.7)(2.2)(4.2)
BDE 50 1.1

9.6.73 (96)
M = 0.7(1)
KLI 02 50 0.75 2.4 10.0
BDE 50 1.2
MOX 50 3.3

11.6.73 (97)
M = 1.0(3) 50.362 N 12.373 E
KLI 12 35 0.8 6.0 15.0
BDE 35 1.6 0.4 1.8
MOX 35 10.5 7.4 2.0 4.3

14.6.73 (98)
KLI 12 22 6.0

14.6.73 (99)
M = -0.4(1)
KLI 12 22 0.25 2.2 4.4

1.7.73 (100)
M = 0.2(1)
KLI 13 05 0.8 1.0 3.0
PLN 05 0.9

23.7.73 (101)
M = 1.0(3)
KLI 11 48 3.2 0.6 2.0
PLN 48 4.0 1.4 4.0
MOX 48 7.7 1.7 4.2

24.7.73 (102)
M = 0.8(1)
KLI 19 08 1.45 1.1 4.5

28.7.73 (103)
M = 0.9(1)
KLI 15 23 1.8 2.0 4.0

30.7.73 (104)
M = 0.9(1)
KLI 12 38 3.1 1.1 1.8

4.8.73 (105)
M = 0.0(1)
KLI 19 46 0.55 1.5 3.6

6.8.73 (106)
M = 0.7(2)
KLI 11 22 1.6 2.2 4.4
PLN 2.9 0.7 2.0
MOX 1.8

6.8.73 (107)
M = 0.5(1)
KLI 13 20 1.65 1.0 2.2

6.8.73 (108)
M = 0.5(1)
KLI 13 20 1.6 0.5 2.2

6.8.73 (109)
KLI 17 00 1.7

6.8.73 (110)
M = 0.9(2)
KLI 17 05 1.5 2.6 6.3
MOX 05 18.3 7.7 2.3 3.0

17.8.73 (111)
M = 0.7(2)
KLI 06 27 1.3 2.1 5.5
MOX 27 21.8 7.8 1.5 1.7

17.8.73 (112)
M = 0.6(2)
KLI 17 38 1.3 1.8 4.0
MOX 39 04.9 8.1 1.0 1.3

21.8.73 (113)
M = 0.6(1)
KLI 09 29 1.3 1.5 3.1

21.8.73 (114)
M = 0.5(1)
KLI 09 43 1.3 (0.5) 2.4

12.9.73 (115)
M = -0.2(1)
KLI 12 03 0.5 (0.3) 2.0

25.9.73 (116)
M = 0.5(1)
KLI 08 15 1.5 0.7 2.5

17.10.73 (117)
KLI 23 10 1.5

7.11.73 (118)
M = 0.7(2)
KLI 13 58 1.5 2.0 3.8
PLN 58 2.8 4.5 3.5
MOX 58 2.5

21.11.73 (119)
M = 0.7(1)
KLI 14 19 1.2 1.6 4.5
MOX 19 1.4

30.12.73 (120)
M = 1.6(3) 50.304 N 12.397 E
KLI 22 29 1.4 17.0 35.0
BDE 29 1.75 1.7 6.2
PLN 29 3.6 6.5 ( )
MOX 29 19.0 8.0 5.8 9.5

30.12.73 (121)
M = 1.3(4) 50.308 N 12.391 E
KLI 22 43 1.5 12.0 19.0
BDE 43 1.8 0.4 3.5
PLN 43 3.4 3.5 6.5
MOX 43 42.3 8.0 4.5 5.0

1 9 7 4

25.5.74 (1)
M = 1.0(3) 50.439 N 12.522 E
KLI 23 25 1.35 4.5 10.5
PLN 25 3.4 1.8 3.7
MOX 25 33.5 8.3 4.7 3.8

22.9.74 (2)
M = 0.2(1)
KLI 18 12 0.75 1.5 3.0

24.9.74 (3)
KLI 13 33 5.5

24.9.74 (4)
KLI 13 42 4.2

24.9.74 (5)
KLI 13 58 3.5
BDE 58 (1.3

24.9.74 (6)
KLI 14 29 3.5

24.9.74 (7)
KLI 15 18 4.0

28.9.74 (8)
M = 0.9(1)
KLI 04 26 2.3 0.9 3.2

24.10.74 (9)
M = 0.1(1)
KLI 04 56 0.45 2.5 5.2

25.10.74 (10)
M = 0.2(1)
KLI 10 15 0.55 2.4 4.8

25.10.74 (11)
M = -0.1(1)
KLI 11 12 0,6 1.8 2.3

25.10.74 (12)
KLI 14 25 0.45 3.0

25.10.74 (13)
M = -0.1(1)
KLI 14 31 0.45 1.7 3.4

14.12.74 (14)
M = 0.2(1)
KLI 01 43 0.7 1.5 3.3

14.12.74 (15)
M = -0.1(1)
KLI 02 15 0.6 0.6 2.1

14.12.74 (16)
M = 0.2(1)
KLI 02 15 0.65 2.1 4.0

14.12.74 (17)
M = 0.0(1)
KLI 07 42 0.7 0.8 2.3

14.12.74 (18)
M = -0.1(1)
KLI 12 30 0.6 1.2 2.4

14.12.74 (19)
M = 0.1(1)
KLI 17 36 0.7 1.4 2.9

14.12.74 (20)
M = 0.0(1)
KLI 17 46 0.65 1.3 2.4

14.12.74 (21)
M = 0.0(1)
KLI 17 53 0.65 1.5 2.5

14.12.74 (22)
M = 0.5(1)
KLI 20 06 0.7 4.0 7.4
BDE 06 0.8

14.12.74 (23)
M = -0.1(1)
KLI 20 25 0.65 0.3 2.0

14.12.74 (24)
M = 0.1(1)
KLI 20 38 0.65 1.5 3.2

14.12.74 (25)
M = 0.4(1)
KLI 20 41 0.65 2.3 5.8

14.12.74 (26)
M = -0.2(1)
KLI 20 41 0.65 1.5

15.12.74 (27)
M = 0.3(1)
KLI 01 55 0.7 2.2 4.3

15.12.74 (28)
M = 0.1(1)
KLI 02 10 0.7 0.8 2.7

15.12.74 (29)
KLI 02 10 1.9

15.12.74 (30)
KLI 21 43 1.7

18.12.74 (31)
M = 0.4(1)
KLI 00 47 0.7 2.5 6.0

18.12.74 (32)
M = -0.1(1)
KLI 16 17 0.75 1.8

18.12.74 (33)
M = 0.0(1)
KLI 16 48 0.7 0.8 2.2

19.12.74 (34)
M = -0,1(1)
KLI 05 44 0.7 0.9 2.0

19.12.74 (35)
M = 0.4(1)
KLI 05 46 0.65 2.2 5.7

20.12.74 (36)
M = 0.3(1)
KLI 02 25 0.6 3.0 6.0
BDE 0.4

20.12.74 (37)
M = 1.0(4) 50.375 N 12.376 E
KLI 05 28 0.65 3.0 16.0
BDE 28 1.8 0.1 2.3
PLN 28 2.8 0.9 3.4
MOX 28 59.5 7.0 2.5 3.4

21.12.74 (38)
M = 0.6(2)
KLI 01 36 0.65 2.0 4.9
BDE 36 1.6 0.7

21.12.74 (39)
M = -0.1(1)
KLI 01 39 0.6 0.6 2.1

21.12.74 (40)
M = 1.5(3) 50.357 N 12.406 E
KLI 01 47 0.65 10.0 31.0
BDE 47 1.8 2.2
PLN 47 3.0 5.5 23.0
MOX 47 50.3 7.8 13.0 27.0

21.12.74 (41)
M = -0.1(1)
KLI 01 48 0.6 1.2 2.4

21.12.74 (42)
M = -0.1(1)
KLI 01 49 0.7 1.0 2.0

21.12.74 (43)
M = -0.1(1)
KLI 01 52 0.65 1.2 2.0

21.12.74 (44)
M = 0.6(4) 50.350 N 12.391 E
KLI 01 56 0.7 3.5 0.9
BDE 56 1.6 0.7
PLN 56 3.2 0.8 2.5
MOX 56 54.3 7.5 1.4 2.4

21.12.74 (45)
M = -0.2(1)
KLI 05 19 0.7 0.7 1.6

31.12.74 (46)
M = 0.1(1)
KLI 00 34 0.7 0.7 2.8

31.12.74 (47)
M = -0.1(1)
KLI 01 10 0.65 0.7 2.1

31.12.74 (48)
M = 0.3(1)
KLI 01 32 0.7 1.7 4.4

31.12.74 (49)
M = 0.2(1)
KLI 10 37 0.7 1.7 3.4

1 9 7 5

1.1.75 (1)
M = -0.1(1)
KLI 04 00 0.7 1.2 2.0

3.1.75 (2)
M = -0.1(1)
KLI 02 46 0.65 0.8 1.9

03.1.75 (3)
M = 0.0(1)
KLI 22 43 0.7 1.2 2.2

04.1.75 (4)
M = 0.2(1).
KLI 23 37 0.7 2.0 3.2

7.1.75 (5)
M = -0.1(1)
KLI 16 47 0.7 1.2 1.8

7.1.75 (6)
M = -0.2(1)
KLI 17 22 0.65 0.5 1.5

8.1.75 (7)
M = 0.2(1)
KLI 02 17 0.7 2.4 3.8

10.1.75 (8)
M = 0.2(1)
KLI 04 18 0.65 2.0 3.9

19.1.75 (9)
M = 1.6(3) 50.409 N 12.568 E
KLI 07 15 1.35 7.0 35.0
PLN 15 3.65 13.0 15.0
MOX 15 24.9 9.0 12.0 17.0

19.1.75 (10)
M = 0.9(2)
KLI 07 15 1.35 3.0 7.5
PLN 15 4.2 2.0 2.0

19.1.75 (11)
KLI 07 15 1.4 4.5

19.1.75 (12)
M = (1.8)(2)
KLI 07 27 1.35 15.0 42.0
PLN 27 (40.0)(40.0)
MOX 07 27 36.5 8.7 (12.5)(30.0)

19.1.75 (13)
M = 0.8(1)
KLI 07 28 1.35 2.2 5.0

19.1.75 (14)
M = 0.6(1)
KLI 07 32 1.45 4.0 3.0

16.2.75 (15)
M = 1.0(1)
KLI 19 47 (2.0)
BDE 47 4.5
PLN 47 3.8
MOX 47 10.2 8.1 2.4 3.9

16.2.75 (16)
M = 0.3(1)
KLI 19 47 1.35 0.5 1.8
BDE 47 0.5

16.2.75 (17)
M = 0.5(1)
KLI 19 48 1.35 1.5 2.7

16.2.75 (18)
M = 0.3(1)
KLI 19 55 1.3 0.4 1.6

16.2.75 (19)
M = 0.7(2)
KLI 19 55 1.3 1.7 4.0
BDE 55 1.8
PLN 55 2.2
MOX 55 50.8 8.2 1.2 2.0

16.2.75 (20)
M = 0.7(3)
50.292 N 12.439 E
KLI 19 57 1.3 0.5 3.9
BDE 57 0.8
PLN 57 4.3 0.8 1.8
MOX 57 26.5 8.1 0.9 1.5

16.2.75 (21)
M = 0.5(2)
KLI 19 58 1.35 0.5 3.0
BDE 58 0.8
PLN 58 1.7
MOX 59 02.4 7.8 1.0 1.3

16.2.75 (22)
KLI 20 14 1.6
BDE 14 0.8

16.2.75 (23)
M = 0.2(1)
KLI 20 27 1.3 1.4
BDE 27 0.6

16.2.75 (24)
KLI 20 27 2.0
BDE 27 0.8

16.2.75 (25)
M = 0.3(1)
KLI 20 29 1.4 1.2 1.5
BDE 29 0.8

16.2.75 (26)

KLI	20	31				1.8
BDE		31				0.7

16.2.75 (27)
M = 0.6(1)

KLI	20	37		1.3	1.2	3.3
BDE		37				1.3
PLN		37				2.2
MOX		37	52		1.0	

16.2.75 (28)
M = 0.4(2)

KLI	20	38		1.25	0.5	2.5
BDE		38				1.1
MOX		38	38.8	8.1	1.0	1.2

16.2.75 (29)

BDE	21	15			0.5	
KLI		15				3.0

24.2.75 (30)
M = 0.2(1)

KLI	10	49		0.7	1.4	3.5

1.3.75 (31)
M = 0.2(1)

KLI	05	06		0.75	1.5	3.0

1.3.75 (32)

KLI	14	07				2.6

29.5.75 (33)
M = 1.0(4) 50.297 N 12.390 E

KLI	15	46	54.8	1.5	3.5	6.2
BDE		46		1.75	0.4	1.2
PLN		46		3.8	3.8	6.8
MOX		47	05.1	7.8	3.3	1.9

16.7.75 (34)
M = 1.4(3) 50.518 N 12.525 E

KLI	18	09	08.7	2.4	10.0	8.0
PLN		09	10.2	3.2	9.0	18.5
MOX		09	17.2	8.2	7.2	5.0

20.8.75 (35)
M = 0.4(1)

KLI	01	29	05.2	0.75	2.1	5.8
PLN		29				1.2

20.8.75 (36)
M = 0.0(1)

KLI	01	57	33.2	0.75	0.5	2.1

20.8.75 (37)
M = -0.2(1)

KLI	03	30	37.8	0.75	0.8	1.5

20.8.75 (38)

KLI	03	30				1.1

20.8.75 (39)
M = (0.3)(1)

KLI	05	05	59.9	0.75	1.6	(4.0)
PLN		06				2.4
MOX		06	11.0		1.4	

20.8.75 (40)
M = (1.4)(3) 50.388 N 12.366 E

KLI	05	06	06.3	0.75	11.0	30.0
PLN		06	09.7	3.3	4.6	30.0
MOX		06	16.1	6.1	9.0	(10.0)

20.8.75 (41)

KLI	05	06				2.1

20.8.75 (42)

KLI	05	07				1.4

20.8.75 (43)
M = 0.1(1)

KLI	05	16	11.3	0.75	0.5	2.4

20.8.75 (44)
M = 0.1(1)

KLI	13	29	30.1	0.75	0.8	2.4

20.8.75 (45)
M = 0.8(3) 50.383 N 12.406 E

KLI	14	29	52.8	0.7	6.5	17.0
PLN		29	55.5	2.9	1.2	4.5
MOX		30	03.5	7.5	2.4	3.1

20.8.75 (46)
M = 0.6(2)

KLI	14	32	07.4	0.75	2.7	7.5
PLN		32				2.0
MOX		32	18.4	7.5	1.0	2.4

30.11.75 (47)
M = 0.7(1)

KLI	20	14	12.5	1.7	2.3	3.2

30.11.75 (48)
M = 0.1(1)

KLI	21	04	23.3	1.85	0.5	0.6

1.12.75 (49)
M = 0.5(1)

KLI	00	50	19.4	1.85	1.0	1.6

1.12.75 (50)
M = 0.5(1)

KLI	00	53	41.0	1.85	0.9	1.6

1.12.75 (51)
M = 0.8(1)

KLI	08	46	53.5	1.7	2.2	3.6

1.12.75 (52)
M = 0.6(1)

KLI	08	47	13.5	1.8	0.7	2.2

1.12.75 (53)
M = 0.5(1)

KLI	11	15	11.6	1.7	0.7	2.0

1.12.75 (54)
M = 0.5(1)

KLI	21	18	17.8	1.8	1.5	1.8

1.12.75 (55)
M = 0.9(3) 50.345 N 12.626 E

KLI	21	18	38.3	1.7	2.6	4.2
PLN		18	41.0	4.3	2.0	2.4
MOX		18	48.2	9.9	2.1	2.0

1 9 7 6

30.7.76 (1)
M = 0.5(3) 50.516 N 12.234 E

PLN	20	01	53.0	1.4	3.0	5.0
BDE		01				1.1
KLI		01	53.6	2.5	1.1	1.6
MOX		01	59.5	5.0	0.6	1.8

30.7.76 (2)
M = 0.7(3) 50.510 N 12.244 E

PLN	20	19	52.5	1.4	2.0	7.0
BDE		19				2.3
KLI		19	53.4	2.5	1.5	2.3
MOX		19	58.7	5.2	1.4	2.8

4.8.76 (3)
M = (0.9)(4) 50.427 N 12.190 E

PLN	00	23		1.45	6.5	(15.5)
BDE		23		2.4	0.4	0.5
KLI		23	54.5	2.5	2.5	3.8
MOX		23	59.5	5.5	1.9	7.3

1.9.76 (4)
M = 1.0(4) 50.239 N 12.363 E

BDE	04	18		1.45	2.6	4.2
KLI		18	32.5	2.3	4.0	3.4
PLN		18	34.8	3.9	2.0	3.4
MOX		18	41.3	8.7	3.5	4.5

28.12.76 (5)
M = 1.1(3) 50.497 N 12.478 E

KLI	02	59	11.2	2.1	3.0	4.6
PLN		59		2.7	3.5	8.5
MOX		59	18.8	8.0	9.8	5.5

1 9 7 7

1.6.77 (1)
M = 0.9(3) 50.464 N 12.389 E

BDE	02	24		2.5	1.0	3.3
KLI		24	33.5	2.5	0.4	1.5
PLN		24				1.8
MOX		24	45.0	7.8	1.2	2.2

13.7.77 (2)
M = (0.2)(2)

EUB	00	56		0.9	8.0	(13.0)
KLI		56	06.0	(1.2)		1.7

12.11.77 (3)
M = 0.9(2)

BDE	23	32		1.6	3.0	8.4
KLI		32	04.5	2.7	3.0	1.6

14.11.77 (4)
M = 0.7(3) 50.218 N 12.319 E

BDE	02	05		1.6	1.6	7.0
KLI		05	38.2	2.7	2.0	0.6
MOX		05	46.7	8.3	1.2	3.0

14.11.77 (5)
M = 0.8(4) 50.210 N 12.316 E

BDE	22	46		1.6	1.5	6.5
KLI		46	24.0	2.8	2.4	0.8
PLN		46	25.5	4.2	1.6	3.0
MOX		46	32.3	8.4	1.3	4.5

14.12.77 (6)
M = 1.4(4) 50.222 N 12.331 E

BDE	15	18		1.75	11.0	26.0
KLI		18	30.8	2.6	9.0	3.0
PLN		18	32.8	4.1	1.5	13.5
MOX		18	39.2	8.2	8.8	13.0

1 9 7 8

6.1.78 (1)
M = 1.6(4) 50.249 N 12.057 E

BDE	12	29		2.2	7.0	56.0
KLI		29	53.0	3.9	2.8	6.0
PLN		29	54.0	6.4	6.0	47.0
MOX		30	00.0	6.7	(6.0)	14.0

23.1.78 (2)
M = 1.2(2) 50.368 N 12.406 E

KLI	18	33	11.8	0.1	6.0	
BDE		33		1.7	7.0	27.0
PLN		33	13.6	34.2	2.0	9.8
MOX		33	20.2	7.0		

23.1:78 (3)
M = 1.7(2) 50.359 N 12.439 E

KLI	18	33	40.6	0.1	11.0	
BDE		33		1.7	15.0	44.0
PLN		33	42.5	3.2	6.0	26.0
MOX		33	48.7			

17.2.78 (4)
M = 1.6(4) 50.254 N 12.330 E

BDE	00	37		1.4	12.0	38.0
EUB		37	03.1			
KLI		37	04.1	2.45	12.0	20.0
PLN		37	06.15	3.35	3.8	25.0
MOX		37	12.3	8.3	8.5	13.0

17.2.78 (5)
M = 0.3(1)

EUB	01	50	36.0	2.2	2.6	3.0

17.2.78 (6)
M = 0.3(1)

EUB	02	03	09.3	2.2	0.3	3.3

30.3.78 (7)
M = 0.3(1)

EUB	00	52	06.2	2.2	1.8	3.5

30.3.78 (8)
M = 0.3(1)

EUB	03	15	29.4	2.4	2.2	3.0

30.3.78 (9)
M = 0.5(2)

BDE	03	16		1.7	0.5	2.2
EUB		16	47.0	2.2	5.6	5.6
PLN		16				1.4

30.3.78 (10)
M = 0.0(1)

EUB	03	20	12.5	2.2	3.0	1.8

30.3.78 (11)
M = 1.1(3) 50.195 N 12.228 E

BDE	03	20		1.7	3.8	10.0
EUB		20	57.7	2.2		
KLI		20	58.7		2.5	
PLN		21	00.5	4.2	0.8	4.6
MOX		21	06.5	8.0	3.0	4.2

30.3.78. (12)
M = 0.4(1)

EUB	04	09	14.7	2.2	1.8	3.8

30.3.78 (13)
M = 0.4(1)

EUB	04	39	41.2	2.4	2.0	4.0

1.9.78 (14)
M = 2.2(3) 50.130 N 12.321 E

BDE	11	00		2.5	9.0	170.0
PLN		00	34.5	5.2	5.2	47.0
MOX		00	39.8	9.25	12.0	19.0

3.10.78 (15)
M = 1.3(1)
BDE 10 20 2.0 2.0 14.0

2.12.78 (16)
M = 1.1(4) 50.270 N 12.419 E
KLI 09 52 12.5 1.8 3.0 5.6
BDE 52 2.0 1.6 12.0
PLN 52 15.5 3.9 1.9 4.0
MOX 52 22.2 8.5 1.2 5.5

19.12.78 (17)
M = 1.7(4) 50.278 N 12.427 E
KLI 07 31 10.5 1.75 10.0 10.0
BDE 31 2.05 12.0 20.0
PLN 31 13.0 3.6 7.0 28.0
MOX 31 20.1 8.7 10.5 12.5

19.12.78 (18)
M = 0.7(4) 50.298 N 12.398 E
KLI 08 01 02.2 1.75 1.2 2.1
BDE 01 2.15 2.2 2.5
PLN 01 04.9 3.6 0.8 2.0
MOX 01 12.1 7.8 2.7 1.1

19.12.78 (19)
M = 0.5(3) 50.279 N 12.414 E
KLI 08 04 48.2 1.85 1.6 1.5
BDE 04 2.2 1.6 1.5
PLN 04 1.8
MOX 04 57.6 8.15 1.4 1.2

1 9 7 9

18.2.78 (1)
M = 1.4(4) 50.034 N 12.344 E
BDE 17 35 4.05 1.2 6.0
KLI 35 56.4 4.6 1.0 4.5
PLN 35 58.0 6.7 1.3 5.6
MOX 36 03.0 10.0 3.6 4.0

2.3.79 (2)
M = (2.0)(4) 49.866 N 12.219 E
BDE 16 11 5.85 4.0 16.0
KLI 11 38.5 7.3 2.2 6.5
PLN 11 39.8 8.3 11.0 16.0
MOX 11 43.7 11.7(22.0)(24.0)

15.3.79 (3)
KLI 13 13 19.5 11.0

25.3.79 (4)
M = 1.4(3) 50.005 N 12.251 E
BDE 01 56 4.0 1.7 9.0
PLN 57 01.6 6.7 1.0 4.4
MOX 57 07.2 10.2 4.2 3.8

19.5.79 (5)
M = 0.8(4) 50.327 N 12.371 E
KLI 02 29 27.7 1.45 0.9 4.1
BDE 29 1.9 1.3 4.5
PLN 29 30.7 3.7 1.0 3.5
MOX 29 38.0 7.1 1.6 3.9

6.9.79 (6)
M = 0.8(4) 50.424 N 12.426 E
EUB 03 54 22.8 2.3 8.0 8.0
BDE 54 2.4 1.0 4.0
PLN 54 23.7 3.1 2.5 4.5
MOX 54 30.3 7.4 6.0 6.0

1 9 8 0

2.1.80 (1)
M = 1.0(4) 50.422 N 12.181 E
PLN 01 49 42.2 3.0
BDE 49 2.2 2.0 29.0
EUB 49 43.8 2.3 8.0 15.0
KLI 49 43.8 2.6 3.0 3.0
MOX 49 49.2 5.2 3.2 6.5

24.1.80 (2)
M = 0.4(1)
EUB 02 32 14.3 1.5 6.4 8.0

24.1.80 (3)
M = 0.3(1)
EUB 02 33 56.6 1.5 4.8 6.1

24.1.80 (4)
M = 0.4(1)
EUB 02 34 49.7 1.5 3.8 6.6

24.1.80 (5)
M = 0.6(3) 50.389 N 12.318 E
EUB 03 41 24.2 1.5 9.4 18.0
KLI 41 24.7 1.8 2.4 3.2
BDE 41 2.0 4.0 5.8

24.1.80 (6)
M = 0.5(2)
EUB 03 41 40.7 1.5 2.0 11.6
KLI 41 41.0 1.7 1.5 1.2

24.1.80 (7)
M = -0.1(1)
BDE 03 44 2.0 1.8 1.8

24.1.80 (8)
M = -0.2(1)
EUB 03 48 40.5 1.6 1.4 1.8

24.1.80 (9)
M = -0.3(1)
EUB 04 02 21.3 1.5 1.2 1.4

24.1.80 (10)
M = -0.3(1)
EUB 04 04 24.5 1.5 1.1 1.4

24.1.80 (11)
M = 0.3(3) 50.385 N 12.321 E
EUB 04 24 07.8 1.4 8.2 13.4
KLI 24 08.3 1.8 1.4 1.6
BDE 24 2.0 2.0 2.0

24.1.80 (12)
M = -0.1(1)
EUB 04 30 26.0 1.5 1.3 2.4

24.1.80 (13)
M = (0.5)(5) 50.269 N 12.451 E
EUB 06 07 07.0 1.5 5.7 (12.0)
KLI 07 07.4 1.8 1.8 2.4
BDE 07 2.0 3.1 4.0
PLN 07 10.8 3.3 0.6 1.2
MOX 07 17.7 9.2 1.6 1.3

24.1.80 (14)
M = (0.3)(3) 50.389 N 12.318 E
EUB 07 18 28.7 1.5 3.6 (10.0)
KLI 18 29.0 1.8 1.3 1.6
BDE 18 2.0 2.3 2.1

24.1.80 (15)
M = 0.3(3) 50.387 N 12.320 E
EUB 07 41 30.1 1.45 2.2 7.2
KLI 41 30.5 1.8 1.6 1.6
BDE 41 2.0 1.8 2.0

24.1.80 (16)
M = 0.7(4) 50.260 N 12.458 E
KLI 10 35 32.5 1.8 3.0 4.3
BDE 35 2.0 6.2 8.4
PLN 35 35.5 3.85 1.0 1.8
MOX 35 42.2 9.5 2.4 2.4

24.1.80 (17)
M = 1.1(3) 50.254 N 12.476 E
KLI 13 17 44.0 1.7 4.0 7.0
BDE 17 2.0 20.0 28.0
MOX 17 53.6 9.6 5.7 5.0

24.1.80 (18)
M = 0.5(3) 50.279 N 12.438 E
KLI 13 30 59.2 2.8
BDE 30 2.0 4.6 3.8
PLN 31 02.2 3.8 0.7 2.0
MOX 31 08.7 8.8 1.6 1.9

24.1.80 (19)
M = 0.9(4) 50.259 N 12.469 E
KLI 15 03 06.7 1.8 3.2 5.0
BDE 03 2.0 8.5 9.2
PLN 03 09.8 3.8 1.8 2.4
MOX 03 16.7 9.8 3.1 2.7

24.1.80 (20)
M = 0.4(2)
KLI 15 06 38.3 1.8 1.8 2.2
BDE 06 2.05 2.2 3.8
MOX 06 48.1 1.5

24.1.80 (21)
M = 0.4(3) 50.241 N 12.468 E
KLI 16 14 18.7 1.9 1.8 1.8
BDE 14 2.0 2.4 3.0
MOX 14 28.1 9.6 1.4 1.2

17.6.80 (22)
M = 0.6(1)
KLI 19 22 24.5 3.6
EUB 22 1.9 8.2 8.2

17.6.80 (23)
M = 0.3(1)
KLI 20 19 50.0 1.4
EUB 19 2.0 5.2 3.5

17.6.80 (24)
M = 0.9(4) 50.422 N 12.344 E

KLI	20	19	55.3	1.8	1.1	4.8
EUB		19		2.0	12.5	11.0
PLN		19	56	2.5	1.2	6.2
MOX		20	04.8	6.8	3.5	4.5

17.6.80 (25)
M = 0.3(1)

KLI	20	30				1.7
EUB		30		1.95	3.9	4.0

17.6.80 (26)
M = 1.2(4) 50.354 N 12.248 E

KLI	21	24	52.5	1.9	2.0	15.0
EUB		24		(2.0)	24.0	27.0
PLN		24	52.5	2.6	3.5	10.0
MOX		25	01.8	6.5	6.2	8.0

20.10.80 (27)
M = 1.0(4) 50.328 N 12.390 E

KLI	17	02	45.6	1.4	4.8	10.4
BDE		02		2.1	6.3	24.0
PLN		02	48.3	3.7	2.9	3.3
MOX		02	56.3	7.3	2.7	5.3

20.10.80 (28)
M = 0.6(3) 50.290 N 12.429 E

KLI	17	09	51.0	1.5	2.1	3.7
BDE		09		2.0	2.1	6.0
PLN		09	53.8	3.7	1.6	1.7
MOX						1.5

28.11.80 (29)
M = 0.7(3) 50.196 N 12.304 E

BDE	03	26		1.8	5.0	11.0
KLI		27	21.5	2.8	1.0	1.6
MOX		27	29.5	8.4	1.9	2.7

1 9 8 1

26.1.81 (1)
M = 1.1(2)

PLN	(08	00)		1.8	3.5	9.0
KLI	(08	00)		3.4	2.8	4.0

Druckfehlerberichtigung zu Appendix

Datum	Ereignisnummer	falsch	richtig
5. 9. 62	43	ist zu streichen	
25. 9. 62	475	22^h	21^h
4. 9. 62	669-691	4. 9. 62	5. 9. 62
30. 11. 62	862	20^h	21^h
23. 1. 78	2	34.2	3.2
18. 2. 79	1	18. 2. 78	18. 2. 79

Koll. Seismol. Bull. 763 1088 (2004/B/1977)

Bei Fragen zur Produktsicherheit wenden Sie sich bitte an:
If you have any questions regarding product safety,
please contact:

Walter de Gruyter GmbH
Genthiner Straße 13
10785 Berlin
productsafety@degruyterbrill.com